崧燁文化

曹永忠,許智誠,蔡英德 著

物聯網（基礎入門篇）
雲端系統開發

Implementation an IoT Clouding Application
(An Introduction to IoT Clouding Application Based on PHP)

自序

　　雲端系統開發系列系列的書是我出版至今十年多，出書量也破一百六十多本大關，專為 ESP32S 學習用白色終極板出版的雲端系統開發的第一本教學書籍，當初出版電子書是希望能夠在教育界開一門 Maker 自造者相關的課程，沒想到一寫就已過 13 年多，繁簡體加起來的出版數也已也破一百六十多的量，這些書都是我學習當一個 Maker 累積下來的成果。

　　這本書可以說是我的另一個里程碑，之前都是以專案為主，將別人設計的產品進行逆向工程展開之後，將該產品重新實作，但是筆者發現，很多學子的程度對一個產品專案開發，仍是心有餘、力不足，所以筆者鑑於如此，回頭再寫基礎感測器系列與程式設計系列，希望透過這些基礎能力的書籍，來培養學子基礎程式開發的能力，等基礎扎穩之後，面對更難的產品開發或物聯網系統開發，有能游刃有餘。

　　目前許多學子在學習程式設計之時，其實最難的是，這些每一個小功能的程式，只是解決一些數理上、虛擬問題上的一些小問題，讓許多學子最不能了解的問題是，我為何要寫九九乘法表、為何要寫遞迴程式，為何要寫成函式型式…等等疑問，只因為在學校的學子，學習程式是為了可以了解『撰寫程式』的邏輯，而非解決現實中許多企業、組織、產業的一些問題或輔助的資訊系統，並訓練且建立如何運用程式邏輯的能力，解譯現實中面對的問題。然而現實中的問題往往太過於複雜，授課的老師無法有多餘的時間與資源去解釋現實中複雜問題，期望能將現實中複雜問題淬鍊成邏輯上的思路，加以訓練學生其解題思路，但是眾多學子宥於現實問題的困惑，無法單純用純粹的解題思路來進行學習與訓練，反而以現實中的複雜來反駁老師教學太過學理，沒有實務上的應用為由，拒絕深入學習，這樣的情形，反而自己造成了學習上的障礙。

　　本雲端系統開發系列的書籍，乃是筆者在物聯網系統開發研究與產業實務下，多年建立的一個有效且便利的系統架構，本書一步一步從雲端系統伺服器之建立、

管理到雲端系統開發,一步一步漸進學習,並透過比者早已把雲端系統開發的架構拆解成一個一個可重複利用的模組或標準介面,在書中一一介紹這些可重複利用的模組或標準介面之標準範例程式與設計技巧來提供讀者的模仿學習,來降低系統龐大產生大量程式與複雜程式所需要了解的時間與成本,透過固定需求對應的程式攥寫技巧模仿學習,可以更快學習物聯網應用系統的開發與雲端系統與網頁語言程式設計,進而有能力開發出原有產品,進而改進、加強、創新其原有產品固有思維與架構。如此一來,因為學子們進行『重新開發產品』過程之中,可以很有把握的了解自己正在進行什麼,對於學習過程之中,透過實務需求導引著開發過程,可以讓學子們讓實務產出與邏輯化思考產生關連,如此可以一掃過去陰霾,更踏實的進行學習。

這十三年來筆者許多豐富的系統開發經驗分享,逐漸在筆者的讀者與學子身上看到發芽,開始成長,覺得 Maker 的教育方式,極有可能在未來成為教育的主流,相信我每日、每月、每年不斷的努力之下,未來 Maker 的教育、推廣、普及、成熟將指日可待。

最後,請大家可以加入 Maker 的 Open Knowledge 的行列。

曹永忠 於貓咪樂園

自序

隨著資通技術(ICT)的進步與普及，取得資料不僅方便快速，傳播資訊的管道也多樣化與便利。然而，在網路搜尋到的資料卻越來越巨量，如何將在眾多的資料之中篩選出正確的資訊，進而萃取出您要的知識？如何獲得同時具廣度與深度的知識？如何一次就獲得最正確的知識？相信這些都是大家共同思考的問題。

為了解決這些困惱大家的問題，永忠、智誠兄與敝人計畫製作一系列「Maker系列」書籍來傳遞兼具廣度與深度的軟體開發知識，希望讀者能利用這些書籍迅速掌握正確知識。首先規劃「以一個Maker的觀點，找尋所有可用資源並整合相關技術，透過創意與逆向工程的技法進行設計與開發」的系列書籍，運用現有的產品或零件，透過駭入產品的逆向工程的手法，拆解後並重製其控制核心，並使用Arduino相關技術進行產品設計與開發等過程，讓電子、機械、電機、控制、軟體、工程進行跨領域的整合。

近年來Arduino異軍突起，在許多大學，甚至高中職、國中，甚至許多出社會的工程達人，都以Arduino為單晶片控制裝置，整合許多感測器、馬達、動力機構、手機、平板...等，開發出許多具創意的互動產品與數位藝術。由於Arduino的簡單、易用、價格合理、資源眾多，許多大專院校及社團都推出相關課程與研習機會來學習與推廣。

以往介紹ICT技術的書籍大部份以理論開始、為了深化開發與專業技術，往往忘記這些產品產品開發背後所需要的背景、動機、需求、環境因素等，讓讀者在學習之間，不容易了解當初開發這些產品的原始創意與想法，基於這樣的原因，一般人學起來特別感到吃力與迷惘。

本書為了讀者能夠深入了解產品開發的背景,本系列整合Maker自造者的觀念與創意發想，深入產品技術核心，進而開發產品，只要讀者跟著本書一步一步研習與實作，在完成之際，回頭思考，就很容易了解開發產品的整體思維。透過這樣的

思路,讀者就可以輕易地轉移學習經驗至其他相關的產品實作上。

所以本書是能夠自修的書,讀完後不僅能依據書本的實作說明準備材料來製作,盡情享受 DIY(Do It Yourself)的樂趣,還能了解其原理並推展至其他應用。有興趣的讀者可再利用書後的參考文獻繼續研讀相關資料。

本書的發行有新的創舉,就是以電子書型式發行,在國家圖書館(http://www.ncl.edu.tw/)、國立公共資訊圖書館 National Library of Public Information(http://www.nlpi.edu.tw/)、台灣雲端圖庫(http://www.ebookservice.tw/)等都可以免費借閱與閱讀,如要購買的讀者也可以到許多電子書網路商城、Google Books 與 Google Play 都可以購買之後下載與閱讀。希望讀者能珍惜機會閱讀及學習,繼續將知識與資訊傳播出去,讓有興趣的眾人都受益。希望這個拋磚引玉的舉動能讓更多人響應與跟進,一起共襄盛舉。

本書可能還有不盡完美之處,非常歡迎您的指教與建議。近期還將推出其他 Arduino 相關應用與實作的書籍,敬請期待。

最後,請您立刻行動翻書閱讀。

蔡英德 於台中沙鹿靜宜大學主顧樓

自序

記得自己在大學資訊工程系修習電子電路實驗的時候，自己對於設計與製作電路板是一點興趣也沒有，然後又沒有天分，所以那是苦不堪言的一堂課，還好當年有我同組的好同學，努力的照顧我，命令我做這做那，我不會的他就自己做，如此讓我解決了資訊工程學系課程中，我最不擅長的課。

當時資訊工程學系對於設計電子電路課程，大多數都是專攻軟體的學生去修習時，系上的用意應該是要大家軟硬兼修，尤其是在台灣這個大部分是硬體為主的產業環境，但是對於一個軟體設計，但是缺乏硬體專業訓練，或是對於眾多機械機構與機電整合原理不太有概念的人，在理解現代的許多機電整合設計時，學習上都會有很多的困擾與障礙，因為專精於軟體設計的人，不一定能很容易就懂機電控制設計與機電整合。懂得機電控制的人，也不一定知道軟體該如何運作，不同的機電控制或是軟體開發常常都會有不同的解決方法。

除非您很有各方面的天賦，或是在學校巧遇名師教導，否則通常不太容易能在機電控制與機電整合這方面自我學習，進而成為專業人員。

而自從有了 Arduino 這個平台後，上述的困擾就大部分迎刃而解了，因為 Arduino 這個平台讓你可以以不變應萬變，用一致性的平台，來做很多機電控制、機電整合學習，進而將軟體開發整合到機構設計之中，在這個機械、電子、電機、資訊、工程等整合領域，不失為一個很大的福音，尤其在創意掛帥的年代，能夠自己創新想法，從 Original Idea 到產品開發與整合能夠自己獨立完整設計出來，自己就能夠更容易完全了解與掌握核心技術與產業技術，整個開發過程必定可以提供思維上與實務上更多的收穫。

Arduino 平台引進台灣自今，雖然越來越多的書籍出版，但是從設計、開發、製作出一個完整產品並解析產品設計思維，這樣產品開發的書籍仍然鮮見，尤其是能夠從頭到尾，利用範例與理論解釋並重，完完整整的解說如何用 Arduino 設計出

一個完整產品，介紹開發過程中，機電控制與軟體整合相關技術與範例，如此的書籍更是付之闕如。永忠、英德兄與敝人計畫撰寫 Maker 系列，就是基於這樣對市場需要的觀察，開發出這樣的書籍。

　　作者出版了許多的 Arduino 系列的書籍，深深覺的，基礎乃是最根本的實力，所以回到最基礎的地方，希望透過最基本的程式設計教學，來提供眾多的 Makers 在入門 Arduino 時，如何開始，如何撰寫自己的程式，進而介紹不同的週邊模組，主要的目的是希望學子可以學到如何使用這些週邊模組來設計程式，期望在未來產品開發時，可以更得心應手的使用這些週邊模組與感測器，更快將自己的想法實現，希望讀者可以了解與學習到作者寫書的初衷。

　　　　　　　　　　　　　　　　　許智誠　於中壢雙連坡中央大學 管理學院

目 錄

自序.. ii
自序.. iv
自序.. vi
目 錄.. viii
圖目錄.. xii
表目錄... xxix
雲端系統開發系列... 1
網站伺服器安裝與初始化設計... 3
    網站伺服器安裝... 5
    第一次啟動伺服器... 17
        變更 Apache 通訊埠....................................... 20
        啟動 Apache 伺服器....................................... 23
        啟動 MySQL 伺服器.. 26
        進入伺服器管理頁面....................................... 28
    初始化資料庫... 33
        設定管理介面.. 36
        建立主要資料庫管理員與主要資料庫......................... 38
    區域主機網際網路雲端化... 50
    在進入資料庫... 54
        查看 big 資料庫中溫溼度感測器資料表...................... 55
    區域主機網際網路雲端化... 68
    章節小結... 72
雲端資料庫設計與開發資料代理人....................................... 75
    建立溫溼度資料表... 76
    資料表匯出篇.. 107
    RESTFul API 介紹.. 110

HTTP GET 程式原理介紹 115

資料庫連接核心函式庫設計 116

    程式解說 118

HTTP POST & GET 實作 122

    甚麼是 HTTP Method ?? 123

使用 HTTP GET 傳送資料 125

    資料代理人(dhDatatadd) 126

    程式解說 129

使用瀏覽器進行資料代理人程式測試 139

    啟動網站伺服器與資料庫伺服器 139

    啟動用戶端瀏覽器進行測試 140

使用 phpMyAdmin 資料庫管理程式驗證 145

    完成伺服器程式設計 152

系統擴充 152

    查看 big 資料庫中溫溼度感測器資料表 153

    修改資料代理人(dhDatatadd) 163

    擴增程式解說 167

使用瀏覽器進行修改後之資料代理人程式測試 171

    啟動網站伺服器與資料庫伺服器 171

    啟動用戶端瀏覽器進行測試 172

使用 phpMyAdmin 資料庫管理程式驗證 177

    完成伺服器程式設計 182

章節小結 183

建立基礎能力之雲端平台 185

    開發工具安裝 186

    開啟 Apache NetBeans 199

啟動 Apache 伺服器與 MySQL 伺服器	200
開啟新專案	202
主頁編修	210
php 模組解譯程式區段	214
主頁內容保留區	215
預設網頁抬頭程式區	215
預設網頁頁尾程式區	217
主頁快速變更	219
主頁模組化介紹	222
頁首頁尾模組化介紹	222
使用共用模組新函函式進行模組化	224
修改主頁內容進行模組化	225
溫溼度裝置彙總表程式	228
細部程式解說	233
包含共用函式	233
建立連線資料庫	234
表格資料變數準備區	234
明細查詢超連結準備區	236
資料庫資料準備區	237
表格區資料內容儲存陣列變數區	238
執行 SQL 查詢	238
IF 判斷是否有資料可以顯示程式區	239
讀取資料程式迴圈判斷區	239
讀取資料程式區	240
釋放查詢資料集	240

關閉資料庫連接... 241

　　網頁主體頁面區... 241

　溫溼度裝置明細表程式... 251

　　細部程式解說... 256

　　資料明細網頁主體頁面區..................................... 268

章節小結... 278

開發視覺化雲端平台... 280

　開發工具安裝... 282

　建立簡單的資料列示的網頁..................................... 291

　溫溼度裝置彙總表程式... 291

　　細部程式解說... 296

　　網頁主體頁面區... 305

　單一裝置之溫溼度線性圖表程式................................. 315

　　單一裝置之溫溼度線性圖表主頁操作介紹....................... 317

　　單一裝置之溫溼度線性圖表程式介紹........................... 319

　　細部程式解說... 326

　建立 CSV 檔案.. 336

　　轉存資料到/tmp/dhtdata.csv EXCEL 檔案之細部程式解說......... 337

　　資料明細網頁主體頁面區..................................... 341

　　表單:用於設置查詢條件...................................... 346

章節小結... 360

本書總結... 361

作者介紹... 362
參考文獻... 364

圖目錄

圖 1 進入瀏覽器 5

圖 2 輸入搜尋關鍵字_來搜尋 XAMPP 6

圖 3 XAMPP 下載區 6

圖 4 XAMPP 下載官網 7

圖 5 下載最新版本 XAMPP 7

圖 6 通知您開始下載之畫面 8

圖 7 選擇下載目錄 8

圖 8 開啟下載資料夾檔案 9

圖 9 開啟下載之 XAMPP 安裝檔 10

圖 10 出現通知畫面 10

圖 11 進入安裝畫面 11

圖 12 安裝項目選擇 12

圖 13 選擇安裝目的資料夾 13

圖 14 變更安裝硬碟為 D 14

圖 15 設定安裝語系 14

圖 16 XAMPP 安裝進行中 15

圖 17 XAMPP 安裝完成畫面 16

圖 18 離開 XAMPP 安裝程序 16

圖 19 進入檔案總管 17

圖 20 選安裝目錄 17

圖 21 進入 XAMPP 系統資料夾 18

圖 22 選取 XAMPP 系統主程式 18

圖 23 執行 XAMPP 主程式 19

圖 24 XAMPP 主控台 20

圖 25 開啟 APACHE 設定檔 20

圖 26 APACHE 設定檔內容 21

圖 27 找到通訊埠設定區 21

圖 28 選到 Listen80 位置 22

圖 29 變更通訊埠為 8888 22

圖 30 將設定檔進行儲存 23

圖 31 關閉設定檔編輯器 23

圖 32 回到 XAMPP 主控台 24

圖 33 選到 APACHE 啟動選項區 24

圖 34 按下 APACHE 啟動鈕 25

圖 35 出現綠色代表啟動成功 25

圖 36 Apache 啟動後也可以關閉 25

圖 37 正確啟動 APACHE 26

圖 38 回到 XAMPP 主控台 26

圖 39 MySQL 啟動區域 27

圖 40 啟動 MySQL 27

圖 41 MySQL 啟動成功 27

圖 42 XAMPP 主要服務正確啟動 28

圖 43 開啟瀏覽器 29

圖 44 輸入本機測試 29

圖 45 XAMPP 網站主控台 30

圖 46 點 PHPInfo 選項 30

圖 47 檢視伺服器各安裝項目內容與版本 31

圖 48 XAMPP 網站主控台 31

xiii

圖 49 點選資料庫管理程式... 32
圖 50 出現資料庫管理程式主頁面... 32
圖 51 phpMyAdmin 資料庫管理程式主頁面............................. 33
圖 52 phpMyAdmin 資料庫管理程式主頁面............................. 34
圖 53 左邊資料庫選項列.. 35
圖 54 右邊主控台命令與內容列... 35
圖 55 回到主頁面.. 36
圖 56 資料庫目前語系... 36
圖 57 變更資料庫語系... 36
圖 58 變更語系為 UTF8... 37
圖 59 回到 phpMyAdmin 主頁... 38
圖 60 回到 phpMyAdmin 資料庫管理程式主頁......................... 38
圖 61 建立使用者帳號... 39
圖 62 建立使用者畫面... 39
圖 63 目前使用者帳號一覽圖... 40
圖 64 新增使用者命令區.. 40
圖 65 點選新增使用者帳號... 40
圖 66 新增使用者畫面... 41
圖 67 建立使用者名稱：big.. 41
圖 68 設定可連線主機... 41
圖 69 設定可連線主機為本機.. 42
圖 70 完成設定可連線主機為本機.. 42
圖 71 設定使用者密碼... 43
圖 72 設定使用者帳號的資料庫... 43
圖 73 請設定使用者帳號的資料庫.. 44

xiv

圖 74 設定使用者資料庫權限 45

圖 75 給予使用者資料庫全部權限 45

圖 76 移到最下面 46

圖 77 執行新增使用者 46

圖 78 已新增使用者 47

圖 79 產生使用者 SQL 敘述 47

圖 80 同步產生使用者對應名稱資料庫 48

圖 81 產生 big 資料庫 48

圖 82 查閱資料庫 49

圖 83 目前存在之資料庫列表 49

圖 84 回到初始化使用者後之主畫面 50

圖 85 伺服器主機取得 IP 50

圖 86 AP 取得固定 IP 51

圖 87 內部主機對應 AP 取得 IP 52

圖 88 Hinet 代管 DNS 資料 53

圖 89 區域網路伺服器轉換網際網路伺服器之架構圖 53

圖 90 區域網路伺服器轉換網際網路伺服器之架構圖 54

圖 91 phpMyAdmin 查看 big 資料庫 55

圖 92 查看 dhtdata 資料表 56

圖 93 區域網路伺服器轉換網際網路伺服器之架構圖 56

圖 94 資料收集器傳送雲端 57

圖 95 多裝置傳送到雲端 57

圖 96 多裝置傳送到雲端無傳送 IP 58

圖 97 點選新增使用者帳號 58

圖 98 新增使用者畫面 59

圖 99 建立使用者名稱：big 59

圖 100 設定可連線主機 59

圖 101 設定可連線主機為本機 60

圖 102 完成設定可連線主機為本機 60

圖 103 設定使用者密碼 61

圖 104 設定使用者帳號的資料庫 61

圖 105 請設定使用者帳號的資料庫 62

圖 106 設定使用者資料庫權限 63

圖 107 給予使用者資料庫全部權限 63

圖 108 移到最下面 64

圖 109 執行新增使用者 64

圖 110 已新增使用者 65

圖 111 產生使用者 SQL 敘述 65

圖 112 同步產生使用者對應名稱資料庫 66

圖 113 產生 big 資料庫 66

圖 114 查閱資料庫 67

圖 115 目前存在之資料庫列表 67

圖 116 回到初始化使用者後之主畫面 68

圖 117 伺服器主機取得 IP 68

圖 118 AP 取得固定 IP 69

圖 119 內部主機對應 AP 取得 IP 70

圖 120 Hinet 代管 DNS 資料 71

圖 121 區域網路伺服器轉換網際網路伺服器之架構圖 71

圖 122 區域網路伺服器轉換網際網路伺服器之架構圖 72

圖 123 資料收集器傳送到雲端系統概念圖 75

xvi

圖 124 本文建立溫溼度感測器參考電路圖 76

圖 125 XAMPP 網站主控台 77

圖 126 點選資料庫管理程式 78

圖 127 資料庫管理程式主頁面 78

圖 128 phpMyAdmin 資料庫管理程式主頁面 79

圖 129 查閱資料庫 79

圖 130 目前存在之資料庫列表 79

圖 131 初始化建立 big 資料庫之後主畫面 80

圖 132 點選 big 資料庫 80

圖 133 空白 big 資料庫畫面 81

圖 134 建一個溫溼度感測器資料表 81

圖 135 建立 dhtData 資料表 82

圖 136 選建立 82

圖 137 進入建立 dhtData 資料表開始畫面 82

圖 138 六個欄位的欄位名稱 83

圖 139 輸入第一個欄位名稱 83

圖 140 在第一個欄位之 AI 處之勾選框 84

圖 141 欄位索引處成為主鍵狀態 84

圖 142 完成第一個欄位所有屬性輸入 84

圖 143 輸入第二個欄位為 MAC. 85

圖 144 第二欄位設定資料類型 85

圖 145 設定第二欄位資料類型 85

圖 146 設定第二欄位之編碼與排序 86

圖 147 設定第二欄位之編碼與排序為 ASCII. 86

圖 148 完成設定第二欄位之編碼與排序 87

xvii

圖 149 設定第二欄位之備註 87

圖 150 設定第三欄位之名稱 87

圖 151 設定第三欄位之資料類型 88

圖 152 設定第三欄位之資料類型為時間戳記 89

圖 153 完成設定第三欄位之資料類型為時間戳記 89

圖 154 設定第三欄位之資料預設值 90

圖 155 設定第三欄位之屬性 90

圖 156 設定第三欄位之屬性進行填入預設資料值 91

圖 157 設定第三欄位之備註 91

圖 158 設定第四個欄位名稱 91

圖 159 設定第四欄位之資料類型 92

圖 160 設定第四欄位之備註 92

圖 161 設定第五欄位之名稱 93

圖 162 設定第五欄位之資料類型 93

圖 163 設定第五欄位之備註 94

圖 164 設定第六欄位之名稱 94

圖 165 設定第六欄位之資料類型 95

圖 166 完成設定第六欄位之資料類型為字元 95

圖 167 設定第六欄位之編碼與排序：ascii_general_ci 96

圖 168 完成設定第六欄位之編碼與排序 96

圖 169 設定第六欄位之備註 97

圖 170 完成六個欄位之設定 97

圖 171 設定資料表 dhtData 的備註 98

圖 172 設定資料表 dhtData 的編碼與排序 98

圖 173 完成資料表六個欄位的屬性設定 99

xviii

圖 174 建立 dhtData 之 SQL 命令 99
圖 175 移動建立資料表畫面到最下方 100
圖 176 儲存按鈕 100
圖 177 完整建立 dhtData 資料表 101
圖 178 建立一個索引 101
圖 179 建立 MAC 欄位相關索引 101
圖 180 在第二個欄位建立索引 102
圖 181 建立索引畫面 102
圖 182 輸入索引名稱 103
圖 183 設定索引選擇為 index 103
圖 184 挑選索引第一個欄位 103
圖 185 挑選索引第二個欄位 104
圖 186 完成建立 mac 索引必要資訊 104
圖 187 執行建立索引按鈕 104
圖 188 完成建立第二索引 mac 105
圖 189 完整建立 dhtData 資料表與索引 105
圖 190 dhtData 資料表結構畫面 108
圖 191 選取 dhtData 匯出功能 108
圖 192 匯出功能 109
圖 193 dhtData 匯出畫面 109
圖 194 選取匯出格式 109
圖 195 進行匯出資料表 110
圖 196 匯出之 dhtData 檔案 110
圖 197 資料收集器傳送到雲端系統概念圖 113
圖 198 資料收集器傳送到雲端系統概念圖 114

圖 199	資料代理人傳輸資料之結果畫面	115
圖 200	資料收集器傳送到雲端系統概念圖	116
圖 201	資料收集器傳送到雲端系統概念圖	123
圖 202	XAMPP 主要服務正確啟動	140
圖 203	開啟瀏覽器	141
圖 204	輸入本機測試	141
圖 205	XAMPP 網站主控台	141
圖 206	點選資料庫管理程式	142
圖 207	出現資料庫管理程式主頁面	142
圖 208	phpMyAdmin 資料庫管理程式主頁面	143
圖 209	成功上傳資料的畫面	144
圖 210	回到 phpMyAdmin 資料庫管理程式主頁面	146
圖 211	開啟 big 資料庫	146
圖 212	big 資料庫下所有資料表列示清單	147
圖 213	目前 dhtdata 資料表擁有的資料	148
圖 214	用 sql 語法查詢 dhtdata 資料表	148
圖 215	SQL 語法查詢畫面	149
圖 216	輸入查詢 dhtdata 最後一筆的語法	150
圖 217	按下執行來啟動 SQL 敘述	150
圖 218	輸入查詢 dhtdata 最後一筆的語法被執行	151
圖 219	符合上述資料代理人程式的資料被新增在最後一筆	151
圖 220	回到 phpMyAdmin 資料庫管理程式主頁面	152
圖 221	phpMyAdmin 查看 big 資料庫	153
圖 222	查看 dhtdata 資料表	153
圖 223	區域網路伺服器轉換網際網路伺服器之架構圖	154

圖 224 資料收集器傳送雲端 154

圖 225 多裝置傳送到雲端 155

圖 226 多裝置傳送到雲端無傳送 IP 156

圖 227 查看欄位資訊 156

圖 228 增加欄位 157

圖 229 選擇插入欄位位置 157

圖 230 選擇 MAC 欄位 158

圖 231 在 MAC 欄位後增加一個欄位 158

圖 232 新增一個空白欄位 158

圖 233 輸入欄位名稱 IP 159

圖 234 設定欄位類型 159

圖 235 設定欄位長度 160

圖 236 設定欄位編碼與排序 160

圖 237 完成設定欄位編碼與排序 161

圖 238 設定欄位備註 161

圖 239 完成新增欄位的屬性 161

圖 240 按下新增欄位的儲存按鈕 162

圖 241 完成新增新欄位作業 162

圖 242 去除不需要欄位 169

圖 243 XAMPP 主要服務正確啟動 171

圖 244 開啟瀏覽器 172

圖 245 輸入本機測試 173

圖 246 XAMPP 網站主控台 173

圖 247 點選資料庫管理程式 173

圖 248 出現資料庫管理程式主頁面 174

圖 249 phpMyAdmin 資料庫管理程式主頁面 174

圖 250 新程式成功上傳資料的畫面 175

圖 251 回到 phpMyAdmin 資料庫管理程式主頁面 177

圖 252 開啟 big 資料庫 177

圖 253 big 資料庫下所有資料表列示清單 178

圖 254 目前 dhtdata 資料表擁有的資料(含 IP) 179

圖 255 用 sql 語法查詢 dhtdata 資料表(含 IP) 179

圖 256 SQL 語法查詢畫面(含 IP) 180

圖 257 輸入查詢 dhtdata 最後一筆的語法(含 IP) 180

圖 258 按下執行來啟動 SQL 敘述(含 IP) 181

圖 259 輸入查詢 dhtdata 最後一筆的語法被執行(含 IP) 181

圖 260 符合上述資料代理人程式的資料被新增在最後一筆(含 IP). 182

圖 261 回到 phpMyAdmin 資料庫管理程式主頁面 182

圖 262 IoT 雲端系統概念圖 185

圖 263 開啟瀏覽器 186

圖 264 進入 google 搜尋引擎 186

圖 265 輸入搜尋關鍵字 187

圖 266 找到 netbean 網站 187

圖 267 Apache NetBeans 官網 188

圖 268 點選下載網頁 188

圖 269 選擇 Community Installers 189

圖 270 Community Installers 頁面 189

圖 271 選擇 Community Installers 安裝頁面 190

圖 272 Apache NetBeans 21 packages 頁面 190

圖 273 選擇下載版本 191

xxii

圖 274 下載 NetBeans	192
圖 275 選擇下載路徑	192
圖 276 開啟下載路徑資料夾	193
圖 277 開啟下載檔案	193
圖 278 開啟安裝	194
圖 279 同意安裝協議	195
圖 280 設定安裝路徑	196
圖 281 同意建立桌面捷徑	197
圖 282 開始安裝	198
圖 283 安裝完成	199
圖 284 啟始 Apache NetBeans 的畫面 logo	199
圖 285 Apache NetBeans 初始化畫面	200
圖 286 回到 XAMPP 主控台	201
圖 287 選到 APACHE 啟動選項區	201
圖 288 XAMPP 主要服務正確啟動	202
圖 289 開啟新專案	203
圖 290 新專案畫面	203
圖 291 建立已存在網站資料之 php 專案	204
圖 292 初始化 PHP 開發設定	205
圖 293 開啟 PHP 專案資訊設定畫面	205
圖 294 選擇原始碼資料夾	206
圖 295 選擇 XAMPP 下的 PHP 原始碼資料夾	206
圖 296 填好專案資訊後下一步	207
圖 297 編修 APACHE 網站資訊	208
圖 298 修正 APACHE 網站資訊為目前開發環境	209

圖 299 進入 PHP 專案編修主畫面 209

圖 300 bigdata 的子網頁主頁面 211

圖 301 有檔名之雲端網站主頁 212

圖 302 網站的抬頭 214

圖 303 預設抬頭圖片 216

圖 304 預設頁尾圖片 218

圖 305 頁頭圖片 219

圖 306 頁尾圖片 220

圖 307 些許修改快速產生的新主頁 220

圖 308 頁中圖片 221

圖 309 快速產生的新主頁 222

圖 310 頁頭圖片 223

圖 311 頁尾圖片 223

圖 312 模組化快速產生的新主頁 223

圖 313 原始網頁抬頭名稱 224

圖 314 模組化程式後產生一致性網頁抬頭名稱 227

圖 315 網頁查看原始碼 228

圖 316 使用函式產生之網頁抬頭文字 228

圖 317 溫溼度感測器群組化主頁 229

圖 318 溫溼度裝置彙總表程式畫面結構圖 229

圖 319 顯示資料列 235

圖 320 明細超連結欄位區 236

圖 321 產生彙總資料之ＳＱＬ敘述 237

圖 322 頁頭圖片 244

圖 323 顯示內容居中 245

xxiv

圖 324 彙總表之跨欄抬頭	246
圖 325 彙總表之明細抬頭	247
圖 326 主要顯示資料區內容	248
圖 327 頁尾圖片	251
圖 328 單一溫溼度感測器明細資料主頁	252
圖 329 明細超連結欄位區	252
圖 330 單一溫溼度感測器明細資料主頁	253
圖 331 含有 MAC 之表格抬頭	260
圖 332 明細資料顯示列	261
圖 333 產生特定 MAC 明細資料之ＳＱＬ敘述	262
圖 334 產生特定 MAC 明細資料之ＳＱＬ敘述	264
圖 335 資料蘭與陣列對照集	264
圖 336 執行 SQL 查詢產生之明細資料	265
圖 337 頁抬頭部分	271
圖 338 明細資料顯示列	271
圖 339 明細表之跨欄抬頭	272
圖 340 合併標題列	273
圖 341 明細抬頭	274
圖 342 明細資料列	275
圖 343 明細資料列	275
圖 344 明細資料列	276
圖 345 明細資料列	277
圖 346 頁尾頁面內容	278
圖 347 開啟瀏覽器	282
圖 348 進入 google 搜尋引擎	283

圖 349 輸入搜尋關鍵字.. 283

圖 350 找到 Highcharts 網站.. 284

圖 351 Highcharts - Interactive Charting Library for Developers 官網.. 285

圖 352 點選試用網頁.. 285

圖 353 試用網頁.. 286

圖 354 下載元件畫面.. 286

圖 355 點選 HighChart Core.. 287

圖 356 在系統下載資料夾下載 Highcharts 元件對話窗.......... 288

圖 357 下載完成後開啟作業系統下載資料夾..................... 288

圖 358 用解壓縮軟體開起下載元件.................................. 289

圖 359 開啟之解壓縮軟體... 289

圖 360 選取 code 資料夾.. 290

圖 361 解 code 資料夾到 bigdata 資料夾下...................... 291

圖 362 簡單的 chart 圖表畫面....................................... 291

圖 363 溫溼度感測器群組化主頁..................................... 292

圖 364 溫溼度感測器群組化主頁架構............................... 296

圖 365 顯示資料列... 299

圖 366 曲線圖超連結欄位區.. 300

圖 367 產生彙總資料之ＳＱＬ敘述.................................. 301

圖 368 溫溼度感測器群組化主頁..................................... 306

圖 369 網頁主體部分.. 308

圖 370 網頁抬頭... 309

圖 371 顯示內容居中.. 309

圖 372 表格內容居中.. 310

xxvi

圖 373 彙總表之明細抬頭 311
圖 374 主要顯示資料內區 312
圖 375 主要顯示資料內區 312
圖 376 主要顯示資料內區 313
圖 377 網頁頁尾 315
圖 378 單一溫溼度感測器之曲線圖表圖 316
圖 379 溫溼度裝置彙總表程式開啟曲線圖子頁面 316
圖 380 溫溼度裝置彙總表程式開啟曲線圖子頁面 317
圖 381 單一裝置之溫溼度線性圖表主頁 317
圖 382 開始與結束之日期時間選擇 317
圖 383 單一溫溼度資料收集裝置之日期時間區間之曲線圖 319
圖 384 產生特定 MAC 與起訖日期時間之明細資料之ＳＱＬ敘述 330
圖 385 特定區間產生之溫溼度資料與變數關係圖 332
圖 386 產生特定 MAC 與起訖日期時間之明細資料之ＳＱＬ敘述 333
圖 387 CSV 實際存放資料夾 337
圖 388 CSV 實際內容 337
圖 389 檔案內資料部分 339
圖 390 本頁面標題的文字 342
圖 391 單一裝置之溫溼度線性圖表 HTML 區 345
圖 392 本頁面標題的文字 346
圖 393 本頁面標題的文字 346
圖 394 設定查詢日期時間起迄查詢表單 347
圖 395 用於設置查詢條件表單 348
圖 396 用於設置查詢條件表單本身 349
圖 397 跨欄表格抬頭區 349

圖 398 開始日期的輸入框.................................. 350

圖 399 結束日期的輸入框.................................. 351

圖 400 送出按鈕與下載連結................................ 351

圖 401 資料輸入區表單.................................... 352

圖 402 曲線圖 ID 區...................................... 353

表目錄

表 1 建立 big 使用者之 SQL 敘述 47
表 2 建立 big 使用者之 SQL 敘述 65
表 3 溫溼度感測器資料表欄位一覽圖(dhtData) 77
表 4 溫溼度感測器資料索引表一覽圖(dhtData) 77
表 5 資料庫連線核心程式 117
表 6 dhtData 資料表欄位表 125
表 7 溫溼度資料庫代理人程式 126
表 8 溫溼度感測器資料表欄位一覽圖(dhtData) 163
表 9 溫溼度感測器資料索引表一覽圖(dhtData) 163
表 10 溫溼度資料庫代理人程式 163
表 11 雲端網站主頁程式 212

雲端系統開發系列

　　本書是『雲端系統開發系列』的第一本書，主要教導新手與初階使用者之讀者熟悉使用 ESP32 開發板，進入物聯網的實際應用，進而開發一個物聯網之雲端系統，本書一個特點就是從雲端系統伺服器的安裝、建置到管理，進而使用一個最基礎的溫溼度感測器，進而製作一個網際網路的物聯網的雲端系統之開發與建置，進而做雲端應用統與資料視覺化…等等。

　　本雲端系統開發系列的書籍，乃是筆者在物聯網系統開發研究與產業實務下，多年建立的一個有效且便利的系統架構，本書一步一步從雲端系統伺服器之建立、管理到雲端系統開發，一步一步漸進學習，並透過比者早已把雲端系統開發的架構拆解成一個一個可重複利用的模組或標準介面，在書中一一介紹這些可重複利用的模組或標準介面之標準範例程式與設計技巧來提供讀者的模仿學習，來降低系統龐大產生大量程式與複雜程式所需要了解的時間與成本，透過固定需求對應的程式攥寫技巧模仿學習，可以更快學習物聯網應用系統的開發與雲端系統與網頁語言程式設計，進而有能力開發出有效可運作之物聯網應用系統雛形，隨著讀者不斷成長與磨練，進而改進、加強、創新其原有產品固有思維與架構。如此一來，因為學子們進行『重新開發產品』過程之中，可以很有把握的了解自己正在進行什麼，對於學習過程之中，透過實務需求導引著開發過程，可以讓學子快速有效的開發出產業上可以穩定運作之物聯網應用系統，成為這一領域的高手，然後有機會成為這一領域的個中翹楚。

1
CHAPTER

網站伺服器安裝與初始化設計

本文就是要使用一般電腦，整合 Apache WebServer(網頁伺服器)，搭配 Php 互動式程式設計與 mySQL 資料庫，建立一個商業資料庫平台，所以本文使用 XAMPP 之 Apache+PHP 網頁語言模組+mySQL 資料庫之整合套件，進行安裝到一般電腦，並透過 NAT 與 Port Mapping 與 DNS 伺服器，來將這台桌上型電腦，轉成為一個物聯網系統中雲端應用伺服器，讓往後設計之資料收集器：如溫濕度感測裝置，透過無線網路(Wifi Access Point)，將資料溫溼度感測資料，透過網頁資料傳送，將資料送入 mySQL 資料庫。

本書將採用 XAMPP 整合套件， XAMPP 整合套件是一個免費且開源的跨平台網頁伺服器軟體套件，用於在區域網路中建立網頁伺服器。它由 Apache Friends[1] 開發，主要目的是簡化在區域網路中上設置開發環境的過程。

XAMPP 包含了建構動態網頁和應用程式所需的主要軟體組件，如 Apache HTTP 伺服器、MySQL/MariaDB 資料庫、PHP、Perl 等。

以下是 XAMPP 套件中常見的組件和其作用：

- Apache：XAMPP 的核心部分，負責處理 HTTP 請求和提供網頁內容。
- MySQL/MariaDB：一個教育界、一般開發者之間流行的關聯式資料庫管理系統，常用於儲存和管理開發者在設計系統時，所進行儲存、取用、查詢…等用途之資料載體。

---

[1] Apache Friends 是一個非營利性組織，旨在為網頁開發者和其他技術愛好者提供易於使用的網頁伺服器環境。最著名的產品是 XAMPP，一個集成了 Apache HTTP 伺服器、MySQL/MariaDB 資料庫、PHP、Perl 和其他相關工具的軟體套件，提供了建立本地網頁開發環境的簡便方式。

- PHP：一種流行的伺服器端腳本語言，用於創建動態網頁和應用程式。
- Perl：另一個強大的腳本語言，在某些情況下用於後端處理。
- phpMyAdmin：一個基於網頁的工具，用於管理 MySQL 資料庫。
- FileZilla：一個 FTP 伺服器，用於管理和傳輸檔案。
- Mercury：一個郵件伺服器，提供電子郵件功能。

一般而言，開發者使用 XAMPP 的用途用來做下面用途：

- 區域網路端開發：XAMPP 為開發人員提供了一個快速、簡單的方式來設置區域網路端伺服器環境。這對於開發和測試網頁應用程式非常有用。
- 教育和學習：由於 XAMPP 易於安裝和配置，它是學習網頁開發和資料庫管理的理想工具。
- 測試環境：XAMPP 可用於建立測試環境，以在將應用程式部署到生產環境之前進行測試。

一般而言，開發者為什麼選擇 XAMPP 來做為開發的環境呢？

- 簡單易用：XAMPP 的安裝和配置過程非常簡單，只需幾個步驟即可設置完畢。
- 跨平台：XAMPP 支援 Windows、Linux 和 macOS，提供了跨平台的開發環境。
- 多合一：XAMPP 包含了多個組件，減少了用戶手動安裝和配置不同軟體的麻煩。
- 開源：XAMPP 是開源軟體，這意味著用戶可以免費使用和修改它。

一般而言，開發者使用 XAMPP 的必須注意事項如下：

- 安全性：由於 XAMPP 預設配置比較開放，適合開發環境但不適合產業應用與企業生產環境。

    在將應用程式部署到公開網路之前，需要進行額外的安全設定與加強資訊安全的防護機制。。

- 資源消耗：XAMPP 可能會消耗相當多的系統資源，尤其是在執行許多組件時，更為顯著。

總而言之，XAMPP 不失為是一個強大且靈活的工具，非常適合網頁開發人員用於區域網路、測試和學習網頁技術。

網站伺服器安裝

筆者先使用 Chrome 瀏覽器，開啟 Chrome 瀏覽器，進入到 google.com 搜尋網站，進行搜尋資料。

圖 1 進入瀏覽器

如下圖所示，請輸入關鍵字『xampp 下載』，來搜尋 XAMPP 的官網與下載網站。

圖 2 輸入搜尋關鍵字_來搜尋 XAMPP

如下圖所示，為 Chrome 瀏覽器，透過關鍵字：『XAMPP 下載』，進行搜尋後，得到回饋之網頁。

圖 3 XAMPP 下載區

如上圖所示，筆者點選『Download XAMPP』之網頁連結，前往：https://www.apachefriends.org/zh_tw/download.html，為 XAMPP 官網之下載區網頁。

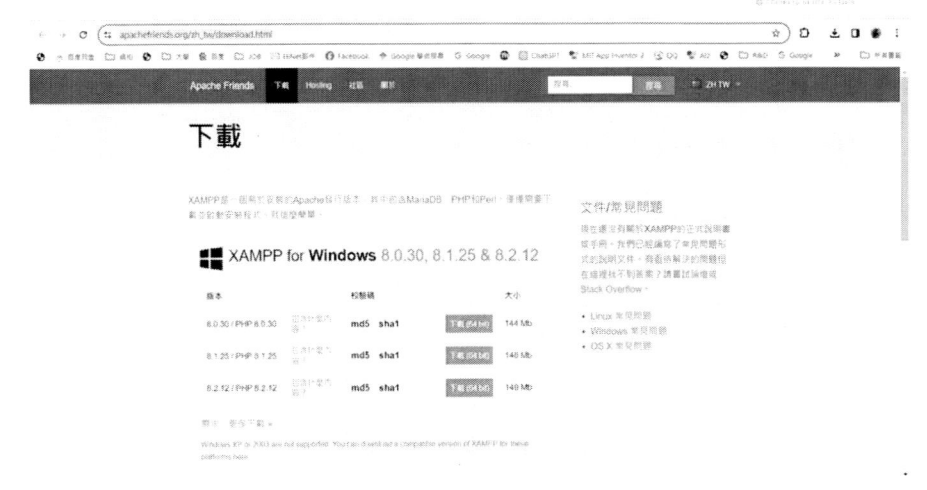

圖 4 XAMPP 下載官網

　　如下圖所示，筆者為 Windows 10 版本，64 位元版本，所以如下圖所示，選擇最下面紅框處所示，為寫作時最新的版本，如果讀者讀到本書時，其版本與下圖所示之內容不太一致，請自行尋找最新版本下載之。

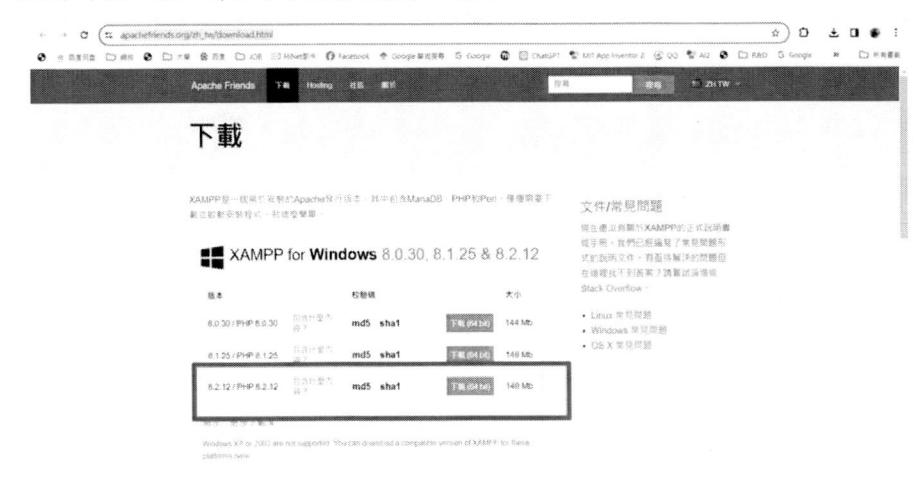

圖 5 下載最新版本 XAMPP

　　如下圖所示，點完上圖紅框處後，會出現該網站，告知使用者已開始準備下載，並告知感謝使用者下載的行為。但是讀者可能在閱讀本書內容時間跟筆者時間不一致，歡迎畫面或許有些不同，但是總體上意義是一樣的。

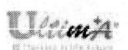

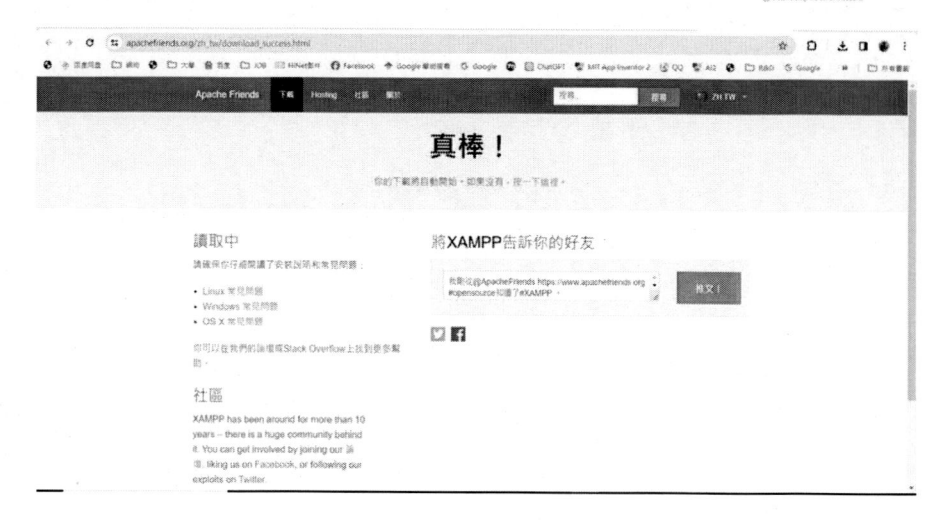

圖 6 通知您開始下載之畫面

如下圖所示，會出現另存新檔的對話窗，一般情形下，會出現在 WINDOWS 系統之下載資料夾，筆者選擇為 WINDOWS 系統之下載資料夾。

如讀者習慣用其他資料夾下載，請自行變更資料夾，在按下『存檔』按鈕來儲存下載檔案。

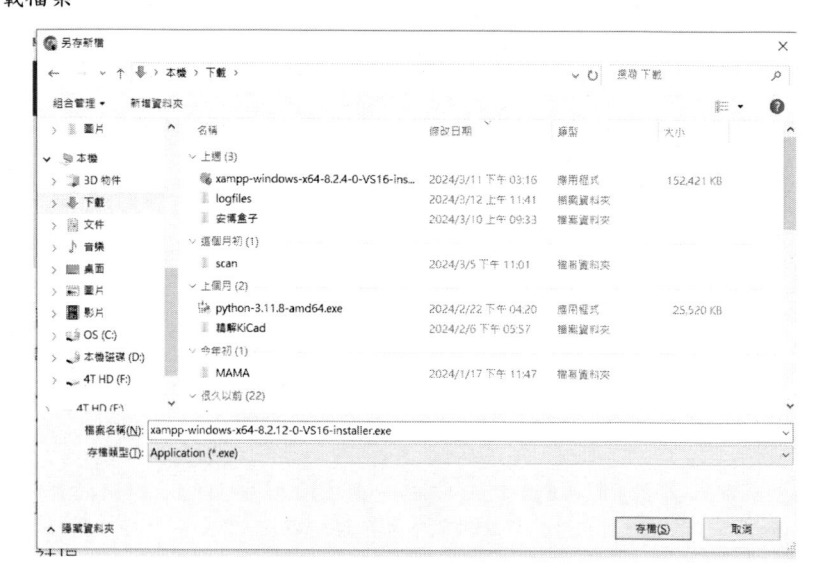

圖 7 選擇下載目錄

如下圖所示，由於筆者選擇為 WINDOWS 系統之下載資料夾。所以可以在 WINDOWS 系統之下載資料夾看到下載之 XAMPP 版本的安裝檔。

當然，隨著讀者閱讀本書與使用與下載時機點與筆者不一定相同，所以下載之 XAMPP 版本的安裝檔之檔名或許會有所不同，但是都是 XAMPP 套件的安裝檔。

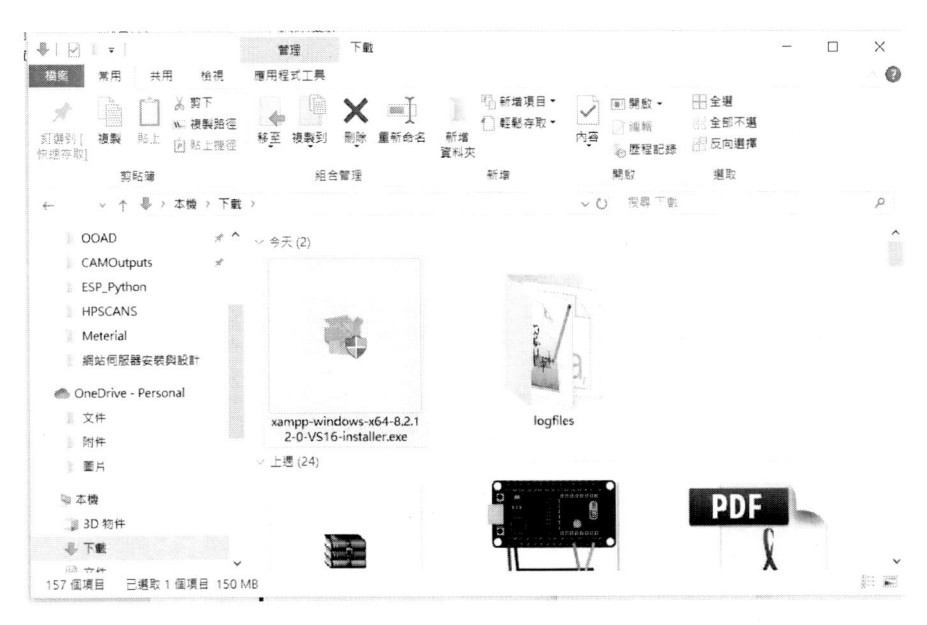

圖 8 開啟下載資料夾檔案

如下圖所示，點選 WINDOWS 系統之下載資料夾下的之 XAMPP 版本的安裝檔，可以雙擊滑鼠執行 XAMPP 套件的安裝檔，或在 XAMPP 套件的安裝檔按下滑鼠右鍵，出現快捷選項視窗，可以選擇『開啟』之選項，來執行下載之 XAMPP 版本的安裝檔。

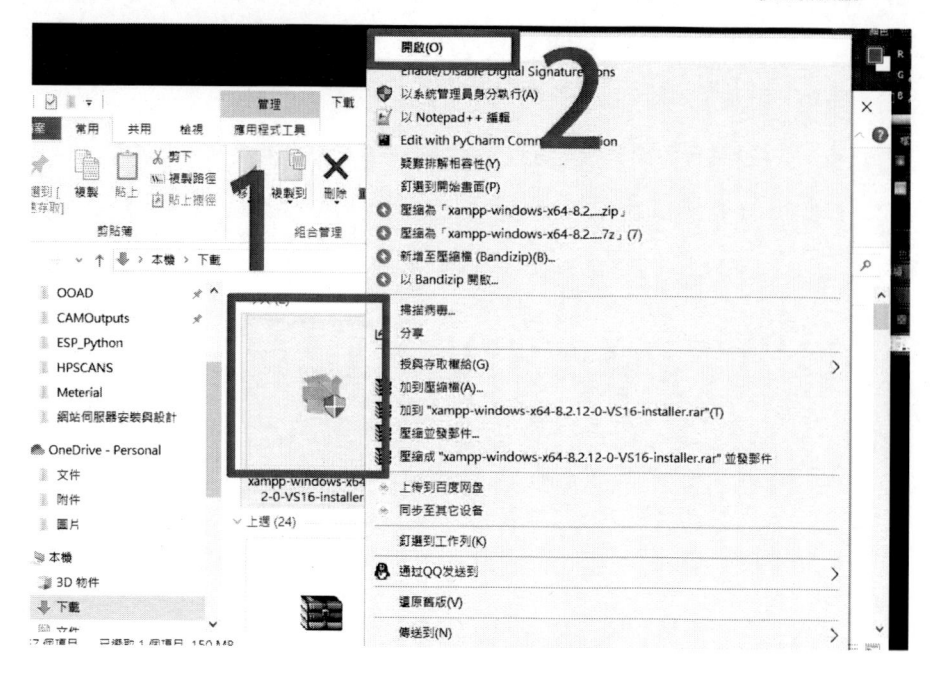

圖 9 開啟下載之 XAMPP 安裝檔

如下圖所示，為 XAMPP 安裝檔出現告知套件內容與相關資訊告知，可以選『是（YES）』來繼續 XAMPP 安裝檔之進行。

圖 10 出現通知畫面

如下圖所示，為 XAMPP 安裝檔開始安裝之第一主畫面，可以選『Next』來繼續 XAMPP 安裝檔之進行。

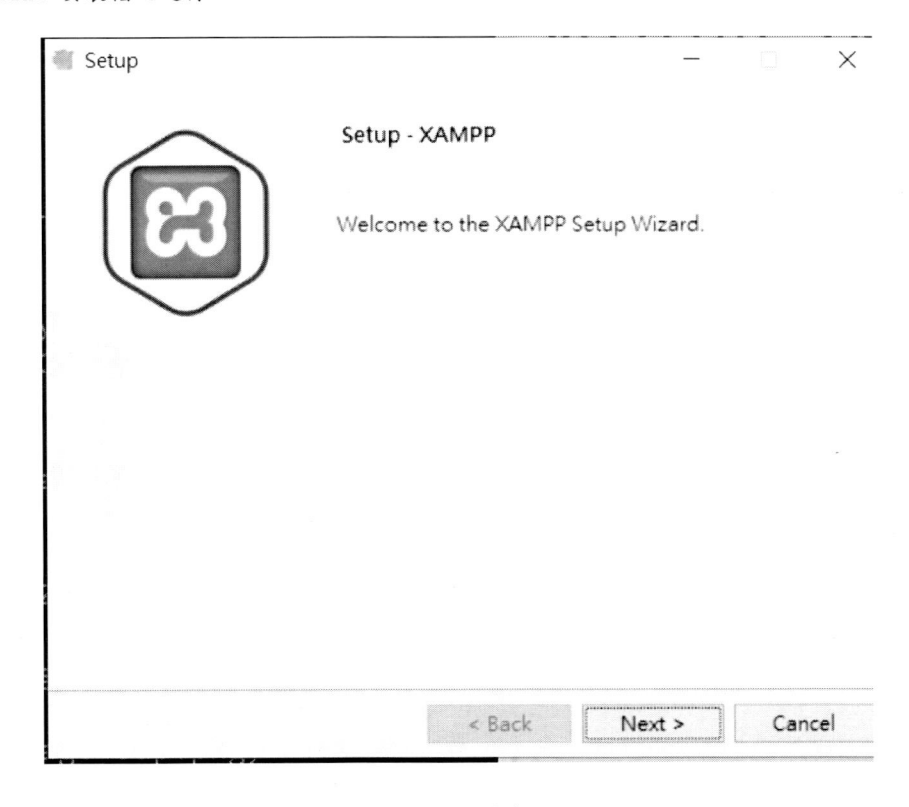

圖 11 進入安裝畫面

如下圖所示，為 XAMPP 安裝時，會告知使用者，會安裝那些伺服器模組，基本上筆者都是選取『Next』來繼續 XAMPP 安裝，不會變動其安裝套件之預設套件，除非讀者非常熟悉安裝套件之相關性與獨立性，可以選對正確的模組組合，基本上不建議使用者變更安裝套件之預設套件。

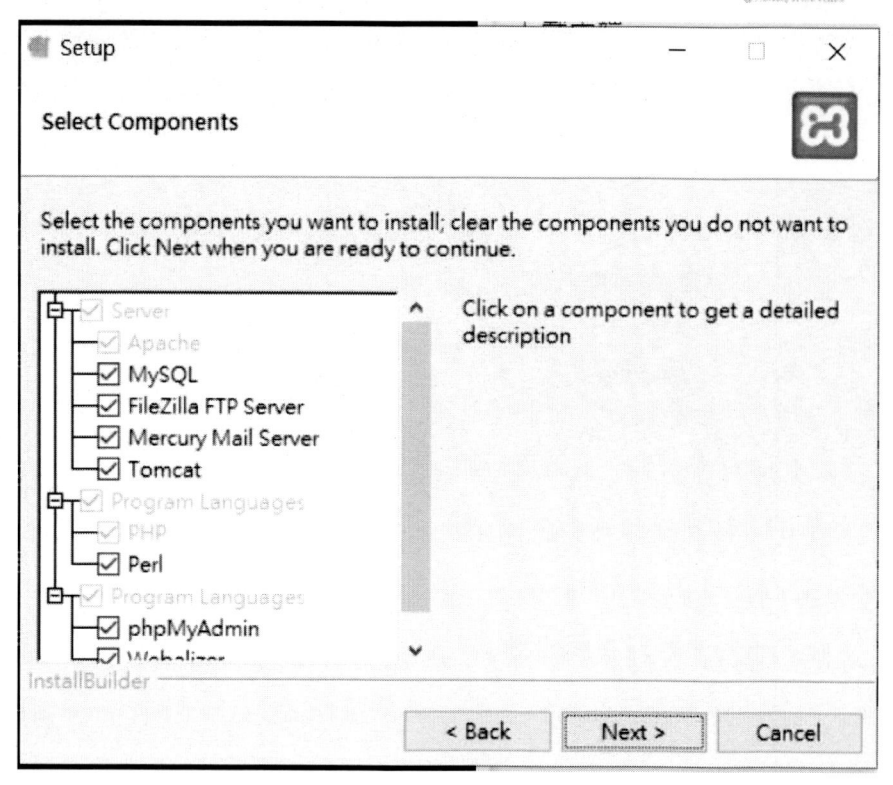

圖 12 安裝項目選擇

　　如下圖所示，為 XAMPP 安裝系統之預設資料夾，大部分為『C:\xampp』，基本上不建議使用者變更 XAMPP 安裝系統之預設資料夾。

圖 13 選擇安裝目的資料夾

　　如下圖所示，由於筆者硬碟空間與習慣，所以將 XAMPP 安裝系統之預設資料夾：『c:\xampp』，改為『d:\xamppp』，這是筆者安裝時，因應電腦硬碟配置之因素，所進行之修正，讀者若沒有其他考量，可以省略此步驟，以上圖所示之『c:\xampp』為主，或者讀者因應自身硬體設定，來進行其他目錄資料夾之變更，來符合不同讀者或使用者的當前需求為主來進行設計。

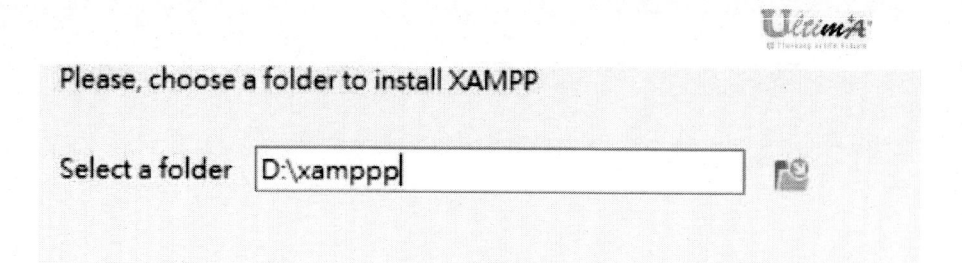

圖 14 變更安裝硬碟為 D

如下圖所示，為 XAMPP 套件之系統語言設定，筆者安裝當下只能設定『English』，讀者可以因安裝時機，選擇安裝當時可以選擇的語系來進行安裝

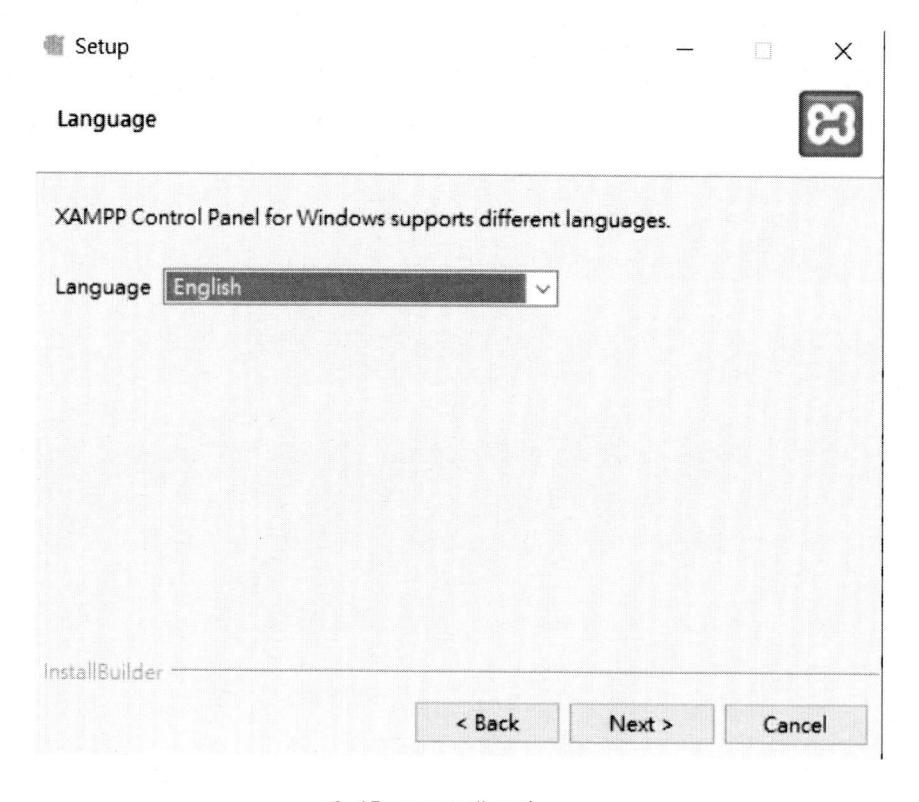

圖 15 設定安裝語系

如下圖所示，可以見到 XAMPP 套件開始安裝中……。

~ 14 ~

圖 16 XAMPP 安裝進行中

如下圖所示，出現 Finish 的字樣後，代表 XAMPP 伺服器套件安裝完成。

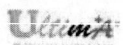

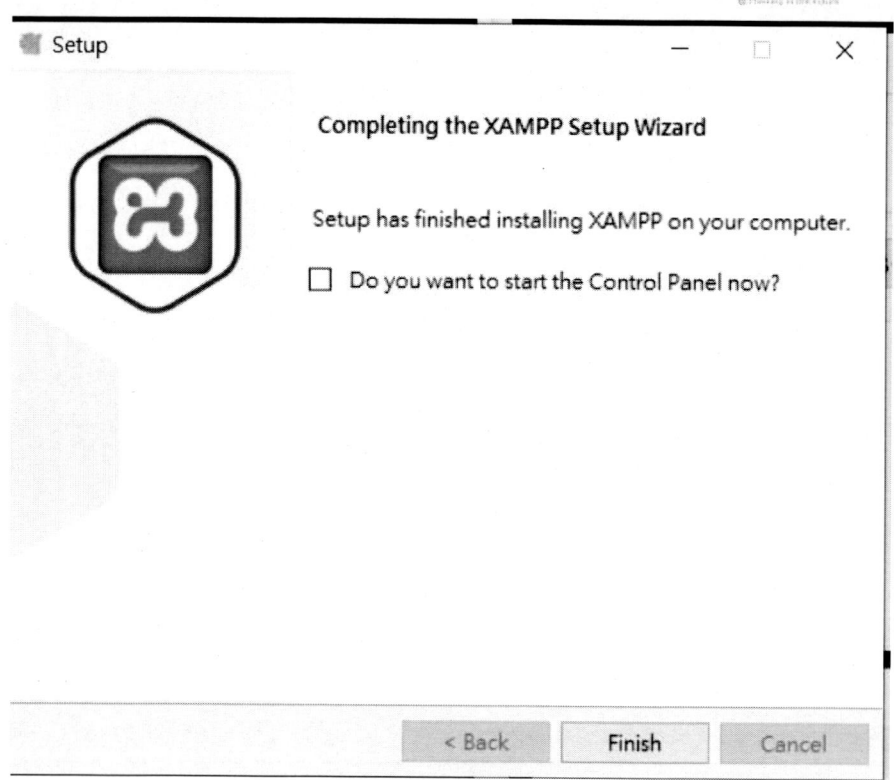

圖 17 XAMPP 安裝完成畫面

如下圖所示，點選上圖所示之 Finish 按鈕，就是按下 Finish 按鈕，離開安裝程式，結束 XAMPP 伺服器套件安裝。

圖 18 離開 XAMPP 安裝程序

第一次啟動伺服器

如下圖所示，先開啟檔案總管，並選擇 XAMPP 安裝系統資料夾，本文為改為『d:\xamppp』。

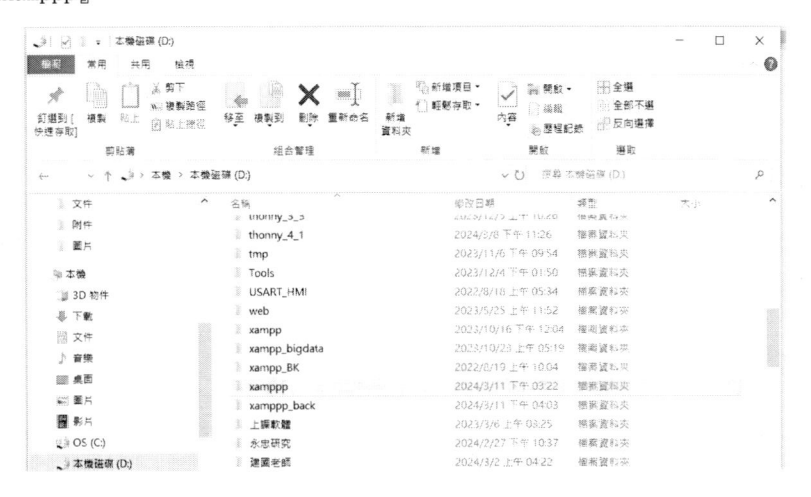

圖 19 進入檔案總管

如下圖所示，開啟檔案總管後，點擊 XAMPP 安裝系統資料夾：『d:\xamppp』，進入 XAMPP 安裝系統資料夾：『d:\xamppp』內。

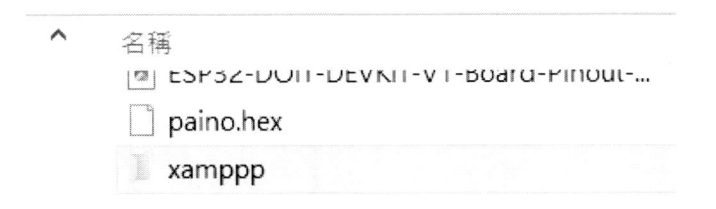

圖 20 選安裝目錄

如下圖所示，我們使用檔案總管，進入進入 XAMPP 系統資料夾。可以看到有一個『xampp-control.exe』的執行檔。

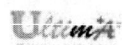

圖 21 進入 XAMPP 系統資料夾

　　如下圖所示，『xampp-control.exe』的執行檔為 XAMPP 伺服器之主要控制台的主程式。

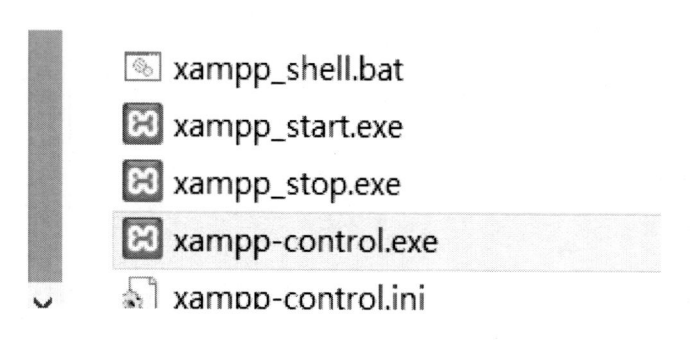

圖 22 選取 XAMPP 系統主程式

　　如下圖所示，可以雙擊『xampp-control.exe』的執行檔或在『xampp-control.exe』的執行檔按下滑鼠右鍵，出現快捷視窗，請選快捷視窗內『開啟(O)』，來執行『xampp-control.exe』的執行檔。

圖 23 執行 XAMPP 主程式

如下圖所示，為 XAMPP 伺服器之主控台畫面。

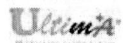

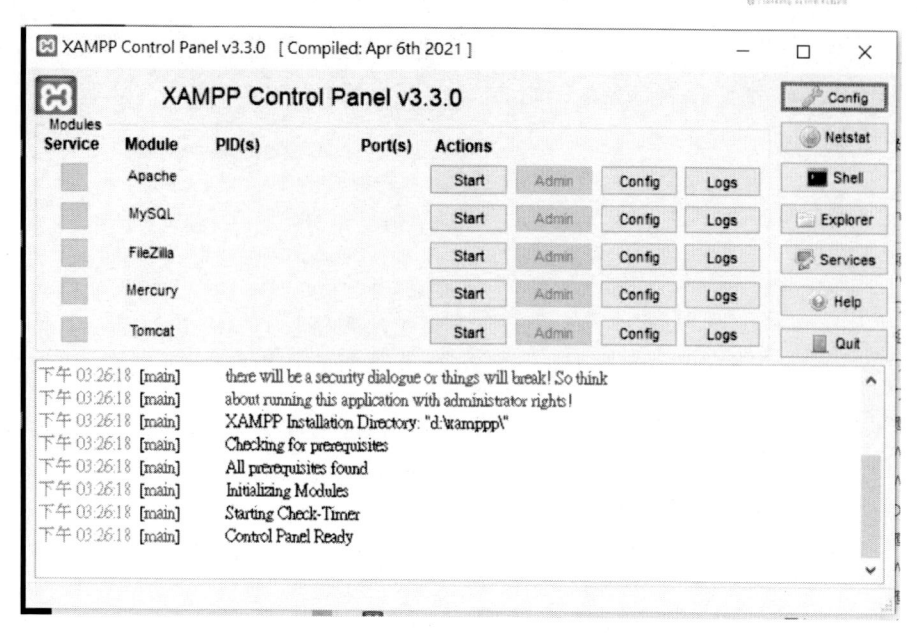

圖 24 XAMPP 主控台

變更 Apache 通訊埠

如下圖所示，為 XAMPP 主控台畫面，因為管理上與資訊安全上的考量，所以筆者會對 Apache 網站伺服器的通訊埠，進行變更，讓以後更加順利運行。

如下圖紅框處所示，將 httpd.conf 設定檔開啟。

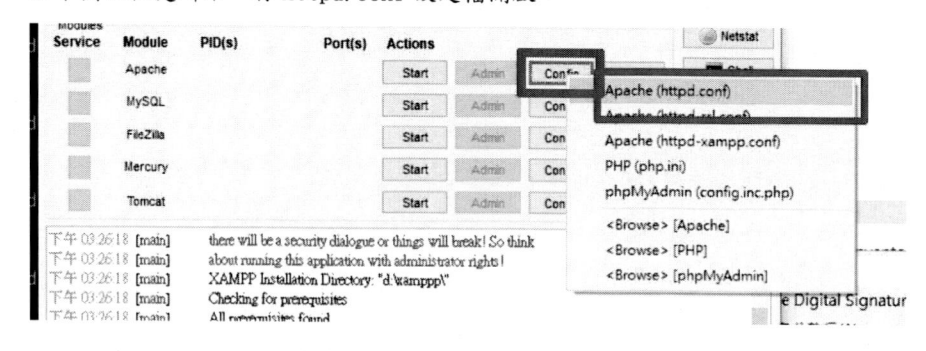

圖 25 開啟 APACHE 設定檔

如上圖紅框處所示，將 httpd.conf 設定檔開啟後，因為該 httpd.conf 為純文字檔，所以系統會自動開啟 notepad 記事本來運行，開啟 httpd.conf 設定檔的內容。

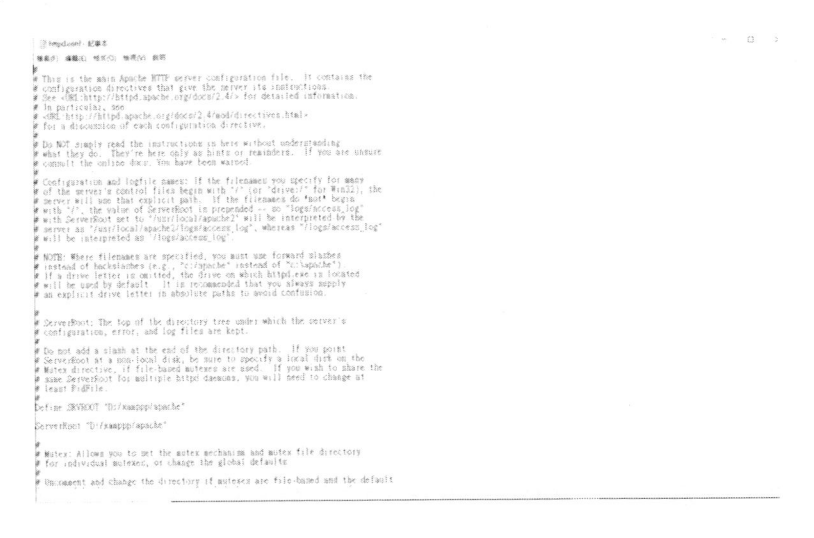

圖 26 APACHE 設定檔內容

如上圖所示，再 httpd.conf 設定檔開啟後，其開啟 notepad 記事內容內，請用尋找功能來找下圖紅框處所示之『Listen 80』的關鍵字來進行查找，直到找到下圖紅框處所是之內容。

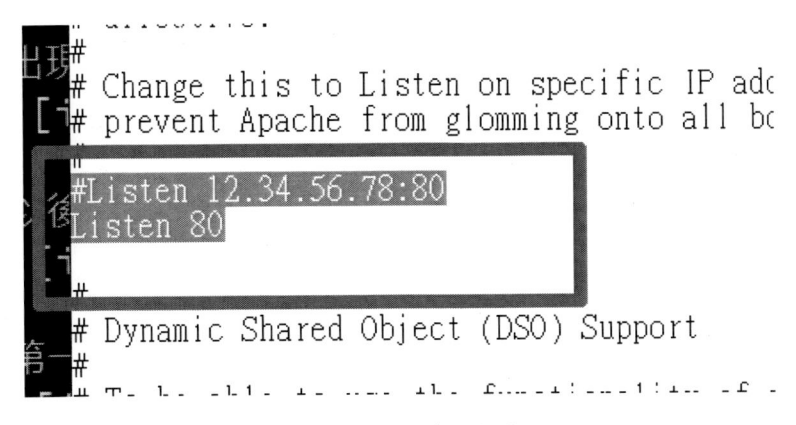

圖 27 找到通訊埠設定區

~ 21 ~

如下圖所示，為上圖紅框處所示之『Listen 80』的畫面，

```
#Listen 12.34.56.78:80
Listen 80
```

如上表所示，請將找到的『Listen 80』文字，進行修改。

#Listen 12.34.56.'
Listen 80

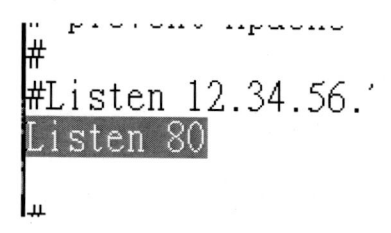

圖 28 選到 Listen80 位置

如下圖所示，請將找到的『Listen 80』文字，進行修改為如上表所示，請將找到的『Listen 8888』文字，完成修改內容。

prevent Apache from glommi
#
#Listen 12.34.56.78:80
Listen 8888
#
Dynamic Shared Object (DSC

圖 29 變更通訊埠為 8888

如下圖紅框處所示，依步驟，開啟檔案選項後，選擇儲存檔案，將修改後的 httpd.conf 設定檔進行儲存。

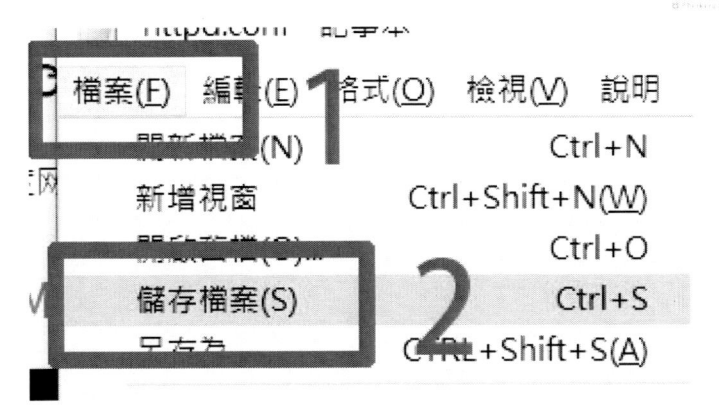

圖 30 將設定檔進行儲存

如下圖所示,將開啟 httpd.conf 設定檔之記事本,檔案儲存後,按下右上角的 ☒ 圖示,關閉記事本程式,完成 httpd.conf 設定檔修改的重要工作。

圖 31 關閉設定檔編輯器

到此筆者已完成之 Apache 伺服器的通訊部修正的重要步驟。

啟動 Apache 伺服器

如下圖所示,筆者回到'XAMPP 主控台的控制畫面。

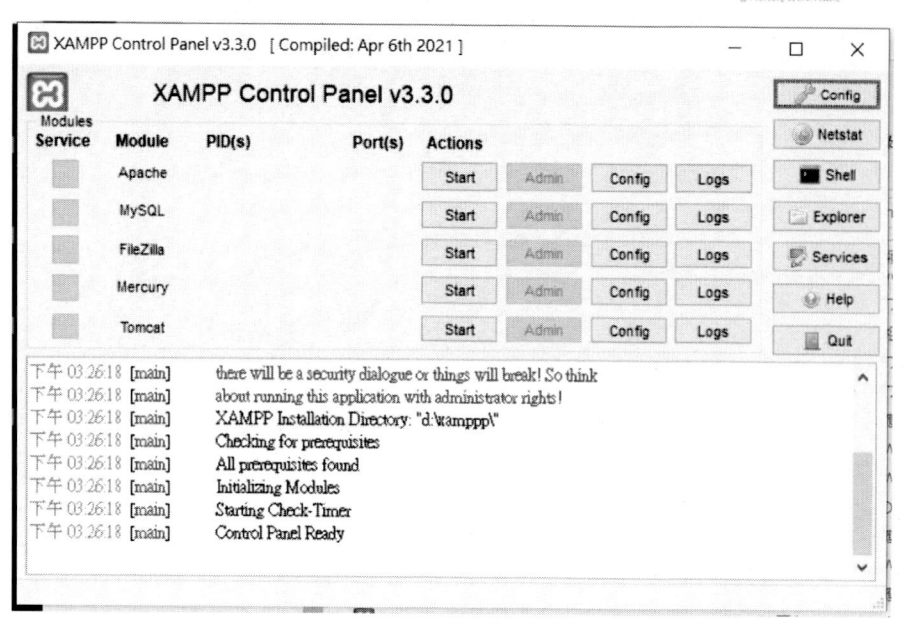

圖 32 回到 XAMPP 主控台

如下圖所示，為 Apache 網站伺服器與 MySQL 資料庫伺服器的狀態，其 Apache 與 MySQL 伺服器後面都有 Start 按鈕，只要按下 Start 按鈕，就可以啟動 Start 前方的伺服器服務。

圖 33 選到 APACHE 啟動選項區

如下圖所示，為 Apache 網站伺服器的啟動，下圖宏框處有 Start 按鈕，

~ 24 ~

可以按下 [Start] ，就可以啟動 Apache 網站伺服器的運作與功能。

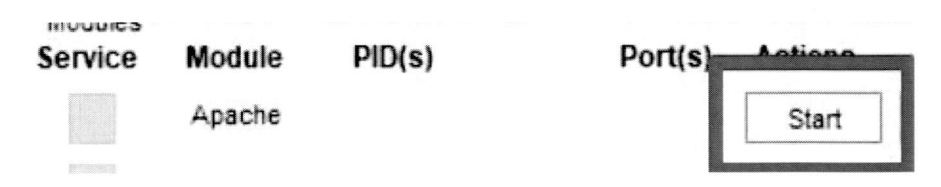

圖 34 按下 APACHE 啟動鈕

　　如下圖紅框處所示，在 Apache 文字處出現綠色，並且後面有 8888 數字出現，代表已經啟動 Apache 網站伺服器的運作。

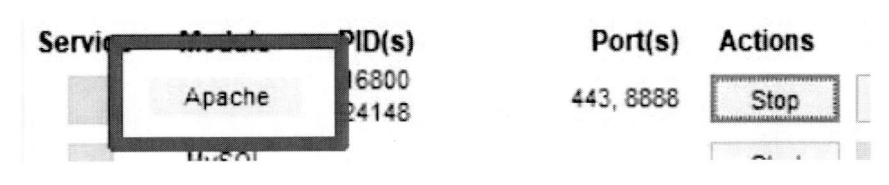

圖 35 出現綠色代表啟動成功

　　如下圖所示，也可以再在 Apache 文字後方看到 [Stop] 按鈕，只要按下下圖紅框處之 [Stop] ，就可以停止 Apache 網站伺服器的運作。

圖 36 Apache 啟動後也可以關閉

　　如下圖所示，在 Apache 文字處出現綠色，並且後面有 8888 數字出現，代表已經啟動 Apache 網站伺服器的運作。

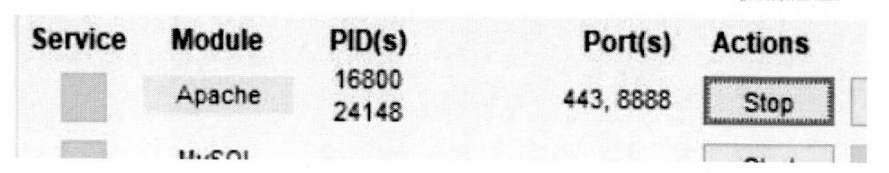

圖 37 正確啟動 APACHE

啟動 MySQL 伺服器

如下圖所示，筆者回到'XAMPP 主控台的控制畫面。

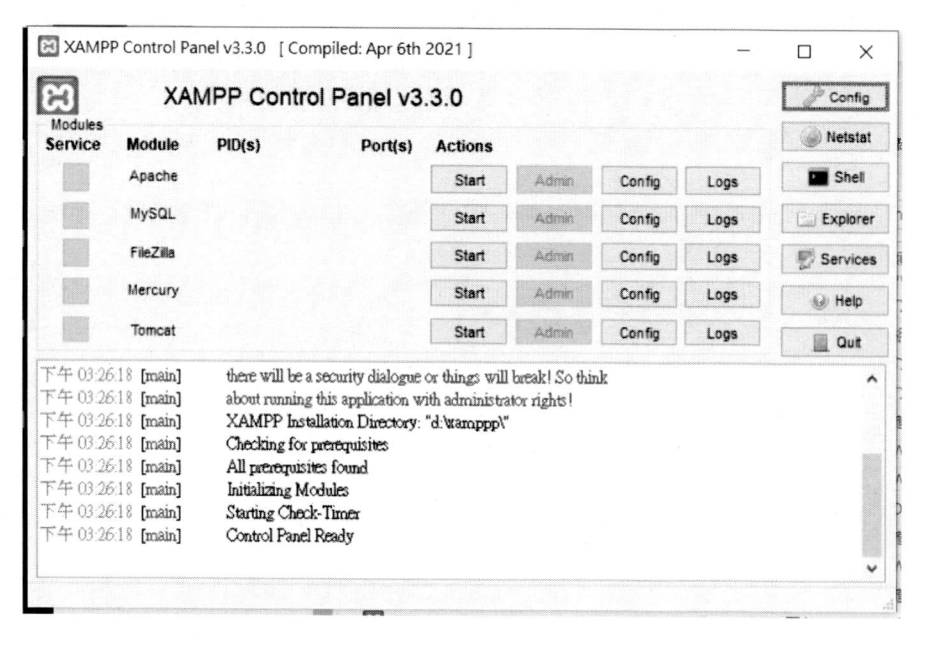

圖 38 回到 XAMPP 主控台

如下圖所示，為 MySQL 資料庫伺服器的狀態，其 MySQL 伺服器後面都有 Start 按鈕，只要按下 Start 按鈕，就可以啟動 Start 前方的伺服器服務。

圖 39 MySQL 啟動區域

如下圖所示，只要按下 MySQL 伺服器後面的 Start 按鈕，只要按下 Start 按鈕，就可以啟動 Start 前方的 MySQL 伺服器的服務。

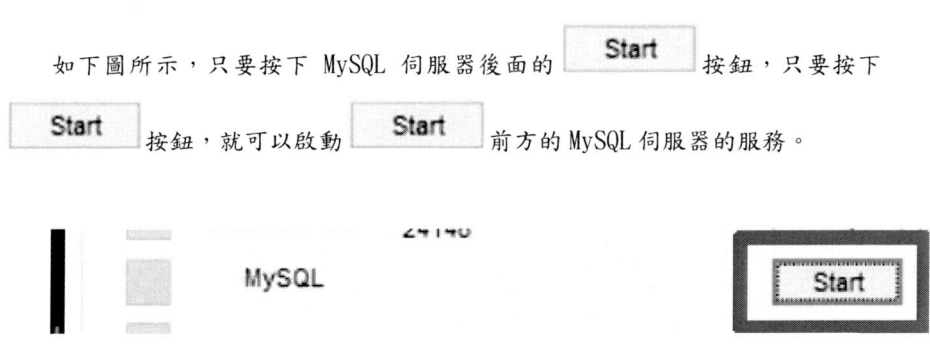

圖 40 啟動 MySQL

如下圖所示，如果看到『MySQL』字樣，出現綠色底環繞，並且後面 PID 的位置，出現一些數字，而最後的 Start 按鈕，變成 Stop 按鈕，，而在 Stop 前出現 3306(此為 MySQL 資料庫伺服器預設通訊埠，如果有修改為其他通訊埠號碼，就會變成器他號碼)，代表 MySQL 資料庫伺服器已成功啟動，並已開始運作。

圖 41 MySQL 啟動成功

如下圖所示，為 XAMPP 主控台畫面，如果看到 Apache 網站伺服器與 MySQL 資

料庫伺服器後方 有出現數字，並且本身 的內部字樣也都被綠色底色環繞，代表 Apache 網站伺服器與 MySQL 資料庫伺服器都已啟動，並開已運作。

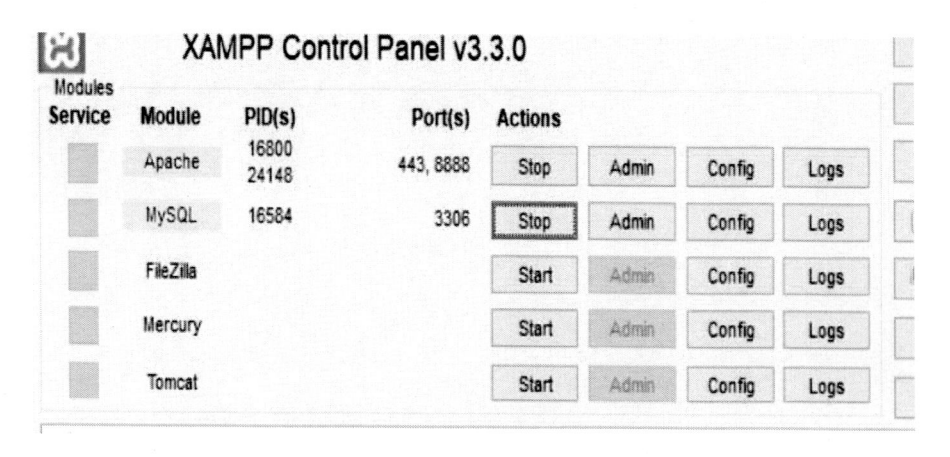

圖 42 XAMPP 主要服務正確啟動

進入伺服器管理頁面

如下圖所示，開啟 Chrome 瀏覽器，讀者若用其他瀏覽器開啟也是可以的。

圖 43 開啟瀏覽器

如下圖所示,在網址列輸入:127.0.0.1:88888,開啟本地端(本機端),通訊埠為:8888 的網站。

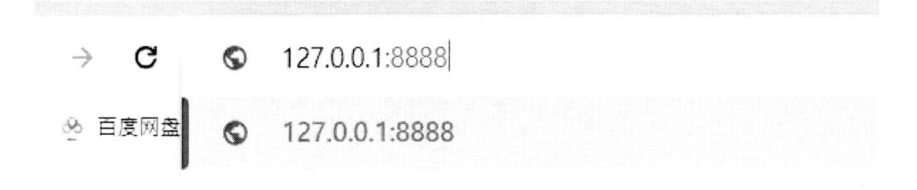

圖 44 輸入本機測試

如下圖所示,筆者就進入本地端(本機端),通訊埠為:8888 的網站,也就是本文介紹安裝的 XAMPP 網站伺服器,下圖為 XAMPP 網站伺服器之首頁。

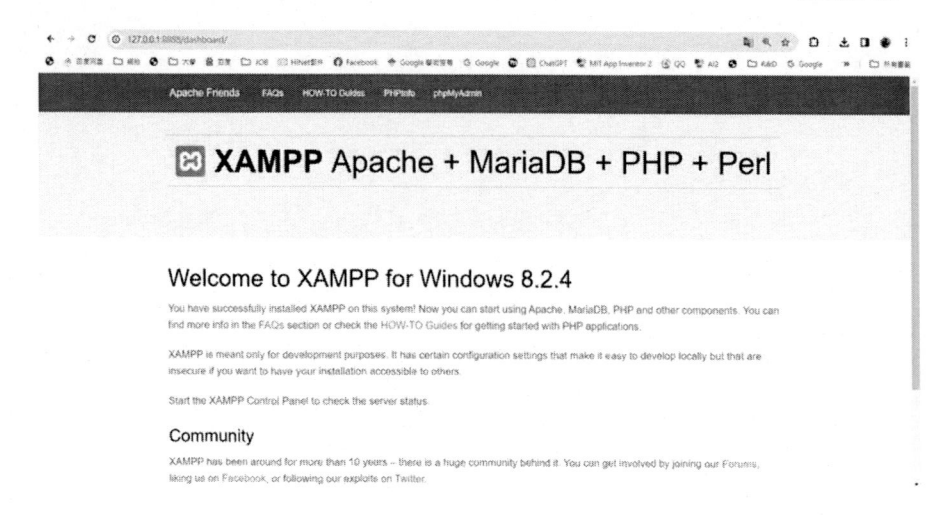

圖 45 XAMPP 網站主控台

如下圖紅框所示，點選 PHPInfo 圖示，進入系統安裝模組明細畫面。

圖 46 點 PHPInfo 選項

如下圖紅框所示，是上圖點選 PHPInfo 圖示之後，進入系統安裝模組明細畫面。

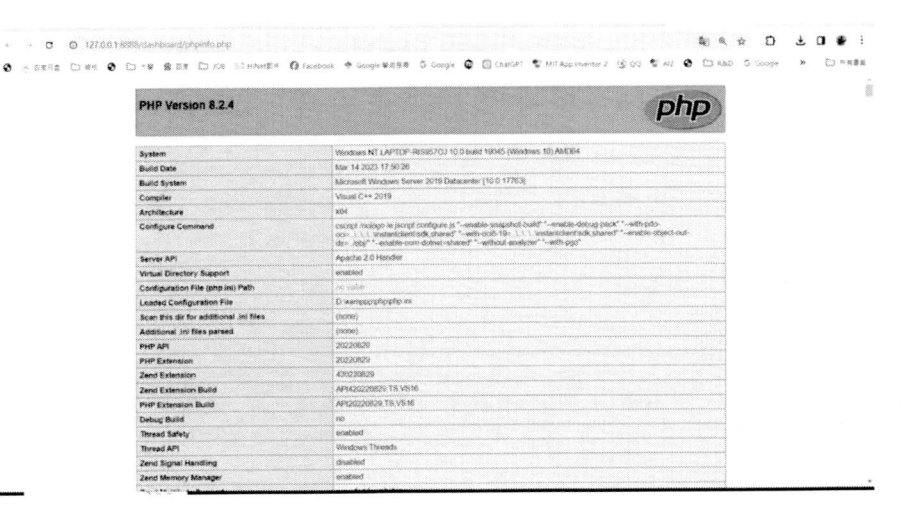

圖 47 檢視伺服器各安裝項目內容與版本

如下圖所示，回到 XAMPP 網站主控台。

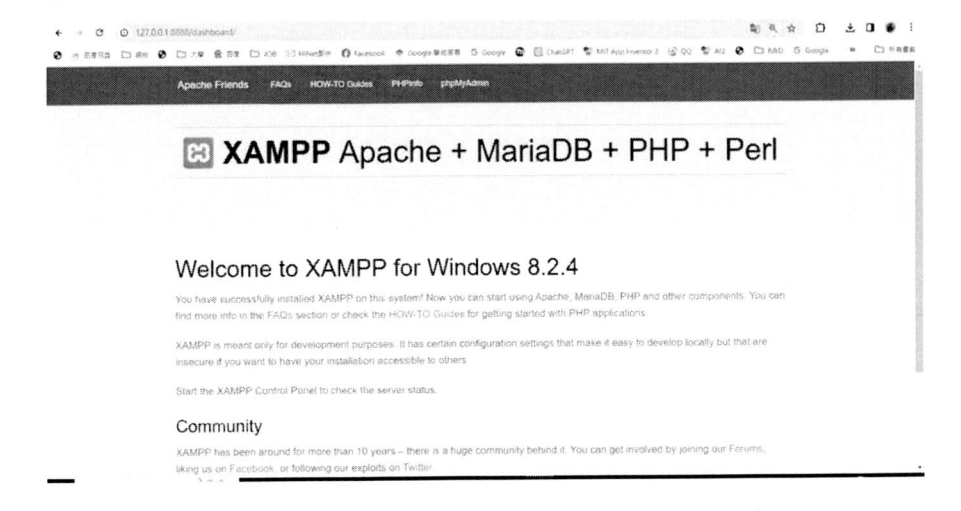

圖 48 XAMPP 網站主控台

如下圖紅框所示點選 phpMyAdmin 圖示之後，進入 phpMyAdmin 資料庫管理模組系統。

圖 49 點選資料庫管理程式

如下圖所示，為上圖示點選 phpMyAdmin 圖示之後，進入 phpMyAdmin 資料庫管理模組系統之首頁右側，顯示資料庫目前狀態內容。

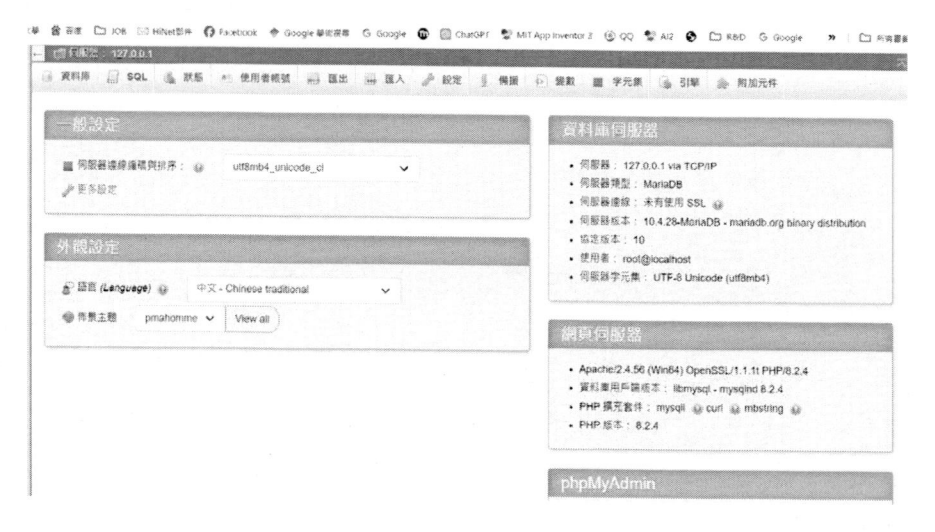

圖 50 出現資料庫管理程式主頁面

如下圖所示，為 phpMyAdmin 資料庫管理模組系統之主畫面。

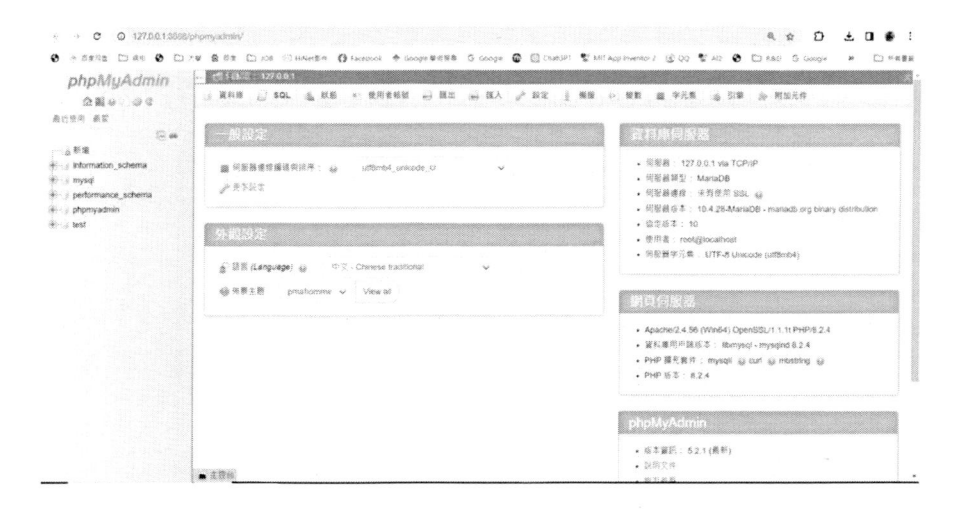

圖 51 phpMyAdmin 資料庫管理程式主頁面

初始化資料庫

　　本章會介紹如何將網頁伺服器，透過中華電信光纖價戶，來申請固定 IP，筆者也有申請網域名稱，將區域網路的頁伺服器架設在 Internet 網際網路上。

　　但是本文先介紹本機端網頁伺服器的用法，在 Internet 網際網路的網頁伺服器與本機端網頁伺服器的用法都是一致的，只不過網址不同。

　　本文使用本機端得網址：http://127.0.0.1:8888/phpmyadmin/，使用瀏覽器，輸入網址：http://127.0.0.1:8888/phpmyadmin/，進入『phpMyAdmin』。

~ 33 ~

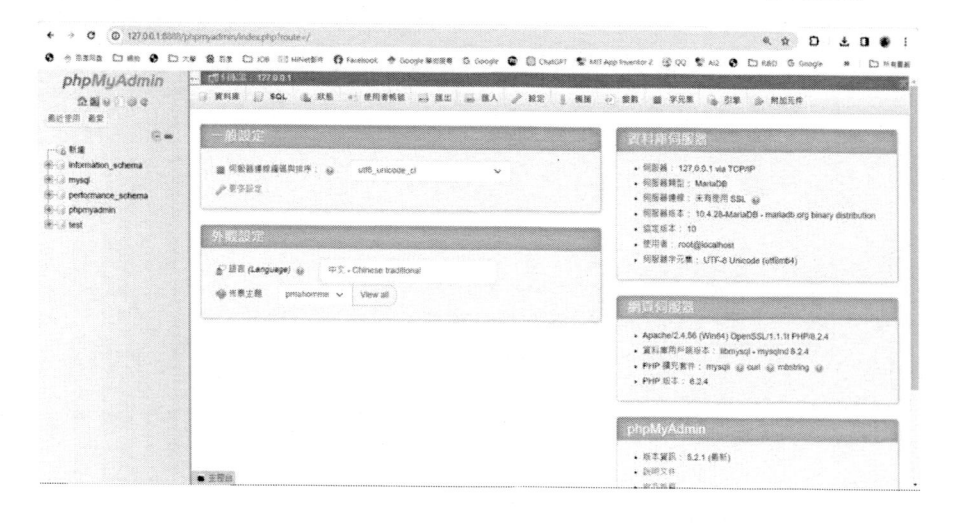

圖 52 phpMyAdmin 資料庫管理程式主頁面

　　讀者執行 phpMyAdmin 程式後會先到下圖所示之 phpMyAdmin 登錄界面，先在登入處畫面輸入帳號與密碼，一般預設都是：使用者為『root』，密碼為『』，或是您在安裝時自行設定的密碼。

　　本文筆者沒有為 phpMyAdmin 資料庫管理程式設定任何密碼，屬於直接可以進入。

　　如下圖所示，下圖為 MySQL 資料庫完成安裝後，沒有其他系統安裝的資料庫的畫面。

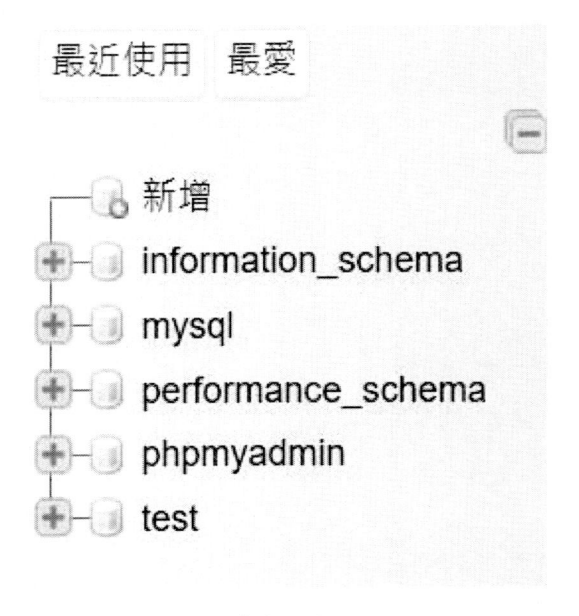

圖 53 左邊資料庫選項列

讀者登錄 phpMyAdmin 管理程式後，可以看到 phpMyAdmin 主管理界面如下圖所示：

圖 54 右邊主控台命令與內容列

設定管理介面

首先,我們參考下圖左紅框處,為主畫面回到一進入系統的主畫面狀態。

圖 55 回到主頁面

如下圖所示,可以見到目前 phpMyAdmin 資料庫管理程式之語系字元集,目前版本採用 UTF8 的 utf8mb4_unicode_ci 為預設語系字元集。

圖 56 資料庫目前語系

如下圖所示,若要變更系統預設語系字元集,請點系統預設語系字元集右方的圖示。

圖 57 變更資料庫語系

讀者可以看到下圖所示，我們可以看到本系統資料庫可以選擇之所有語系字元集，可以透過上下卷軸來變更選擇。

筆者將整個系統之語系字元集設定為『utf8_unicode_ci』。

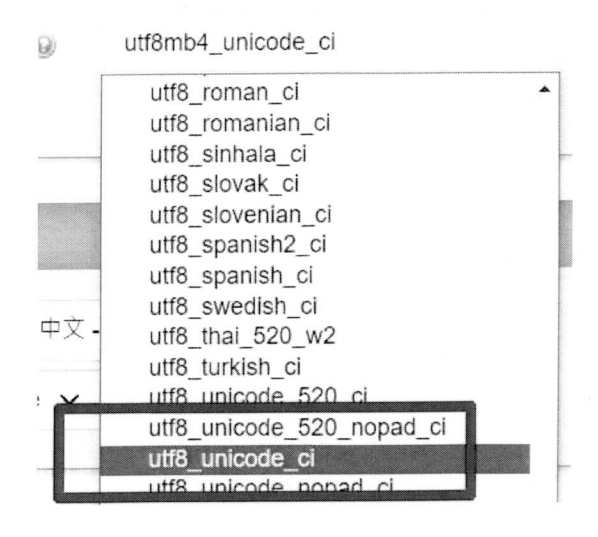

圖 58 變更語系為 UTF8

讀者可以看到下圖所示，我們可以看到筆者將整個系統之語系字元集設定為『utf8_unicode_ci』。

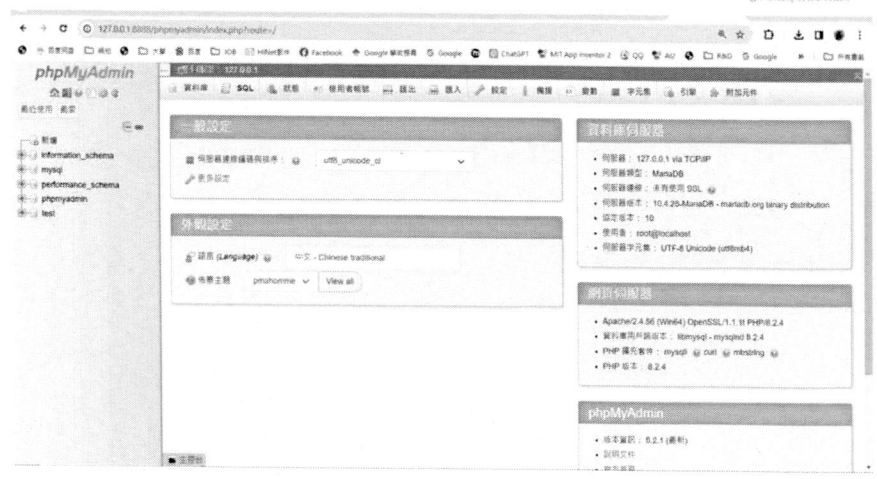

圖 59 回到 phpMyAdmin 主頁

建立主要資料庫管理員與主要資料庫

如下圖所示，筆者先回到 phpMyAdmin 資料庫管理程式主頁。

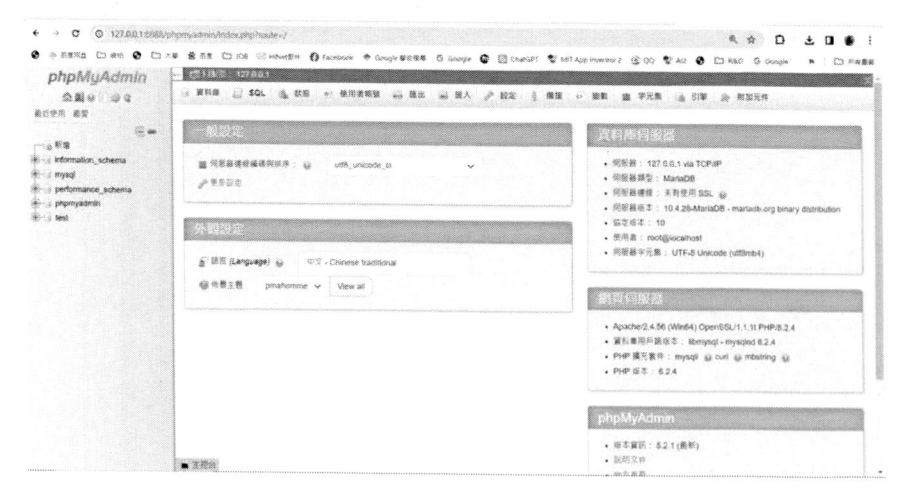

圖 60 回到 phpMyAdmin 資料庫管理程式主頁

請讀者在下圖左紅框處：使用者帳號處，點選『使用者帳號』字樣的連結。

圖 61 建立使用者帳號

如下圖所示：可以見到 MySQL 資料庫系統使用者列表的主頁。

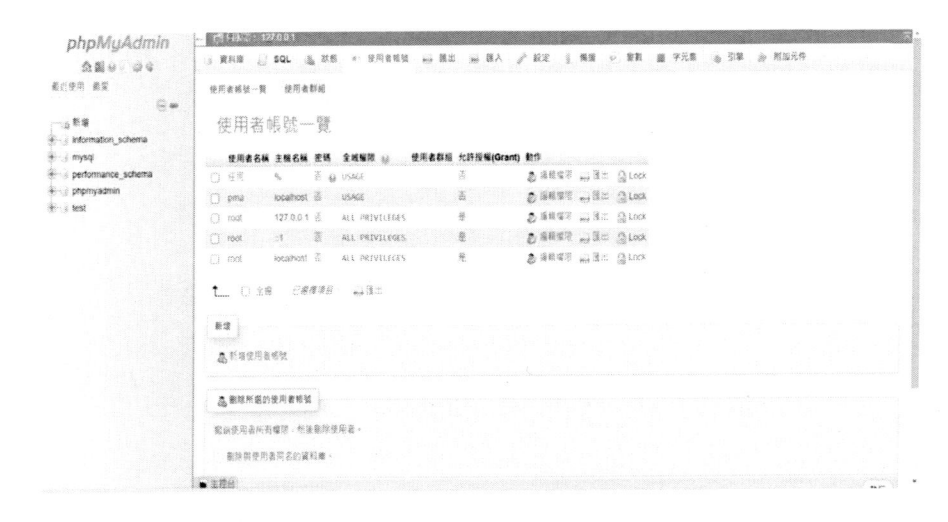

圖 62 建立使用者畫面

如下圖所示:可以見到 MySQL 資料庫系統目前擁有(也是系統預設)所有使用者的列表。

使用者帳號一覽

	使用者名稱	主機名稱	密碼	全域權限	使用者群組	允許授權(Grant)	動作		
☐	任何	%	否	USAGE		否	編輯權限	匯出	Lock
☐	pma	localhost	否	USAGE		否	編輯權限	匯出	Lock
☐	root	127.0.0.1	否	ALL PRIVILEGES		是	編輯權限	匯出	Lock
☐	root	::1	否	ALL PRIVILEGES		是	編輯權限	匯出	Lock
☐	root	localhost	否	ALL PRIVILEGES		是	編輯權限	匯出	Lock

↑ ☐ 全選　已選擇項目：　匯出

圖 63 目前使用者帳號一覽圖

如下圖所示，可以見到有『新增使用者帳號』的系統連結，此連結是建立 MySQL 資料庫系統的新使用者操作處。

新增

新增使用者帳號

圖 64 新增使用者命令區

如下圖所示，請讀者點選『新增使用者帳號』之系統連結，來建立 MySQL 資料庫系統的新使用者。

新增使用者帳號

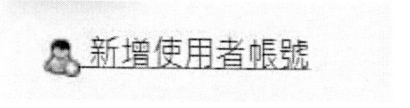

圖 65 點選新增使用者帳號

如下圖所示，為新增使用者帳號的系統畫面。

~ 40 ~

圖 66 新增使用者畫面

　　如下圖所示，可以見到『使用者名稱』的文字，右邊一方框，內有使用者方塊字樣，請在右邊空白框處輸入『big』，為要新增之使用者名稱。

圖 67 建立使用者名稱：big

　　如下圖所示，可以見到『主機名稱』的文字，右邊一方框，內有任何主機方塊字樣。

圖 68 設定可連線主機

~ 41 ~

如下圖所示,請點選 a 圖示,可以看到出現一些可以選擇的項目,請讀者選擇『本機』的文字,設定為該使用者:big 只能在本機端進入 MySQL 資料庫系統。

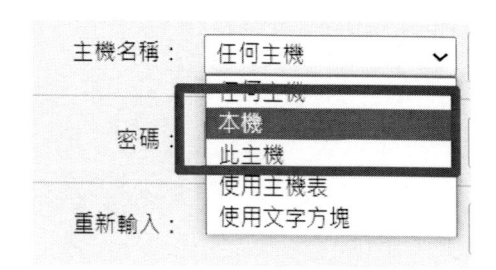

圖 69 設定可連線主機為本機

如下圖所示,請點選　　　圖示,可以看到出現一些可以選擇的項目,請讀者選擇『本機』的文字,設定為該使用者:big 只能在本機端進入 MySQL 資料庫系統,可以看到右方方框出現『localhost』的文字,代表筆者已將使用者:big 設定為只能在本機端進入 MySQL 資料庫系統。

圖 70 完成設定可連線主機為本機

如下圖所示,可以見到『密碼』的文字,右邊一方框內有使用者方塊字樣,請在右邊空白框處輸入『12345678』,為該使用者登陸密碼。

在第二列右邊空白框處一樣輸入『12345678』,重複輸入使用者登陸密碼『12345678』。

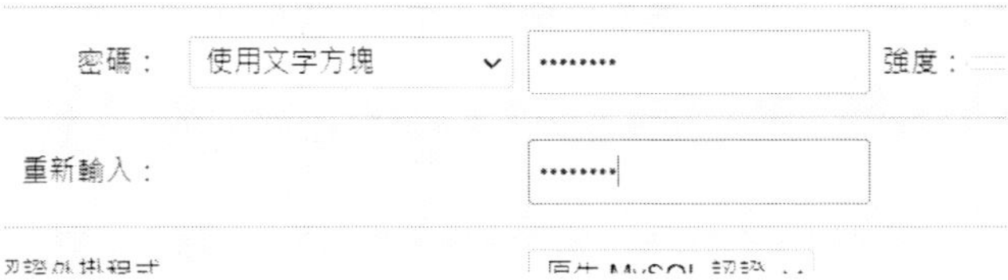

請設定： 12345678

圖 71 設定使用者密碼

如下圖所示，可以見到『使用者帳號資料庫』的文字，下方有兩列文字，前方各有一個 ▢ 可以打勾的方框，每一個框代表右邊文字代表的文字意義的功能設定是否賦予目前新增的權限。

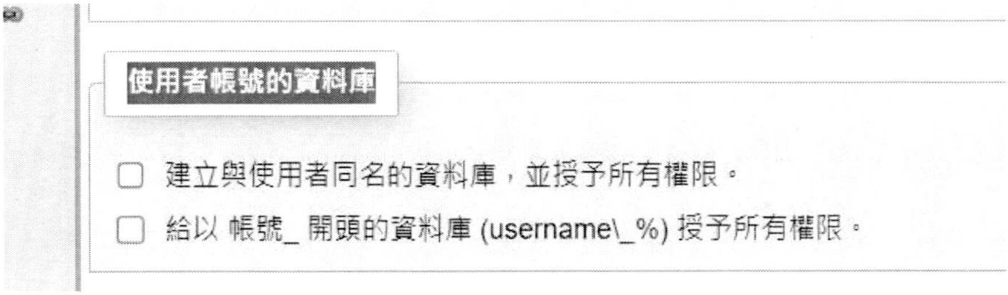

圖 72 設定使用者帳號的資料庫

如下圖所示，可以見到『使用者帳號資料庫』的文字，下方有兩列文字，前方各有一個 ▢ 可以打勾的方框，每一個框代表右邊文字代表的文字意義的功能設定是否賦予目前新增的權限，請將兩列的 ▢ （可以打勾的方框），全部點選(在方框位置用滑鼠點選一下)，讓目前新增使用者：『big』，可以擁有『建立與使用者同名的資料庫，並授予所有權限』，就是同步新增使用者：『big』階段，順便建立：『big』的資料庫。

另一個『給以 帳號_ 開頭的資料庫（username_%) 授予所有權限』就是順便

~ 43 ~

將目前建立的使用者，即為新增使者：『big』，順便給予：『big』開頭字樣的的資料庫，同步給予權限。

```
使用者帳號的資料庫
☑ 建立與使用者同名的資料庫，並授予所有權限。
☑ 給以 帳號_ 開頭的資料庫 (username\_%) 授予所有權限。
```

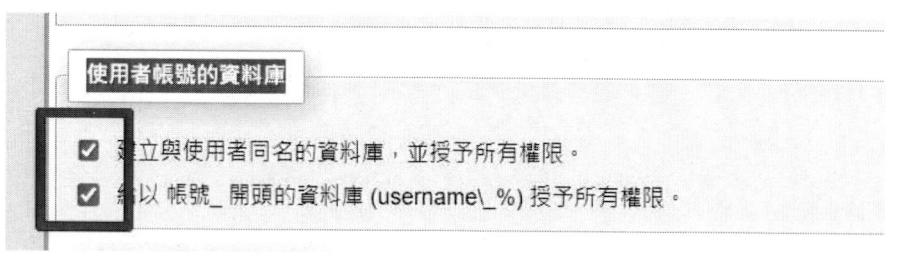

圖 73 請設定使用者帳號的資料庫

如下圖所示，可以三個區塊，各為 ☐ 資料、 ☐ 結構、 ☐ 管理等三個資料庫管理上三種權限。

☐ 資料：就是給予資料庫給予查詢、新增、修改、刪除等對於資料進出、編修、刪除等權限。

☐ 結構：就是給使用者建立、變更、刪除、建立索引、執行…. 等一堆資料庫與資料表等個體權限的能力，與上方不同的是，這個部分是針對資料庫與資料表整體功能，並非資料表內部一筆一筆資料的操作權限。

☐ 管理：就是給使用者給予子使用者，建立使用者，給予所建立使用者權限、建立資料庫程序、StoreProcedure、資料庫系統開機與關機、變更、刪除、建立索引、執行，查詢資料庫資料、禁止或鎖住資料庫或資料表…. 等一堆資料庫與資料表等高階的能力。

圖 74 設定使用者資料庫權限

如下圖所示，請將三個區塊，各為 ☐ 資料、 ☐ 結構、 ☐ 管理等三個資料庫管理上三種權限，全部勾選打勾，給予全部權限。

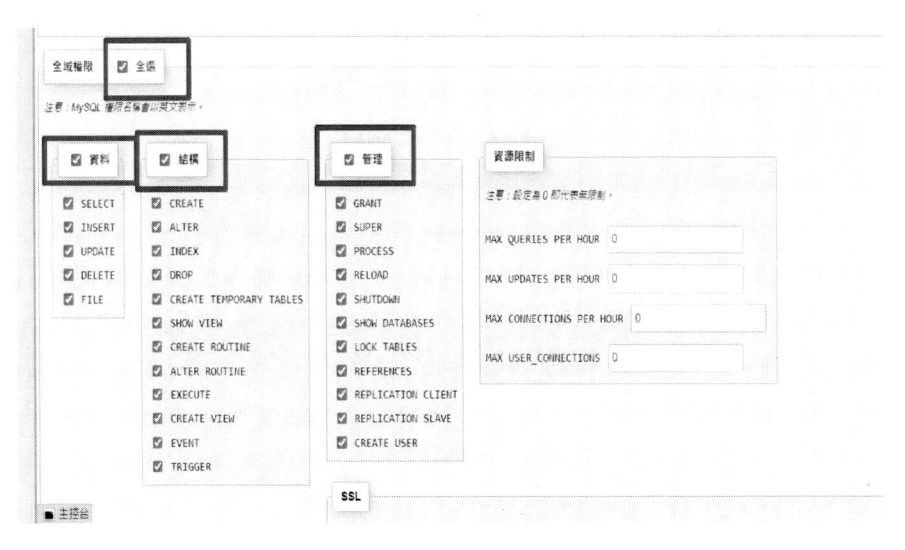

圖 75 給予使用者資料庫全部權限

如下圖所示，請在用滑鼠往下捲動，移到最下方，可以見到一個執行的圖示按鈕。

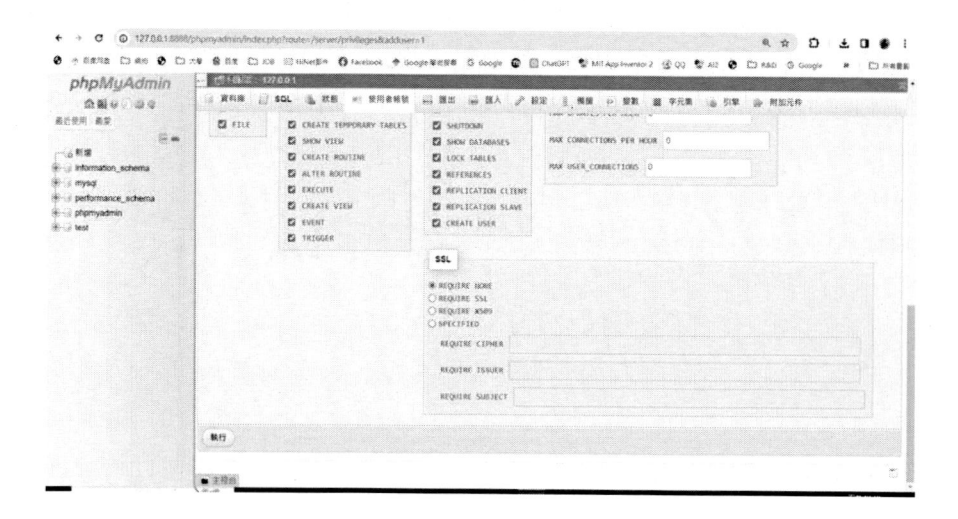

圖 76 移到最下面

　　如下圖所示，請點選『執行』的文字的按鈕，請用滑鼠點選『執行』的文字的按鈕。

圖 77 執行新增使用者

　　如下圖所示，可以見到『big』這個使用者名稱的使用者，已經在 MySQL 資料庫系統建立完成。

~ 46 ~

圖 78 已新增使用者

如下圖所示,可以見到黃色區況下方,有一大段文字,此為使用者建立『big』與給予『big』資料庫與給予『big』使用者權限等,建立上述這些功能與操作所需要的 SQL 敘述。

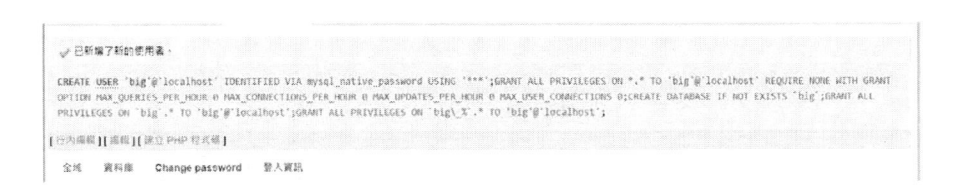

圖 79 產生使用者 SQL 敘述

如下表所示,為產生產生使用者:big 之產生使用者 SQL 敘述。

表 1 建立 big 使用者之 SQL 敘述

CREATE USER 'big'@'localhost' IDENTIFIED VIA mysql_native_password USING '***';GRANT ALL PRIVILEGES ON *.* TO 'big'@'localhost' REQUIRE NONE WITH GRANT OPTION MAX_QUERIES_PER_HOUR 0 MAX_CONNECTIONS_PER_HOUR 0 MAX_UPDATES_PER_HOUR 0 MAX_USER_CONNECTIONS 0;CREATE DATABASE IF NOT

EXISTS 'big';GRANT ALL PRIVILEGES ON 'big'.* TO 'big'@'localhost';GRANT ALL PRIVILEGES ON 'big_%'.* TO 'big'@'localhost';

如下圖所示，可以見到系統畫面左方，已產生『big』字樣的資料庫。

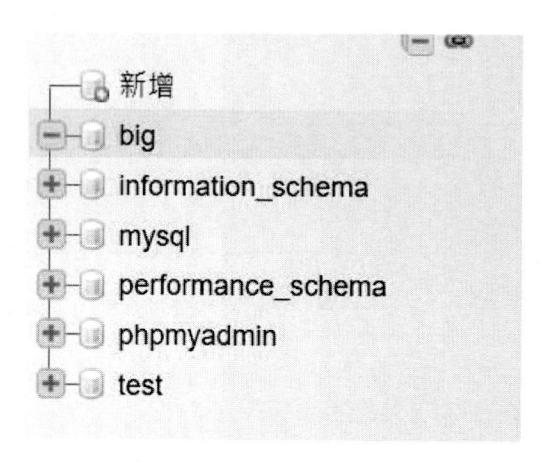

圖 80 同步產生使用者對應名稱資料庫

如下圖所示，可以見到系統畫面左方，已同步產生『big』字樣的資料庫。

圖 81 產生 big 資料庫

如下圖紅框所示，可以見到『資料庫』的文字之連結，為 MySQL 資料庫系統查詢目前所擁有之所有資料庫。

~ 48 ~

圖 82 查閱資料庫

如下圖所示，可以見到目前 MySQL 資料庫系統，查詢目前所擁有之所有資料庫。

圖 83 目前存在之資料庫列表

如下圖所示，回到初始化使用者後之主畫面。

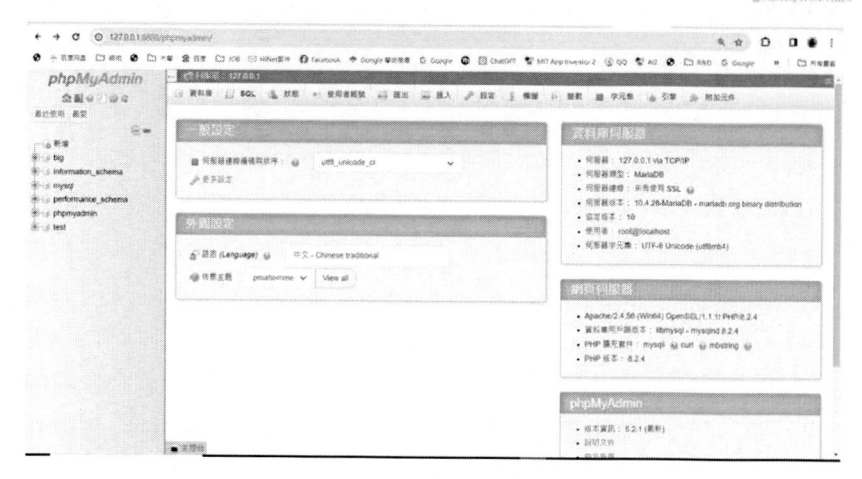

圖 84 回到初始化使用者後之主畫面

區域主機網際網路雲端化

上述敘述中，筆者透過桌上電腦，安裝網頁伺服器與資料庫伺服器，由於筆者租借中華電信 500M 的光纖網路，可以申請固定行網際網路 IP，所以安裝網頁伺服器與資料庫伺服器的桌上電腦，在筆者無線網路分享器(Access Pointer NAT Server)，連上無線網路分享器，如下圖所示，取得 192.168.88.200 的虛擬 IP。

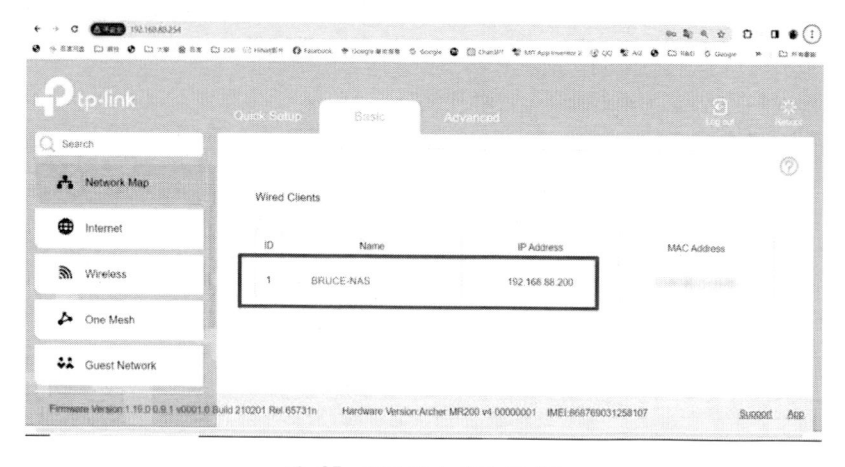

圖 85 伺服器主機取得 IP

~ 50 ~

由於筆者筆者無線網路分享器(Access Pointer NAT Server)是商業級的機器，可針對區域網路某台主機，針對一台主機，或多台(一台)多組通訊埠，用 Port Mapping 技術，映射到筆者無線網路分享器(Access Pointer NAT Server)對 ISP 業者，取得的網際網路 Internet，加上筆者光纖網路可以讓筆者無線網路分享器(Access Pointer NAT Server)PPOE 使用撥接到 ISP 業者，可以取得固定的網際網路 IP 如下圖所示為：114.33.165.41。

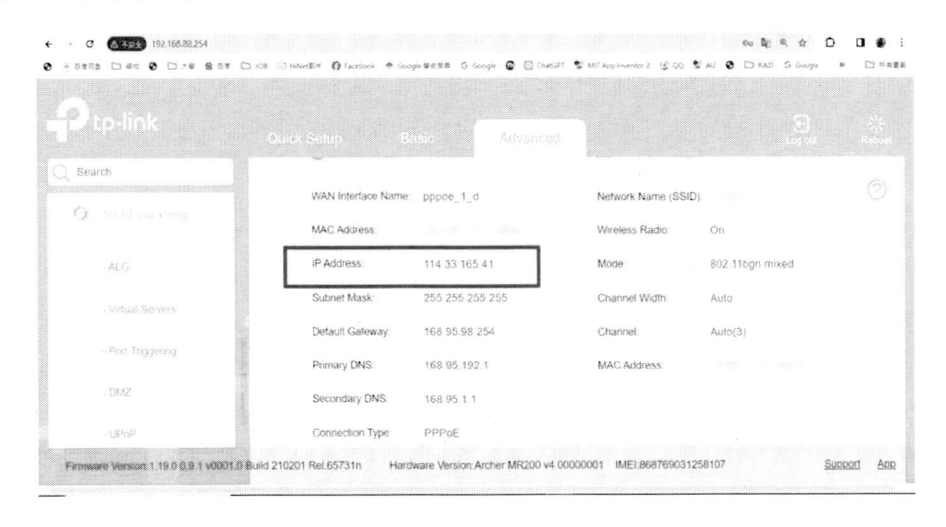

圖 86 AP 取得固定 IP

所以筆者在無線網路分享器(Access Pointer NAT Server)之 Port Mappin 設定將 192.168.88.200，通訊埠 8888，對應到在筆者在無線網路分享器(Access Pointer NAT Server) 使用 PPOE 使用撥接到 ISP 業者，取得固定的網際網路 IP：114.33.165.41 的通訊埠 8888，所以安裝網頁伺服器與資料庫伺服器之桌上電腦 192.168.88.100:8888 則變成 114.33.165.41:8888，產生相互對應與相互通訊之能力。如此一來，如下圖所示，該安裝網頁伺服器與資料庫伺服器之 192.168.88.100，通訊埠 8888 就轉身變成網際網路上 114.33.165.41:8888 的雲端主機了。

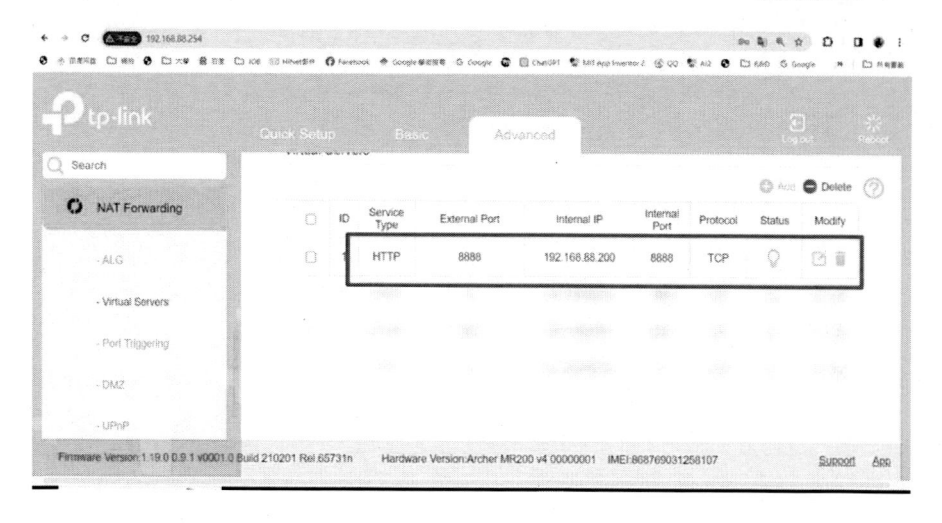

圖 87 內部主機對應 AP 取得 IP

由於比這是中華電信光纖用戶，可以來申請固定 IP，筆者也有申請網域名稱，將區域網路的頁伺服器架設在 Internet 網際網路上。

如下圖所示，筆者將『114.33.165.41』的固定 IP，映射 DNS 伺服器為『iot.arduino.org.tw』與『nuk.arduino.org.tw』，所以當使用『iot.arduino.org.tw』與『nuk.arduino.org.tw』兩個域名時，DNS 伺服器就會將之轉為『114.33.165.41』。

~ 52 ~

圖 88 Hinet 代管 DNS 資料

　　如下圖所示，這是上述架設私人區域主機，筆者透過『AP 之虛擬主機(Port Mapping』的功能，將內部『192.168.88.200』映射到 AP 分享器(Router)取得之固定 IP：『114.33.165.41』。

　　接下來筆者申請域名：『arduino.org.tw』，透過中華電信 DNS 伺服器代管功能，將『iot.arduino.org.tw』與『nuk.arduino.org.tw』，兩筆域名：『iot.arduino.org.tw』與『nuk.arduino.org.tw』，當使用者使用這兩個域名時，DNS 伺服器就會將之轉之為『114.33.165.41』。

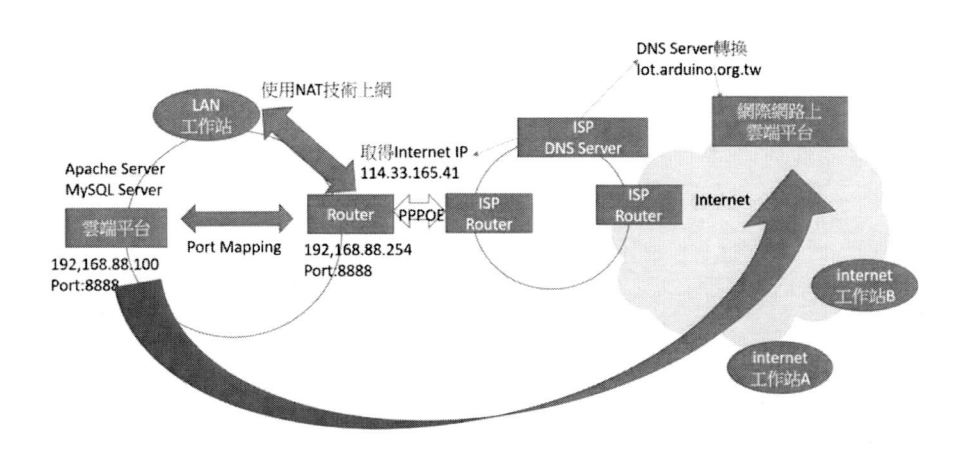

圖 89 區域網路伺服器轉換網際網路伺服器之架構圖

　　接下來，筆者測試主機，由本地端區域網路：192.168.88.200:8888，就可以連接筆者架設之伺服器主機，可以看到下圖(a)所示之主機，用域名 iot.arduino.org.tw:8888 一樣可以連接相同的主機了。

(a) 區域主機

(b). 雲端主機

圖 90 區域網路伺服器轉換網際網路伺服器之架構圖

在進入資料庫

本章會介紹如何將網頁伺服器，透過中華電信光纖價戶，來申請固定 IP，筆者也有申請網域名稱，將區域網路的頁伺服器架設在 Internet 網際網路上。

但是本文先介紹本機端網頁伺服器的用法，在 Internet 網際網路的網頁伺服器與本機端網頁伺服器的用法都是一致的，只不過網址不同。

本文使用本機端得網址：http://127.0.0.1:8888/phpmyadmin/，使用瀏覽器，輸入網址：http://127.0.0.1:8888/phpmyadmin/，進入『phpMyAdmin』。

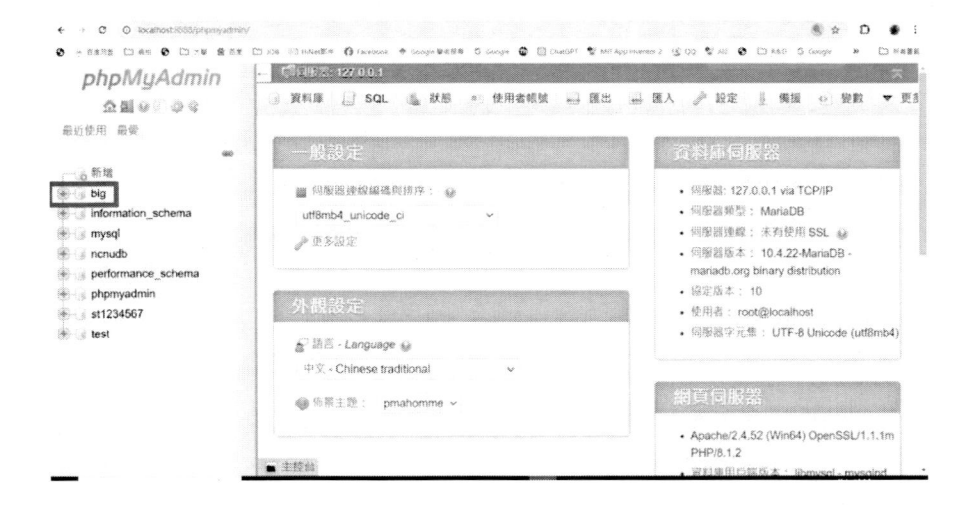

圖 91 phpMyAdmin 查看 big 資料庫

查看 big 資料庫中溫溼度感測器資料表

如下圖所示，筆者先回到 phpMyAdmin 資料庫管理程式主頁。

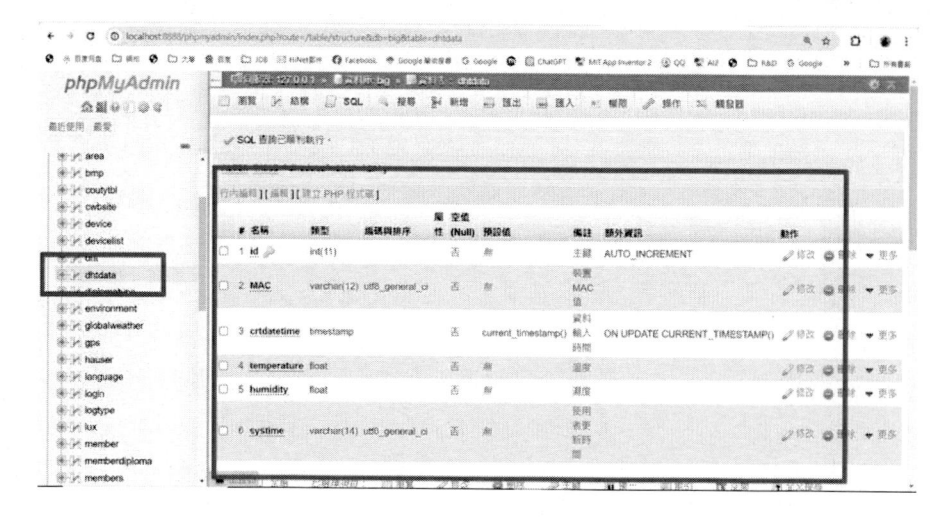

圖 92 查看 dhtdata 資料表

如下圖所示，我們成功透過下列的架構，將溫溼度感測器的溫度、濕度、裝置 MAC、與系統的時間傳送到 dhtdata 資料表之中。

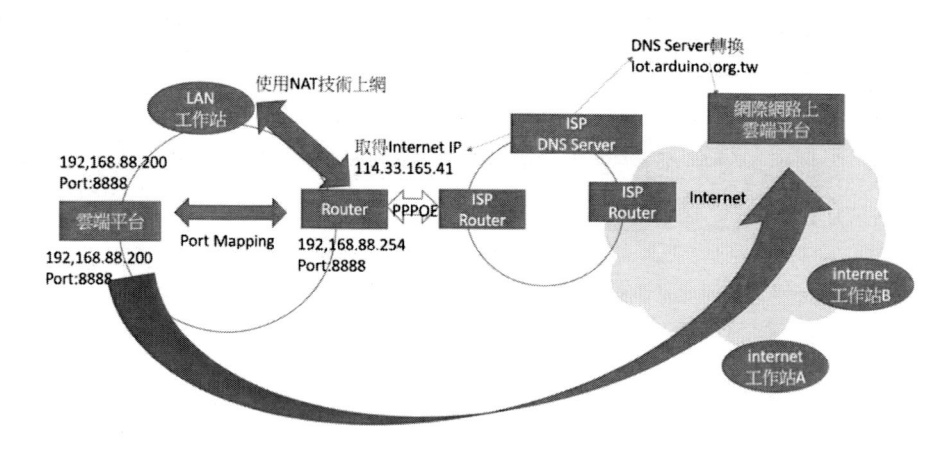

圖 93 區域網路伺服器轉換網際網路伺服器之架構圖

如下圖所示，筆者已經透過 RESTFul API 的規則，透過 http GET 將溫溼度感測器的溫度、濕度、裝置 MAC、與系統的時間傳送到 dhtdata 資料表之中。

~ 56 ~

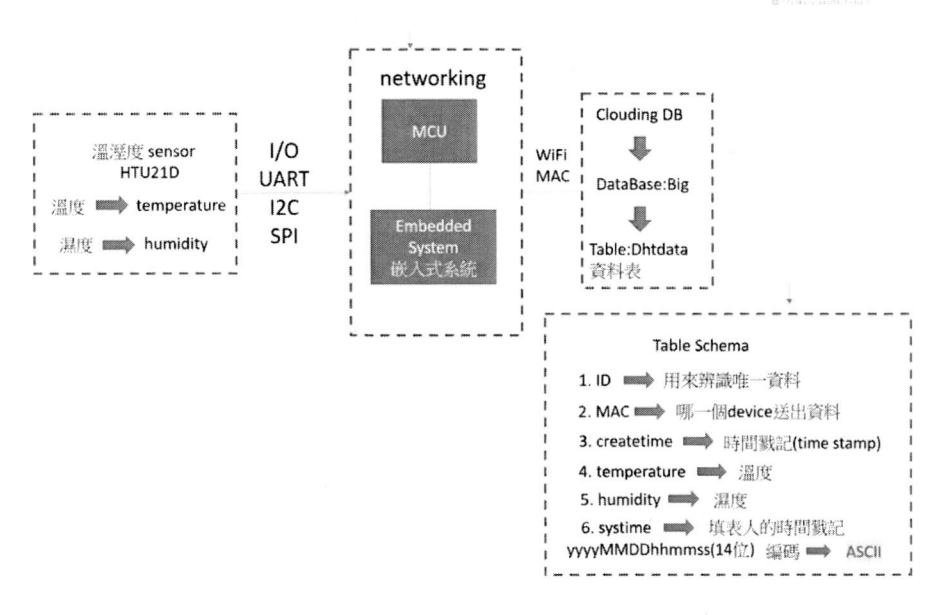

圖 94 資料收集器傳送雲端

　　如下圖所示，每一個裝置都是透過 MAC 網路卡來辨識裝置的唯一性，但是，到底哪一個裝置是從哪一個網路連上的資訊卻無從知道。

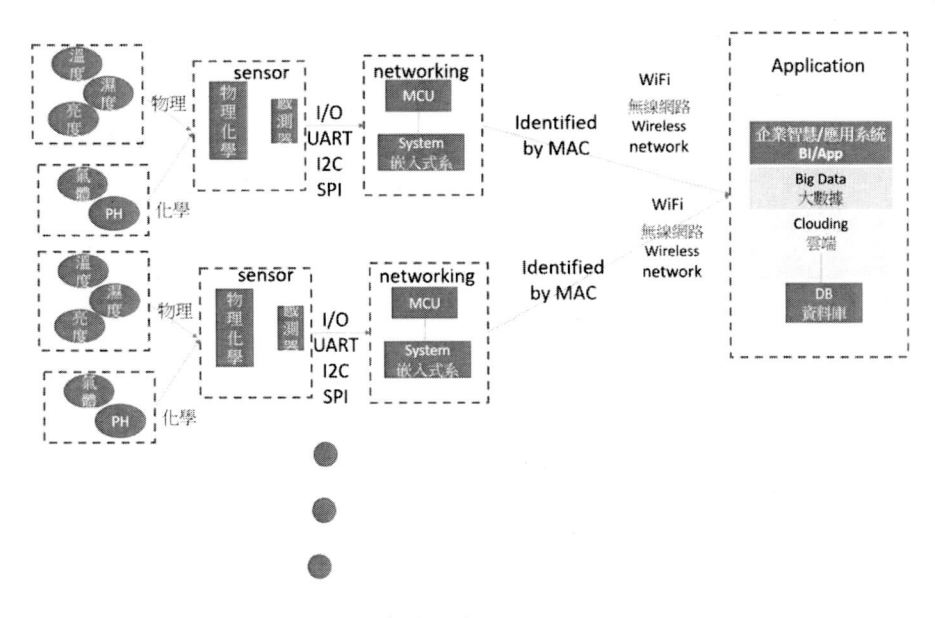

圖 95 多裝置傳送到雲端

　　如下圖所示，因為每一個裝置都有其特殊的網域與獨有的 IP Address，參考

圖 93 區域網路伺服器轉換網際網路伺服器之架構圖，每一個裝置透過無線分享器與 Router 的轉換，如果只透過無法知道但是使用者查看雖然在裝置端可以取得裝置端的 IP Address，此連結是建立 MySQL 資料庫系統的新使用者操作處。。

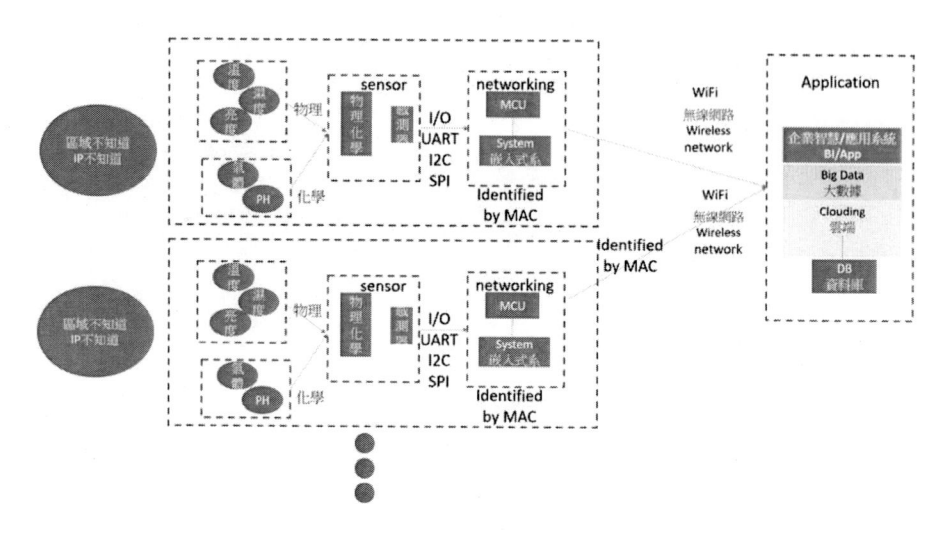

圖 96 多裝置傳送到雲端無傳送 IP

如下圖所示，請讀者點選『新增使用者帳號』之系統連結，來建立 MySQL 資料庫系統的新使用者。

圖 97 點選新增使用者帳號

如下圖所示，為新增使用者帳號的系統畫面。

~ 58 ~

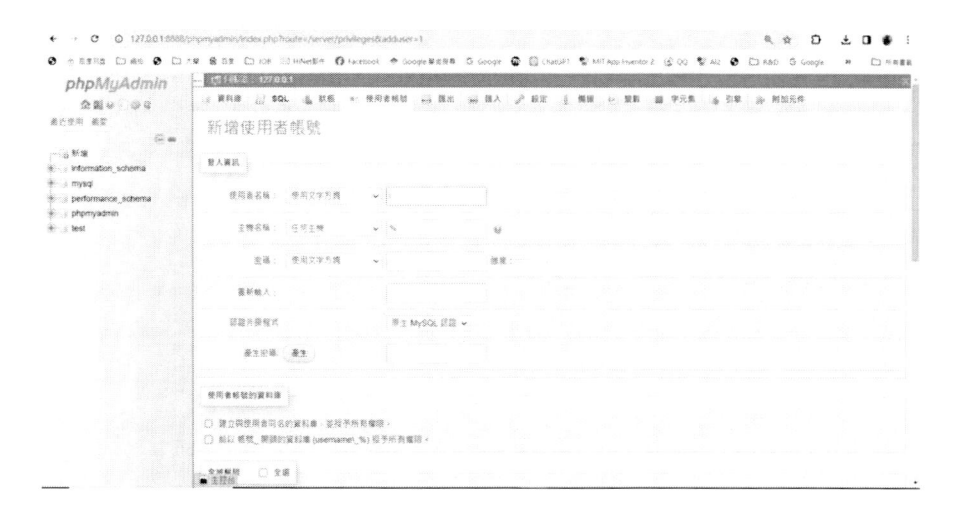

圖 98 新增使用者畫面

　　如下圖所示，可以見到『使用者名稱』的文字，右邊一方框，內有使用者方塊字樣，請在右邊空白框處輸入『big』，為要新增之使用者名稱。

圖 99 建立使用者名稱：big

　　如下圖所示，可以見到『主機名稱』的文字，右邊一方框，內有任何主機方塊字樣。

圖 100 設定可連線主機

~ 59 ~

如下圖所示，請點選 ∨ 圖示，可以看到出現一些可以選擇的項目，請讀者選擇『本機』的文字，設定為該使用者：big 只能在本機端進入 MySQL 資料庫系統。

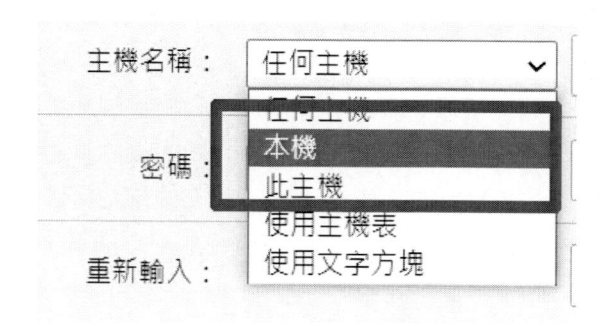

圖 101 設定可連線主機為本機

如下圖所示，請點選 ∨ 圖示，可以看到出現一些可以選擇的項目，請讀者選擇『本機』的文字，設定為該使用者：big 只能在本機端進入 MySQL 資料庫系統，可以看到右方方框出現『localhost』的文字，代表筆者已將使用者：big 設定為只能在本機端進入 MySQL 資料庫系統。

圖 102 完成設定可連線主機為本機

如下圖所示，可以見到『密碼』的文字，右邊一方框內有使用者方塊字樣，請在右邊空白框處輸入『12345678』，為該使用者登陸密碼。

在第二列右邊空白框處一樣輸入『12345678』，重複輸入使用者登陸密碼『12345678』。

請設定：12345678

圖 103 設定使用者密碼

如下圖所示，可以見到『使用者帳號資料庫』的文字，下方有兩列文字，前方各有一個 ▢ 可以打勾的方框，每一個框代表右邊文字代表的文字意義的功能設定是否賦予目前新增的權限。

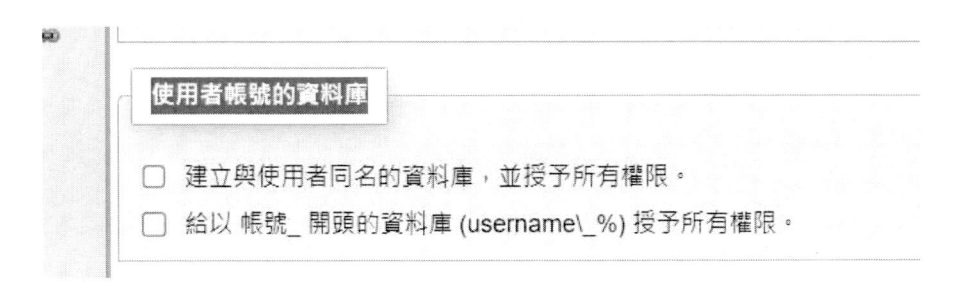

圖 104 設定使用者帳號的資料庫

如下圖所示，可以見到『使用者帳號資料庫』的文字，下方有兩列文字，前方各有一個 ▢ 可以打勾的方框，每一個框代表右邊文字代表的文字意義的功能設定是否賦予目前新增的權限，請將兩列的 ▢ （可以打勾的方框），全部點選（在方框位置用滑鼠點選一下），讓目前新增使用者：『big』，可以擁有『建立與使用者同名的資料庫，並授予所有權限』，就是同步新增使用者：『big』階段，順便建立：『big』的資料庫。

另一個『給以 帳號_ 開頭的資料庫（username_%）授予所有權限』就是順便

~ 61 ~

將目前建立的使用者,即為新增使者:『big』,順便給予:『big』開頭字樣的的資料庫,同步給予權限。

```
使用者帳號的資料庫
☑ 建立與使用者同名的資料庫,並授予所有權限。
☑ 給以 帳號_ 開頭的資料庫 (username\_%) 授予所有權限。
```

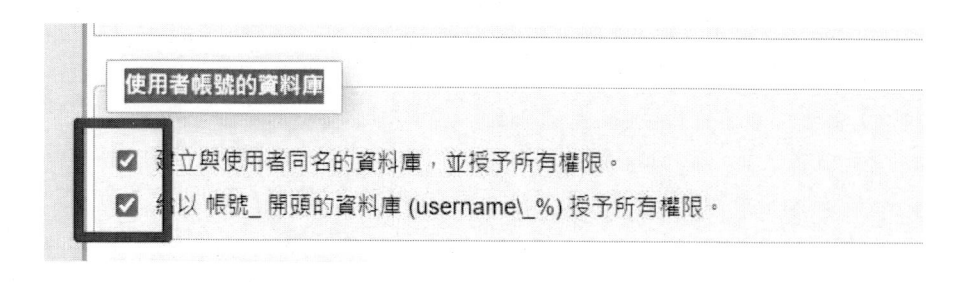

圖 105 請設定使用者帳號的資料庫

如下圖所示,可以三個區塊,各為 ☐ 資料、☐ 結構、☐ 管理等三個資料庫管理上三種權限。

☐ 資料:就是給予資料庫給予查詢、新增、修改、刪除等對於資料進出、編修、刪除等權限。

☐ 結構:就是給使用者建立、變更、刪除、建立索引、執行…. 等一堆資料庫與資料表等個體權限的能力,與上方不同的是,這個部分是針對資料庫與資料表整體功能,並非資料表內部一筆一筆資料的操作權限。

☐ 管理:就是給使用者給予子使用者,建立使用者,給予所建立使用者權限、建立資料庫程序、StoreProcedure、資料庫系統開機與關機、變更、刪除、建立索引、執行,查詢資料庫資料、禁止或鎖住資料庫或資料表…. 等一堆資料庫與資料表等高階的能力。

圖 106 設定使用者資料庫權限

如下圖所示，請將三個區塊，各為 ☐ 資料、☐ 結構、☐ 管理等三個資料庫管理上三種權限，全部勾選打勾，給予全部權限。

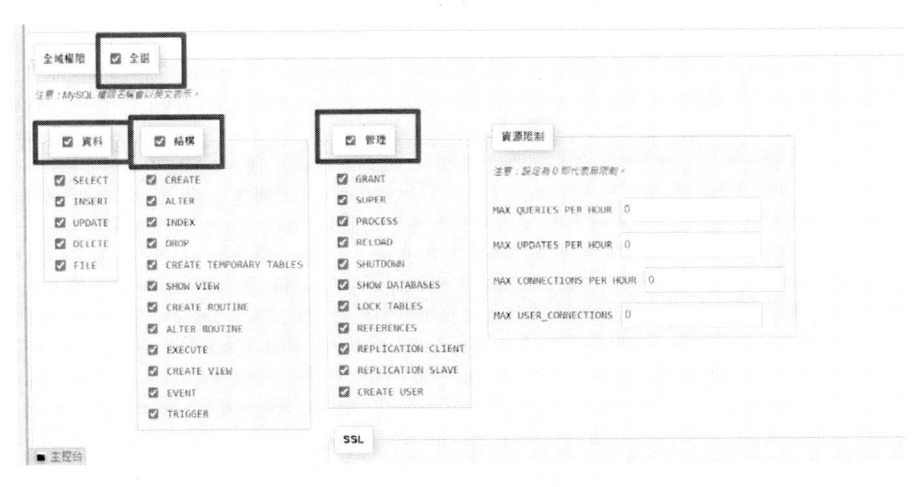

圖 107 給予使用者資料庫全部權限

如下圖所示，請在用滑鼠往下捲動，移到最下方，可以見到一個執行的圖示按鈕。

~ 63 ~

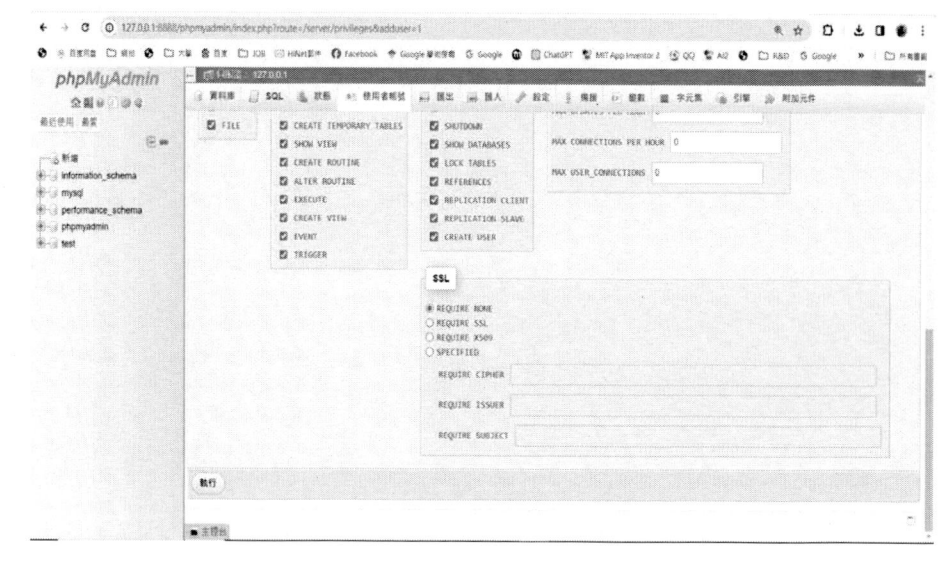

圖 108 移到最下面

如下圖所示，請點選『執行』的文字的按鈕，請用滑鼠點選『執行』的文字的按鈕。

圖 109 執行新增使用者

如下圖所示，可以見到『big』這個使用者名稱的使用者，已經在 MySQL 資料庫系統建立完成。

~ 64 ~

圖 110 已新增使用者

如下圖所示，可以見到黃色區況下方，有一大段文字，此為使用者建立『big』與給予『big』資料庫與給予『big』使用者權限等，建立上述這些功能與操作所需要的 SQL 敘述。

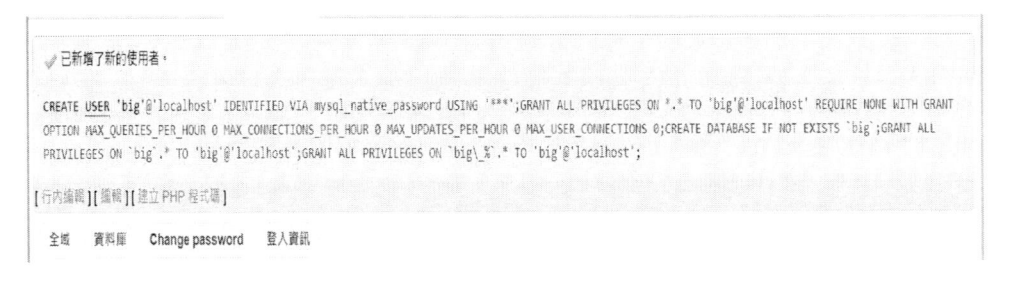

圖 111 產生使用者 SQL 敘述

如下表所示，為產生產生使用者：big 之產生使用者 SQL 敘述。

表 2 建立 big 使用者之 SQL 敘述

CREATE USER 'big'@'localhost' IDENTIFIED VIA mysql_native_password USING '***';GRANT ALL PRIVILEGES ON *.* TO 'big'@'localhost' REQUIRE NONE WITH

```
GRANT OPTION MAX_QUERIES_PER_HOUR 0 MAX_CONNECTIONS_PER_HOUR 0
MAX_UPDATES_PER_HOUR 0 MAX_USER_CONNECTIONS 0;CREATE DATABASE IF NOT
EXISTS 'big';GRANT ALL PRIVILEGES ON 'big'.* TO 'big'@'localhost';GRANT
ALL PRIVILEGES ON 'big\_%'.* TO 'big'@'localhost';
```

如下圖所示，可以見到系統畫面左方，已產生『big』字樣的資料庫。

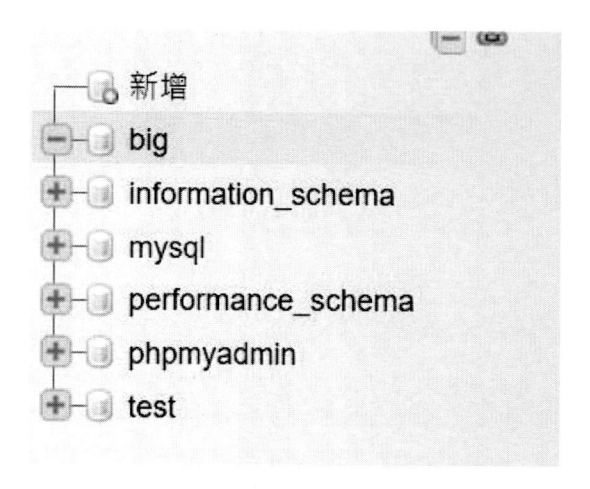

圖 112 同步產生使用者對應名稱資料庫

如下圖所示，可以見到系統畫面左方，已同步產生『big』字樣的資料庫。

圖 113 產生 big 資料庫

如下圖紅框所示，可以見到『資料庫』的文字之連結，為 MySQL 資料庫系統查詢目前所擁有之所有資料庫。

圖 114 查閱資料庫

如下圖所示，可以見到目前 MySQL 資料庫系統，查詢目前所擁有之所有資料庫。

圖 115 目前存在之資料庫列表

如下圖所示，回到初始化使用者後之主畫面。

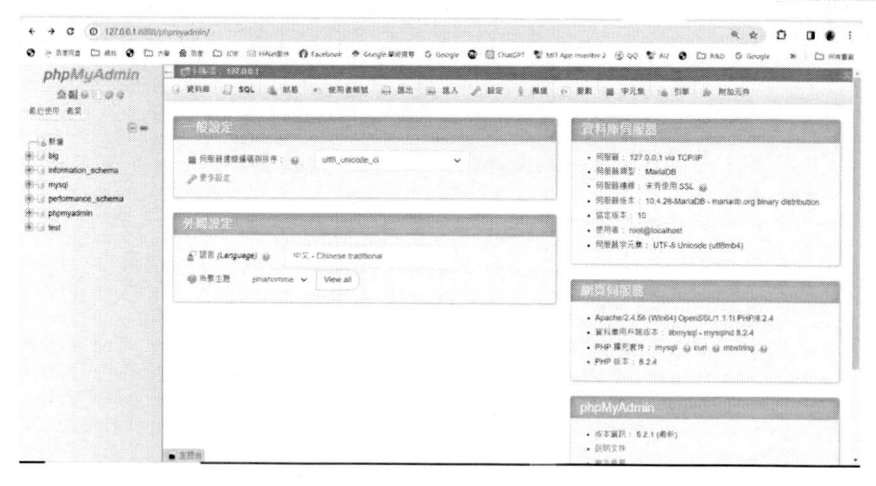

圖 116 回到初始化使用者後之主畫面

區域主機網際網路雲端化

上述敘述中，筆者透過桌上電腦，安裝網頁伺服器與資料庫伺服器，由於筆者租借中華電信500M的光纖網路，可以申請固定行網際網路IP，所以安裝網頁伺服器與資料庫伺服器的桌上電腦，在筆者無線網路分享器(Access Pointer NAT Server)，連上無線網路分享器，如下圖所示，取得192.168.88.200的虛擬IP。

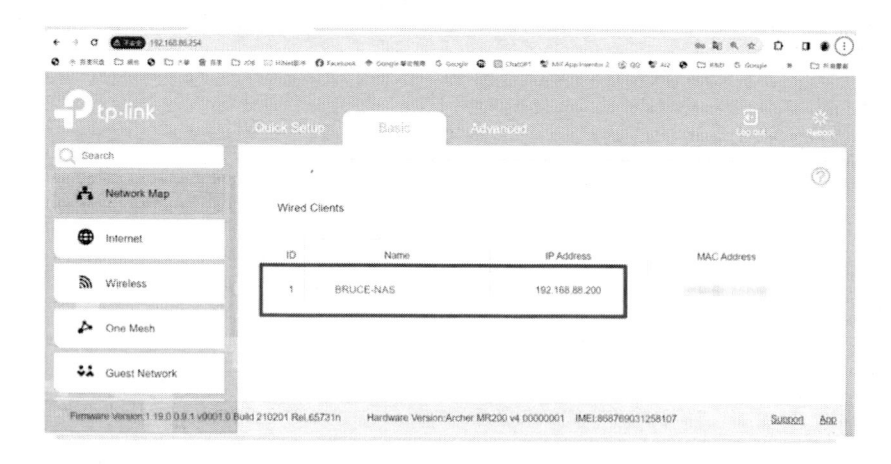

圖 117 伺服器主機取得 IP

~ 68 ~

由於筆者筆者無線網路分享器(Access Pointer NAT Server)是商業級的機器，可針對區域網路某台主機，針對一台主機，或多台(一台)多組通訊埠，用 Port Mapping 技術，映射到筆者無線網路分享器(Access Pointer NAT Server)對 ISP 業者，取得的網際網路 Internet，加上筆者光纖網路可以讓筆者無線網路分享器 (Access Pointer NAT Server)PPOE 使用撥接到 ISP 業者，可以取得固定的網際網路 IP 如下圖所示為：114.33.165.41。

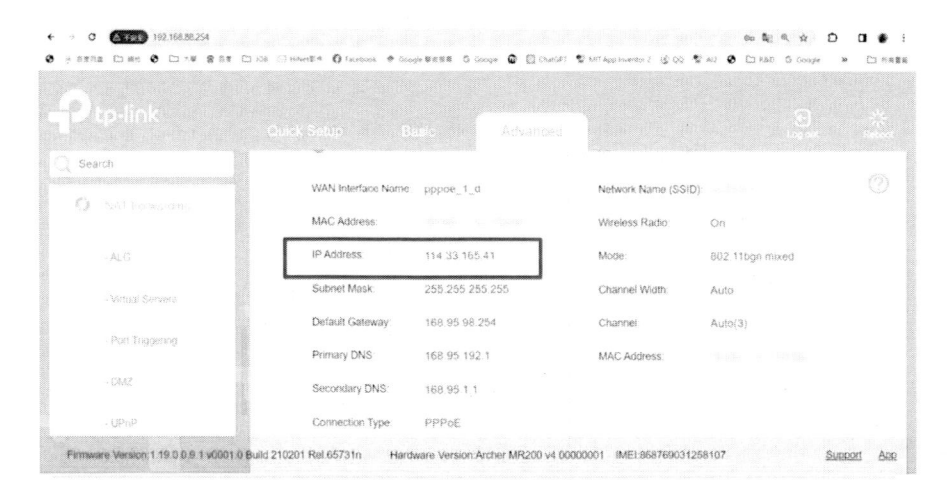

圖 118 AP 取得固定 IP

所以筆者在無線網路分享器(Access Pointer NAT Server)之 Port Mappin 設定將 192.168.88.200，通訊埠 8888，對應到在筆者在無線網路分享器(Access Pointer NAT Server) 使用 PPOE 使用撥接到 ISP 業者，取得固定的網際網路 IP：114.33.165.41 的通訊埠 8888，所以安裝網頁伺服器與資料庫伺服器之桌上電腦 192.168.88.100:8888 則變成 114.33.165.41:8888，產生相互對應與相互通訊之能力。如此一來，如下圖所示，該安裝網頁伺服器與資料庫伺服器之 192.168.88.100，通訊埠 8888 就轉身變成網際網路上 114.33.165.41:8888 的雲端主機了。

~ 69 ~

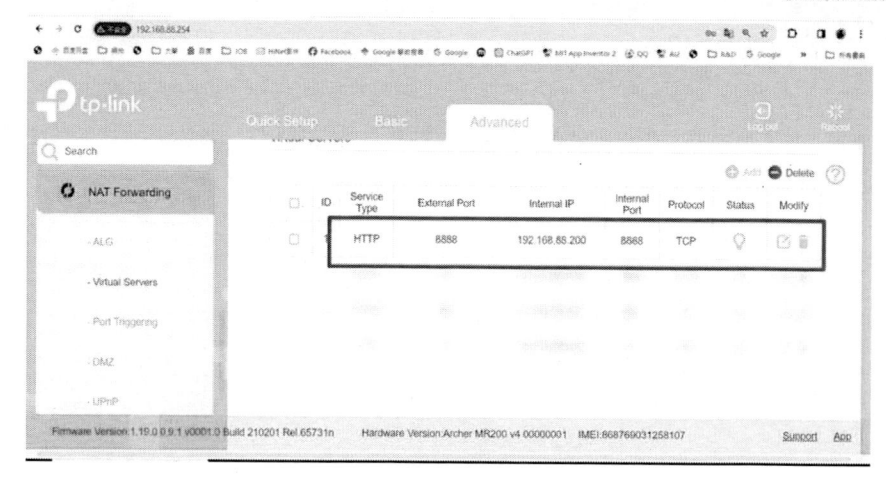

圖 119 內部主機對應 AP 取得 IP

　　由於比這是中華電信光纖用戶，可以來申請固定 IP，筆者也有申請網域名稱，將區域網路的頁伺服器架設在 Internet 網際網路上。

　　如下圖所示，筆者將『114.33.165.41』的固定 IP，映射 DNS 伺服器為『iot.arduino.org.tw』與『nuk.arduino.org.tw』，所以當使用『iot.arduino.org.tw』與『nuk.arduino.org.tw』兩個域名時，DNS 伺服器就會將之轉之為『114.33.165.41』。

~ 70 ~

圖 120 Hinet 代管 DNS 資料

如下圖所示，這是上述架設私人區域主機，筆者透過『AP 之虛擬主機(Port Mapping』的功能，將內部『192.168.88.200』映射到 AP 分享器(Router)取得之固定 IP:『114.33.165.41』。

接下來筆者申請域名：『arduino.org.tw』，透過中華電信 DNS 伺服器代管功能，將『iot.arduino.org.tw』與『nuk.arduino.org.tw』，兩筆域名：『iot.arduino.org.tw』與『nuk.arduino.org.tw』，當使用者使用這兩個域名時，DNS 伺服器就會將之轉之為『114.33.165.41』。

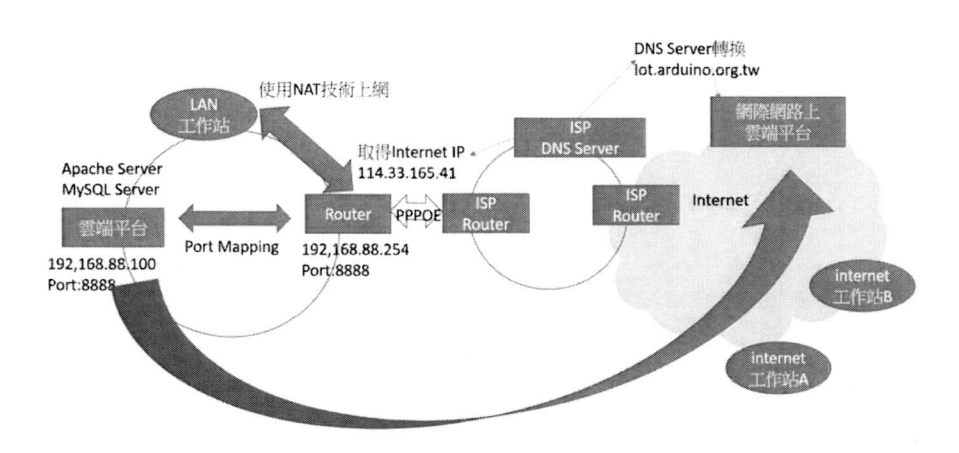

圖 121 區域網路伺服器轉換網際網路伺服器之架構圖

接下來，筆者測試主機，由本地端區域網路：192.168.88.200:8888，就可以連接筆者架設之伺服器主機，可以看到下圖(a)所示之主機，用域名 iot.arduino.org.tw:8888 一樣可以連接相同的主機了。

(b) 區域主機

(b). 雲端主機

圖 122 區域網路伺服器轉換網際網路伺服器之架構圖

章節小結

  本章主要介紹之雲端資料庫之網頁伺服器與資料庫伺服器安裝、設定、初始化管理、建立一個本文會用地的範例資料庫與對應使用者等所有操作與過程，對於其他接近的軟體系統安裝與設定也大致相同，相信讀者閱讀完畢後可以對雲端資料庫之網頁伺服器與資料庫伺服器安裝、設定、初始化管理、建立一個讀者專案用的資料庫等方式，有更深入的了解與體認，進而可以舉一反三，也可以延伸到自己學業上、工作上等應用。

2
CHAPTER

雲端資料庫設計與開發資料代理人

本文接續上章節，如下圖所示，筆者要運用資料收集器傳送到雲端系統概念圖的架構來運作本書整體的資料架構。

如下圖所示，可以見到筆者設計的物聯網系統架構，如下圖右邊所示，建立一個底層資料收集器，收集所需要的資料值，並針對資料收集器傳送收集的資料值，透過如下圖中間傳輸層所示之 REST Ful API 的標準介面，建立一個雲端平台，其平台內有伺服器端對應連接資料介面的資料代理人(DB Agent)(曹永忠, 2016, 2017a, 2017b; 曹永忠, 吳佳駿, 許智誠, & 蔡英德, 2017a, 2017b, 2017c; 曹永忠, 許智誠, & 蔡英德, 2015a, 2015b, 2016a, 2016b)，進而讓讀者學習到建立一個物聯網系統中，建立一個使用溫濕度感測裝置所建立的資料收集器，透過無線網路(Wifi Access Point)，將資料溫溼度感測資料，透過網頁資料傳送，將資料送入 mySQL 資料庫系統。

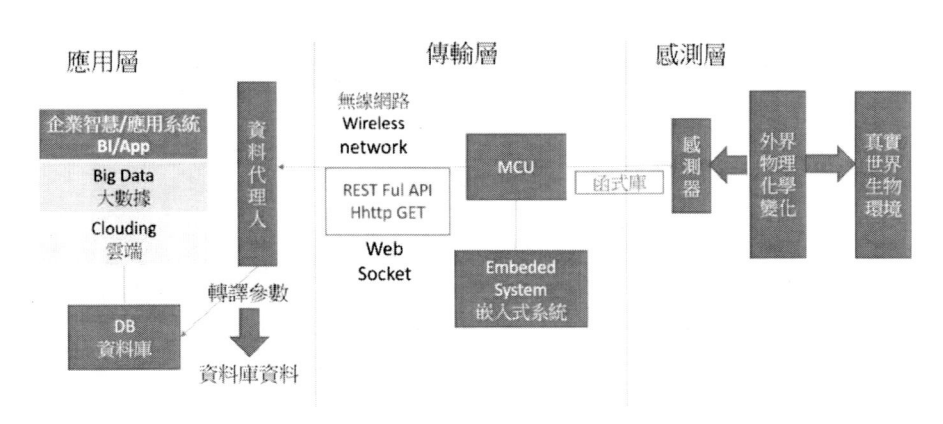

圖 123 資料收集器傳送到雲端系統概念圖

建立溫溼度資料表

　　一般說來,如下圖所示,溫、濕度感測器絕大部分都是讀取該裝置周圍的溫度、濕度等兩項重要的資料,所以可以參考下圖所示之溫溼度感測器參考電路圖,來建立一個溫溼度資料收集器,收集器可以根據收集到的溫、濕度感測器裝置辨識溫度、濕度等兩項特徵值所需,筆者建議可以以下表所示之資料表。

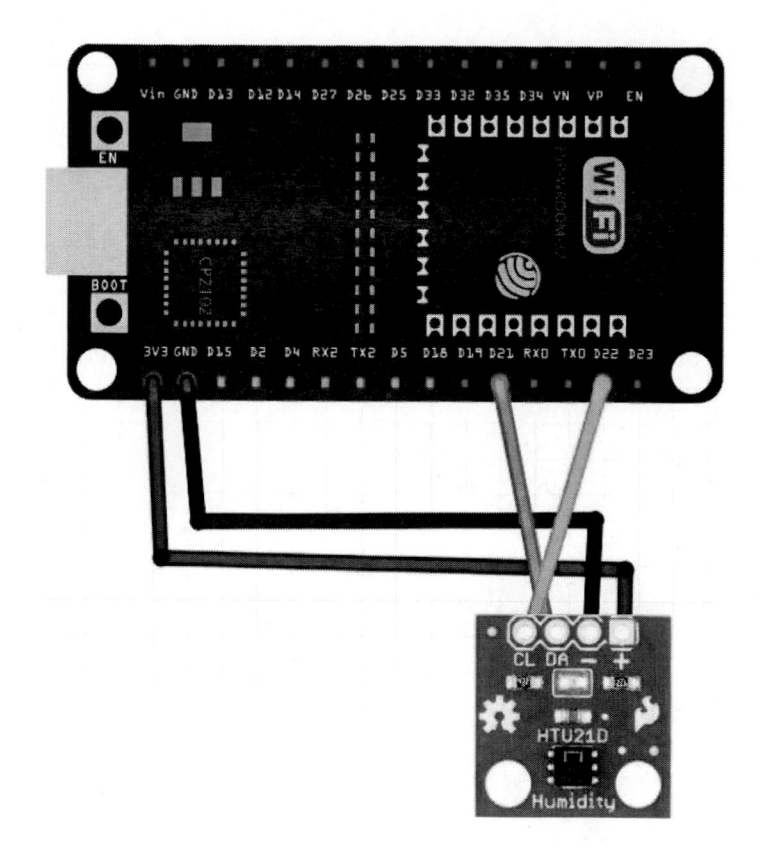

圖 124 本文建立溫溼度感測器參考電路圖

　　在上章節筆者已經建立資料庫(本文為 big,讀者請根據自己需要修正),在其資料庫下面建立一個名稱為 dhtData 之溫溼度感測器資料表,其欄位資訊與屬性參考下表所示之內容。

~ 76 ~

表 3 溫溼度感測器資料表欄位一覽圖(dhtData)

欄位	型態	空值	預設值	備註
id（主鍵）	int(11)	否		主鍵
MAC	char(12)	否		裝置 MAC 值
crtdatetime	timestamp	否	CURRENT_TIMESTAMP	資料輸入時間
temperature	float	否		溫度
humidity	float	否		濕度
systime	char(14)	否		使用者更新時間

表 4 溫溼度感測器資料索引表一覽圖(dhtData)

鍵名	型態	唯一	緊湊	欄位	基數	編碼與排序	空值	說明
PRIMARY	BTREE	是	否	id	373583	A	否	
Index	BTREE	是	否	MAC+systime	是	A	是	是

如下圖所示，進入 XAMPP 網站主控台。

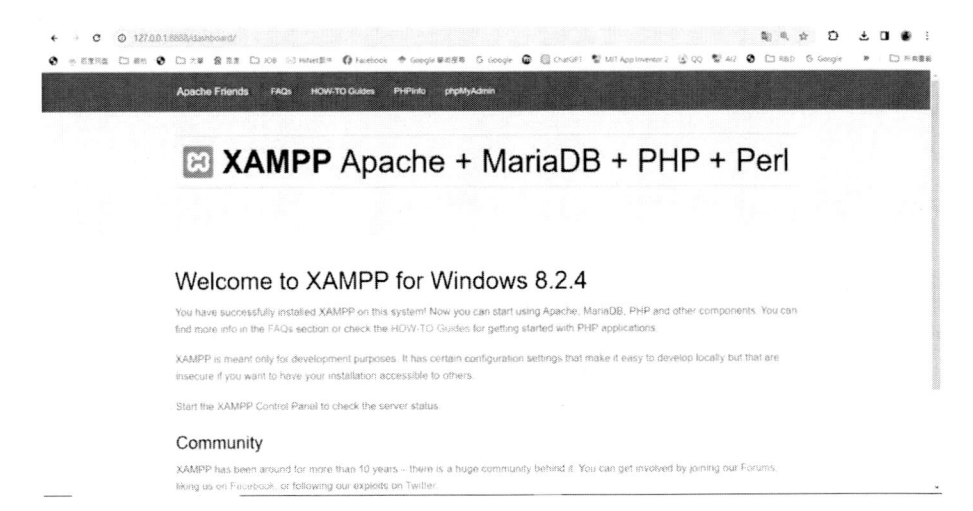

圖 125 XAMPP 網站主控台

如下圖紅框所示點選 phpMyAdmin 圖示之後，進入 phpMyAdmin 資料庫管理模組系統。

~ 77 ~

圖 126 點選資料庫管理程式

　　如下圖所示，為上圖示點選 phpMyAdmin 圖示之後，進入 phpMyAdmin 資料庫管理模組系統之首頁右側，顯示資料庫目前狀態內容。

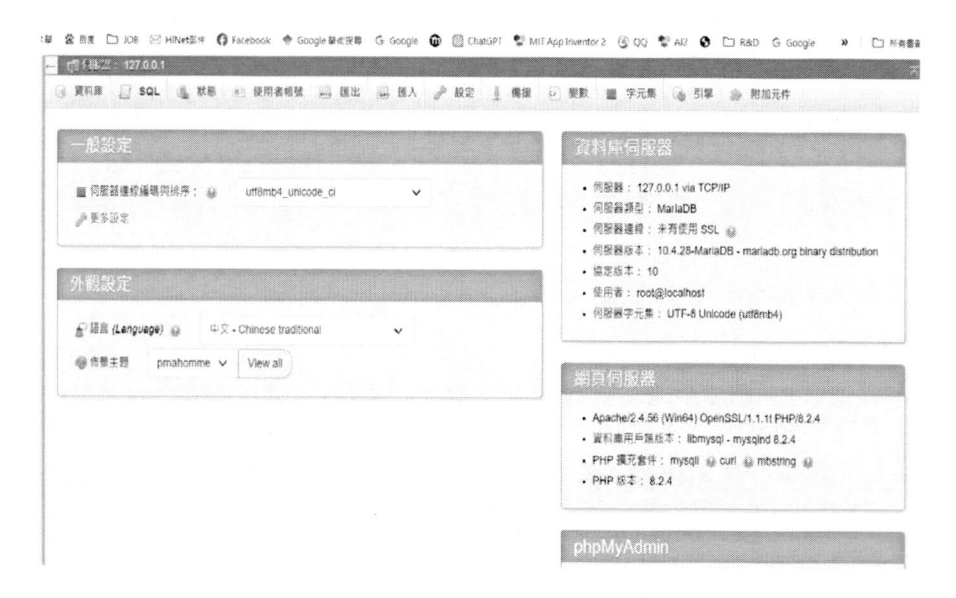

圖 127 資料庫管理程式主頁面

　　如下圖所示，為 phpMyAdmin 資料庫管理模組系統之主畫面。

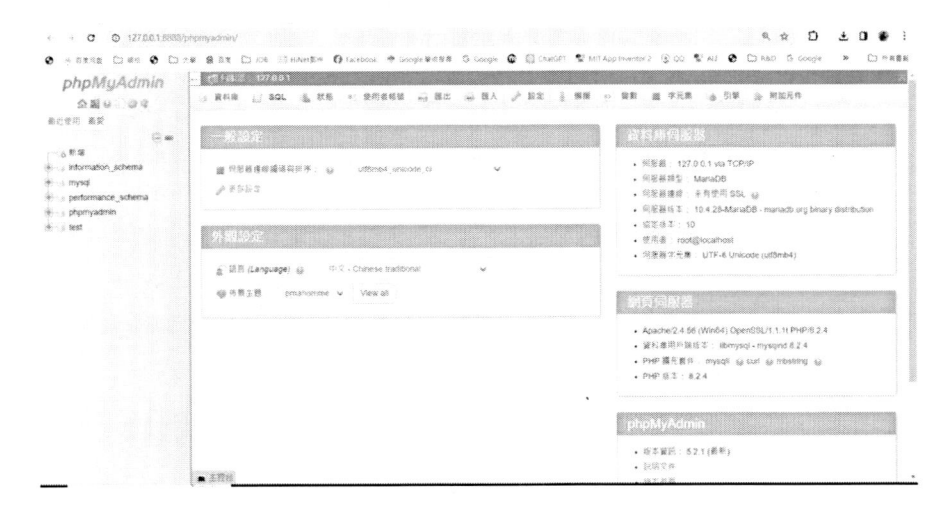

圖 128 phpMyAdmin 資料庫管理程式主頁面

如下圖紅框所示，請點選『資料庫』之系統連結，查詢目前所擁有之所有資料庫。

圖 129 查閱資料庫

圖 130 目前存在之資料庫列表

如上圖所示，可以見到目前 MySQL 資料庫系統，查詢目前所擁有之所有資料庫。再來如下圖所示，回到初始化使用者後之主畫面。

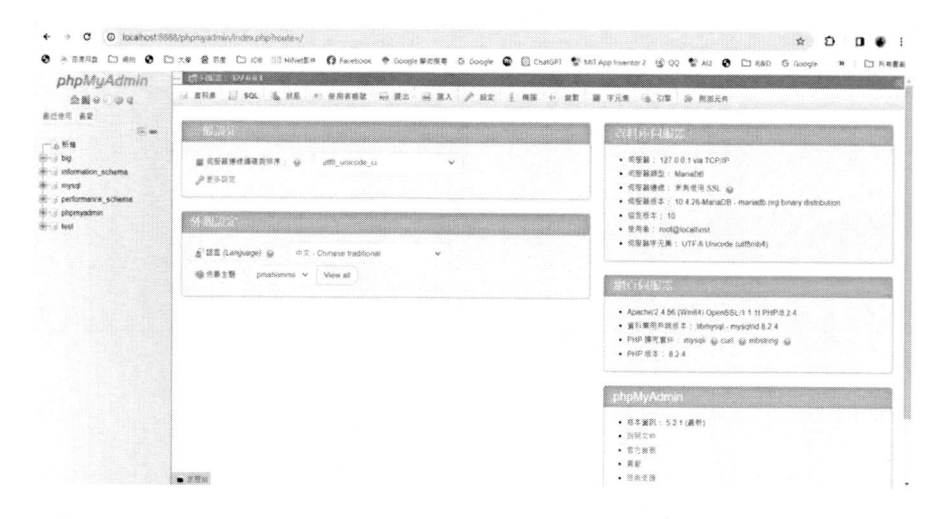

圖 131 初始化建立 big 資料庫之後主畫面

請讀者依下圖紅框處所示，點選 big 資料庫。

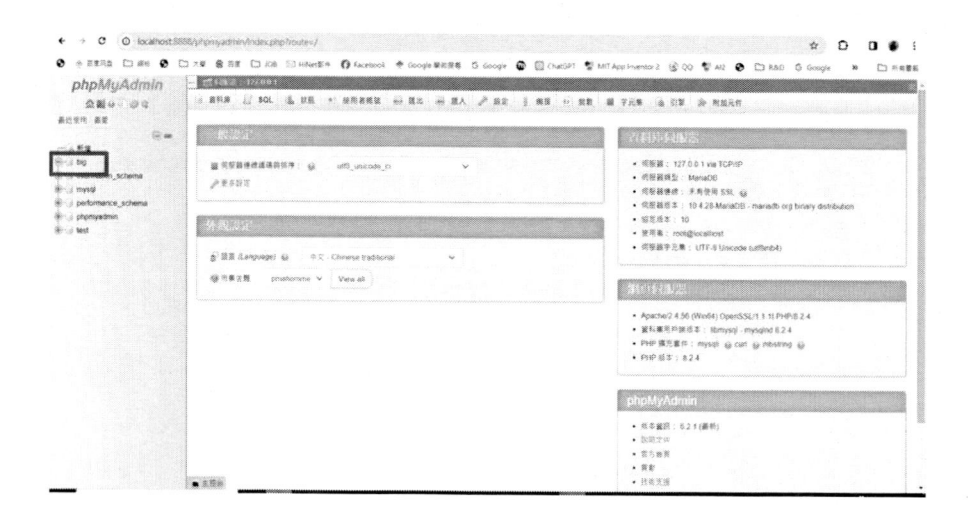

圖 132 點選 big 資料庫

~ 80 ~

如下圖所示圖，由於目前 big 資料庫尚無任何資料表，所以只會出現下圖所示之沒有任何資料表在資料庫內的畫面。

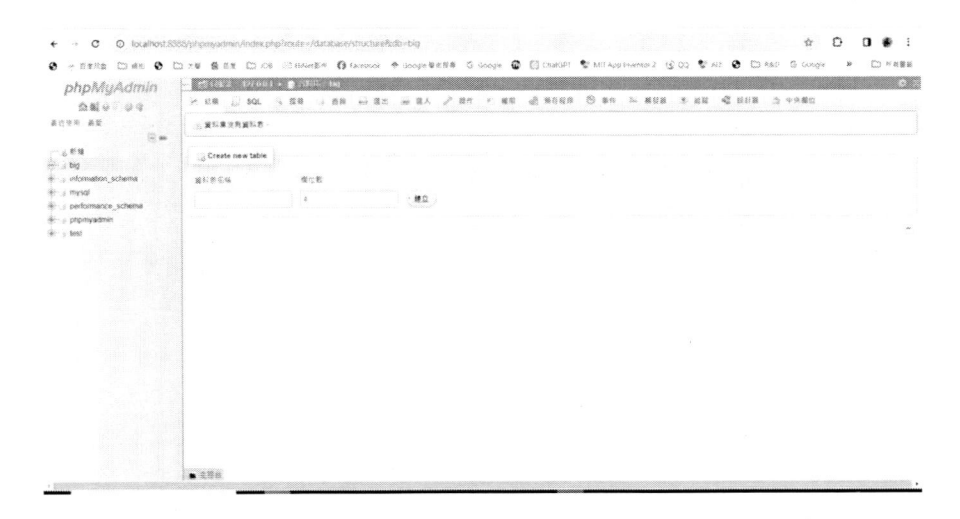

圖 133 空白 big 資料庫畫面

　　如下圖所示，筆者在資料庫名稱下方空白框內，輸入『dhtData』，來建一個溫溼度感測器資料表(dhtData)，並請在欄位數下方空白框，設定為 6 個欄位。

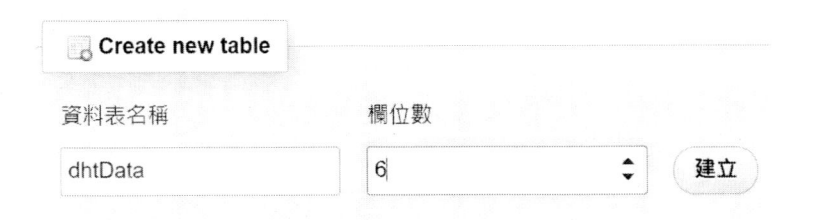

圖 134 建一個溫溼度感測器資料表

　　如下圖所示圖，我們建立 dhtData 資料表。

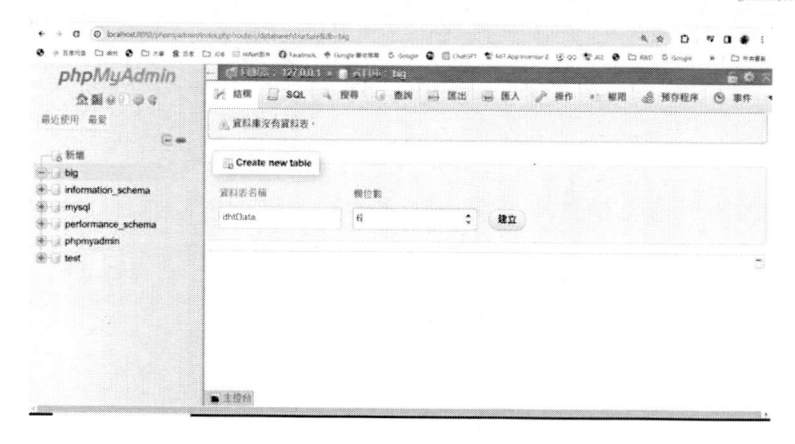

圖 135 建立 dhtData 資料表

如下圖所示圖，請選建立圖示按鈕。

圖 136 選建立

如下圖所示圖，我們可以見到進入建立 dhtData 資料表開始畫面。

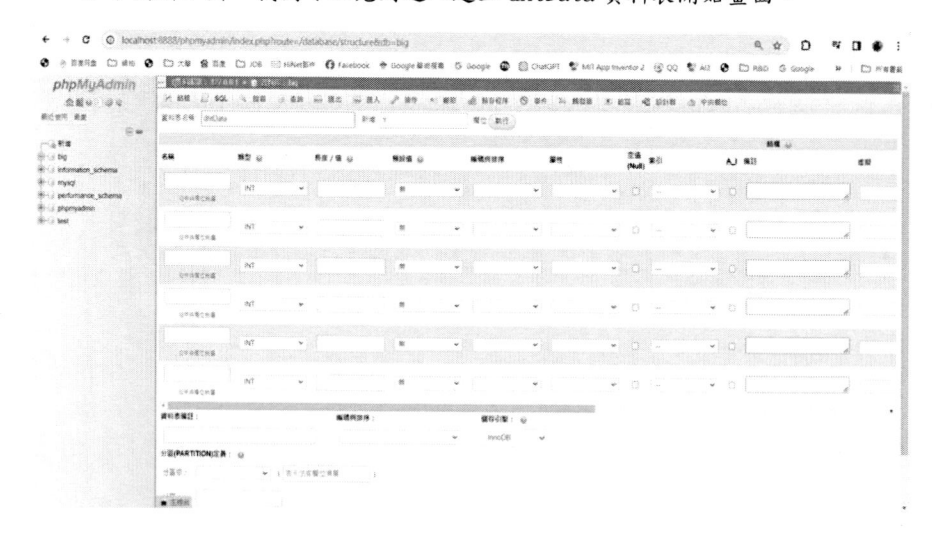

圖 137 進入建立 dhtData 資料表開始畫面

~ 82 ~

如下圖所示圖，是我們要建立 dhtData 資料表之六個欄位的欄位名稱圖。

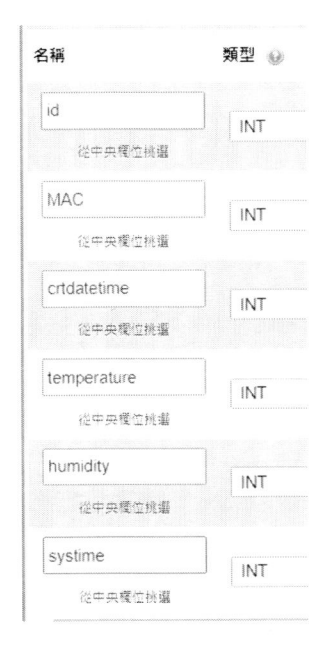

圖 138 六個欄位的欄位名稱

如下圖所示圖，我們在第一個欄位，輸入第一個欄位名稱。

圖 139 輸入第一個欄位名稱

如下圖所示圖，我們在第一個欄位之 AI 處之勾選框，請用滑鼠點選後，讓其成為勾選的狀態。

圖 140 在第一個欄位之 AI 處之勾選框

如下圖所示圖，由於我們在第一個欄位之 AI 處之勾選框，請用滑鼠點選後，讓其成為勾選的狀態，系統則會將欄位索引處轉變為主鍵狀態，就是該欄位會成為 dhtData 資料表的主鍵欄位。

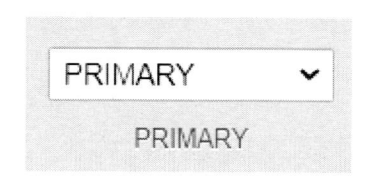

圖 141 欄位索引處成為主鍵狀態

如下圖所示圖，我們將其備註設定為主鍵，完成 dhtData 資料表第一個欄位所有屬性輸入。

圖 142 完成第一個欄位所有屬性輸入

如下圖所示圖，我們建立 dhtData 資料表第二個欄位，請輸入第二個欄位為 MAC 的名稱內容。

~ 84 ~

圖 143 輸入第二個欄位為 MAC

如下圖所示圖，我們為第二欄位設定資料類型。

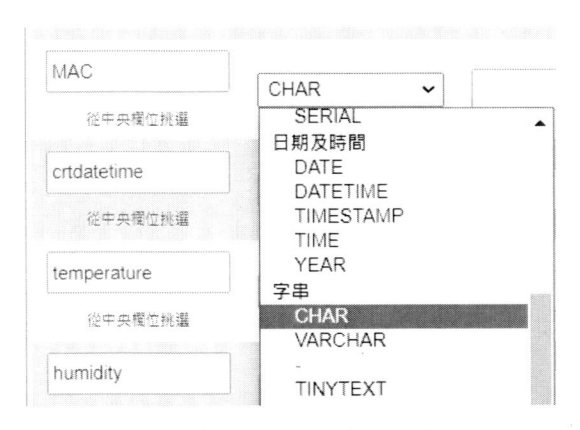

圖 144 第二欄位設定資料類型

如下圖所示圖，我們設定第二欄位資料類型為 Char，並將其長度設為 12 字元長度。

圖 145 設定第二欄位資料類型

如下圖所示圖，我們將第二欄位 MAC2 設定其編碼與排序，請點選下圖紅框處所示，呼叫出可以設定之編碼與排序選項。

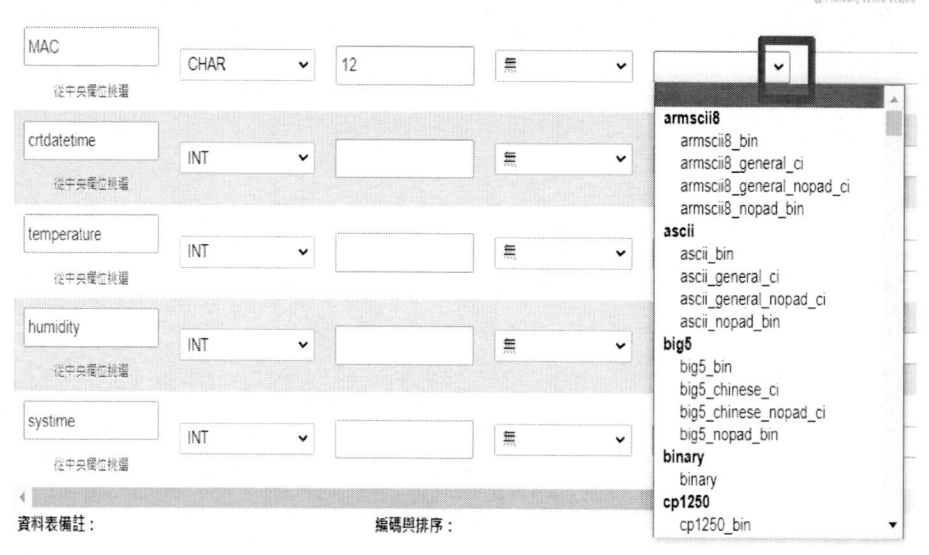

圖 146 設定第二欄位之編碼與排序

如下圖所示圖，我們將第二欄位 MAC2 設定其編碼與排序，在選項中選擇其編碼與排序選項為:ascii_general_ci 選項。

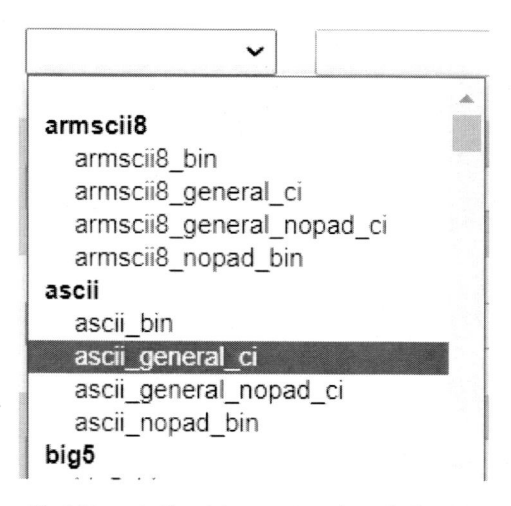

圖 147 設定第二欄位之編碼與排序為 ASCII

~ 86 ~

如下圖所示圖，我們完成設定第二欄位:MAC 之編碼與排序。

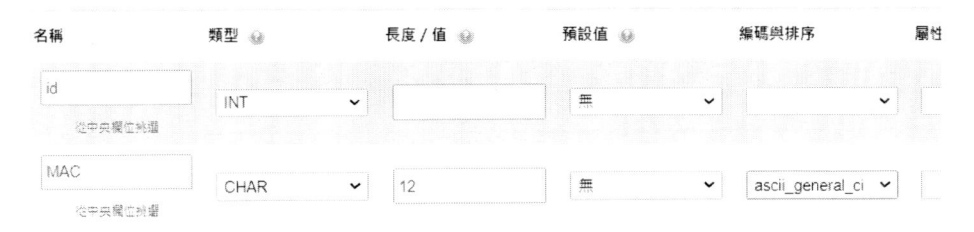

圖 148 完成設定第二欄位之編碼與排序

如下圖所示圖，我們設定第二欄位之備註為裝置 MAC 值，完成 dhtData 資料表第二個欄位之所有屬性輸入。

圖 149 設定第二欄位之備註

如下圖所示圖，我們設定第三欄位之名稱:crtdatetime 的名稱。

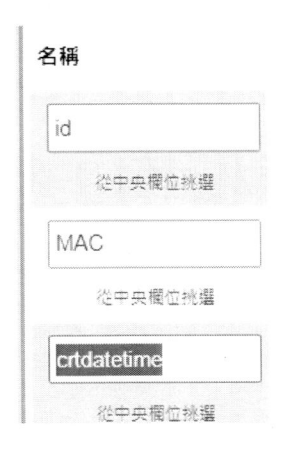

圖 150 設定第三欄位之名稱

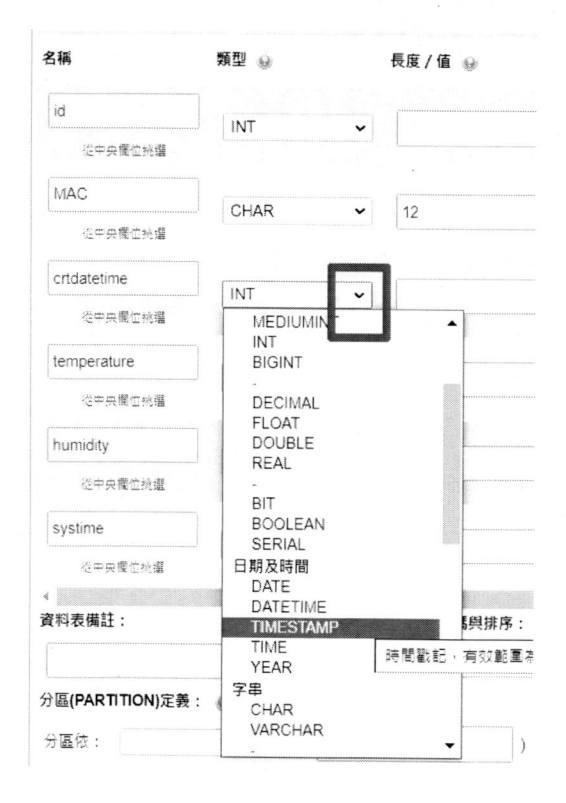

圖 151 設定第三欄位之資料類型

如上圖所示圖，我們點選上圖紅框處，設定第三欄位之資料類型，呼叫出資料類型選項清單。

如下圖所示圖，我們設定第三欄位之資料類型為時間戳記：TIMESTAMP。

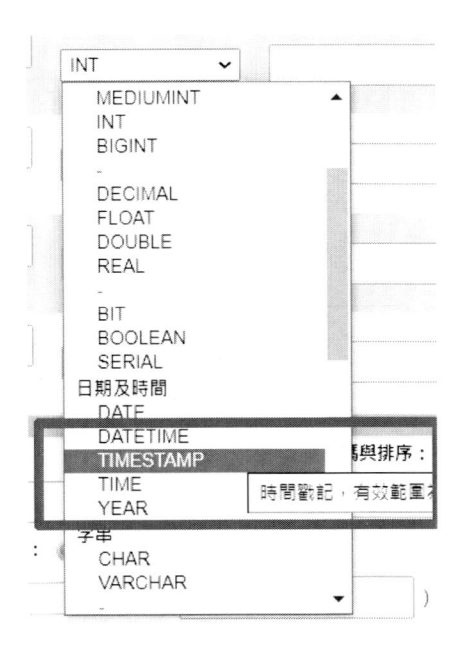

圖 152 設定第三欄位之資料類型為時間戳記

如下圖所示圖，我們完成設定第三欄位之資料類型為時間戳記。

圖 153 完成設定第三欄位之資料類型為時間戳記

如下圖所示圖，我們設定第三欄位之資料預設值：CURRENT_TIMESTAMP。

~ 89 ~

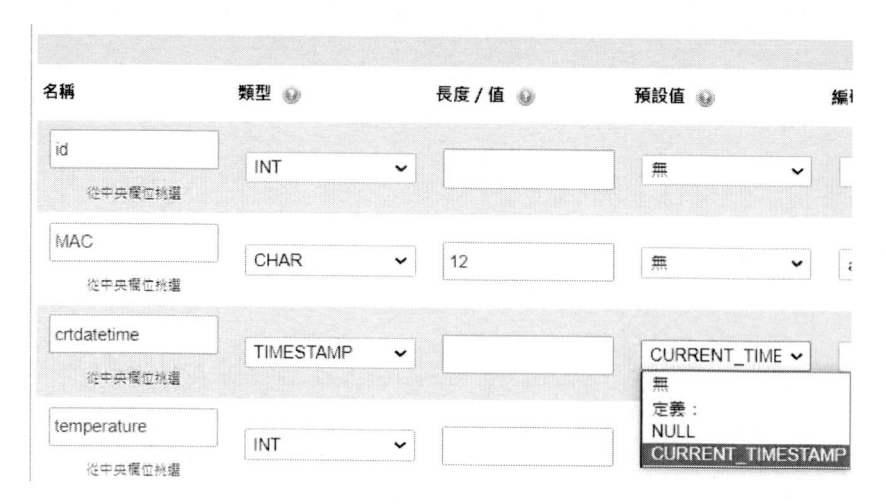

圖 154 設定第三欄位之資料預設值

如下圖所示圖，我們點選下圖紅框處，設定第三欄位之屬性為： on update CURRENT_TIMESTAMP 的內容。

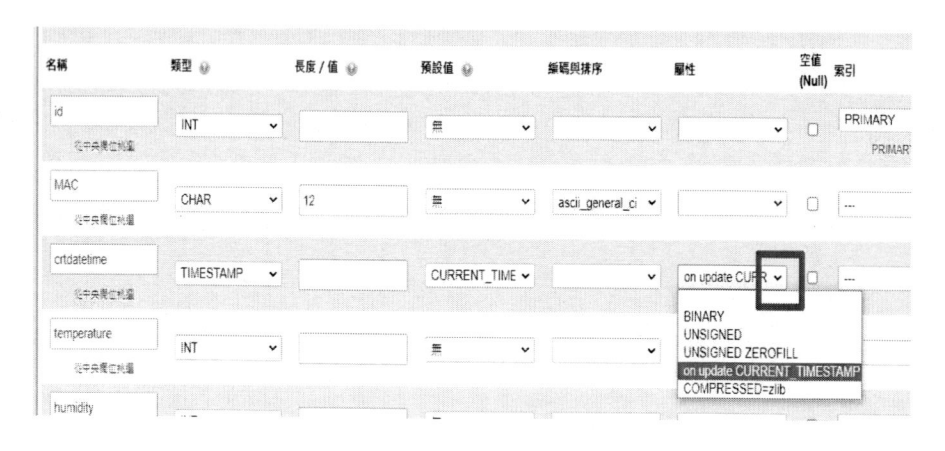

圖 155 設定第三欄位之屬性

如下圖所示圖，我們點選下圖紅框處，設定第三欄位之屬性為： on update CURRENT_TIMESTAMP 的內容。

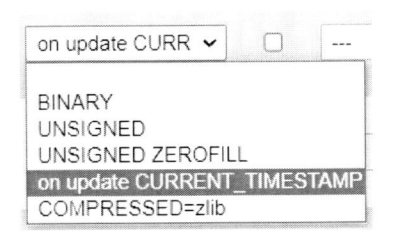

圖 156 設定第三欄位之屬性進行填入預設資料值

如下圖所示圖，我們設定第三欄位之備註為：資料輸入時間的內容，完成 dhtData 資料表第三個欄位之所有屬性輸入。

圖 157 設定第三欄位之備註

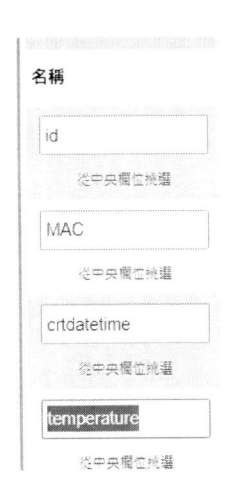

圖 158 設定第四個欄位名稱

如上圖所示圖，我們設定第四欄位之名稱:temperature 的名稱。

如下圖所示圖，我們點選下圖紅框處，設定第四欄位之資料類型，呼叫出資料類型選項清單。

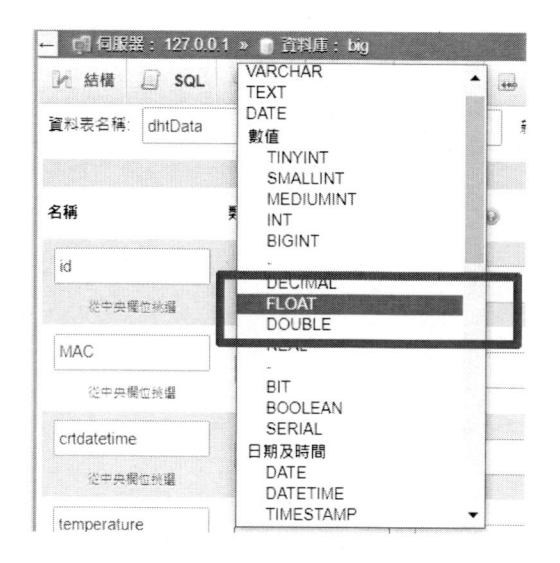

圖 159 設定第四欄位之資料類型

如下圖所示圖，我們設定第四欄位之備註為：溫度值的內容，完成 dhtData 資料表第四個欄位之所有屬性輸入。。

圖 160 設定第四欄位之備註

如下圖所示圖，我們設定第五欄位之名稱:humidity 的名稱。

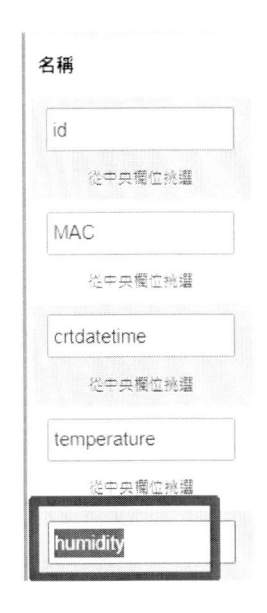

圖 161 設定第五欄位之名稱

如下圖所示圖，我們點選下圖紅框處，設定第五欄位之資料類型，呼叫出資料類型選項清單。

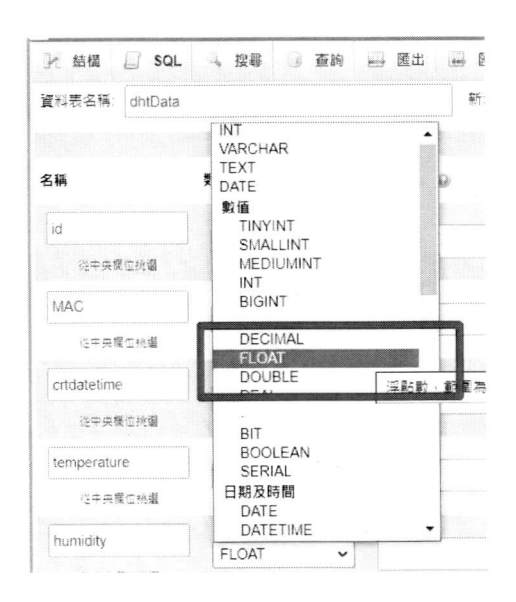

圖 162 設定第五欄位之資料類型

如下圖所示圖,我們設定第五欄位之備註為:濕度值的內容,完成 dhtData 資料表第五個欄位所有屬性輸入。

圖 163 設定第五欄位之備註

如下圖所示圖,我們設定第六欄位之名稱:systime 的名稱。

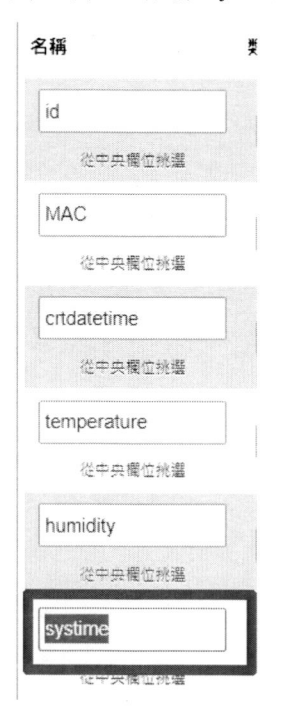

圖 164 設定第六欄位之名稱

如下圖所示圖，我們點選下圖紅框處，設定第六欄位之資料類型，呼叫出資料類型選項清單。

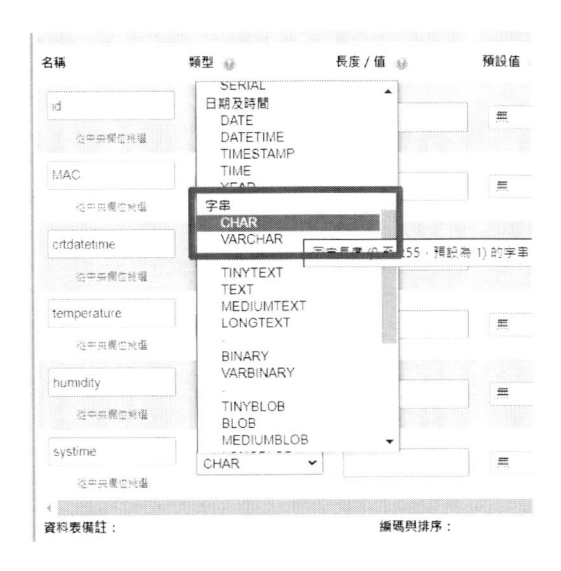

圖 165 設定第六欄位之資料類型

如下圖所示圖，我們完成設定第六欄位之資料類型為字元，並且設定字元長度為 14。

圖 166 完成設定第六欄位之資料類型為字元

如下圖所示圖，我們設定第六欄位之編碼與排序：ascii_general_ci。

~ 95 ~

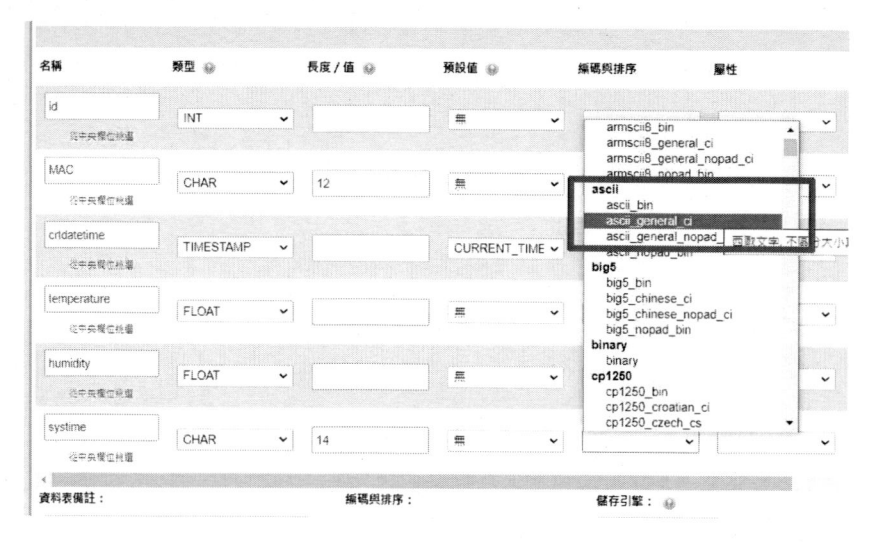

圖 167 設定第六欄位之編碼與排序：ascii_general_ci

如下圖所示圖，我們點選下圖紅框處，完成設定第六欄位之編碼與排序為 ascii_general_ci。

圖 168 完成設定第六欄位之編碼與排序

如下圖所示圖，我們設定第六欄位之備註為：使用者更新時間的內容，完成

~ 96 ~

dhtData 資料表第六個欄位所有屬性輸入。。

圖 169 設定第六欄位之備註

如下圖所示圖，我們完成六個欄位之設定所有屬性輸入。

圖 170 完成六個欄位之設定

如下圖所示圖，我們設定資料表 dhtData 的備註。

~ 97 ~

圖 171 設定資料表 dhtData 的備註

如下圖所示圖，我們設定資料表 dhtData 的編碼與排序為：utf8_unicode_ci。

圖 172 設定資料表 dhtData 的編碼與排序

如下圖所示圖，我們完成資料表六個欄位的屬性設定。。

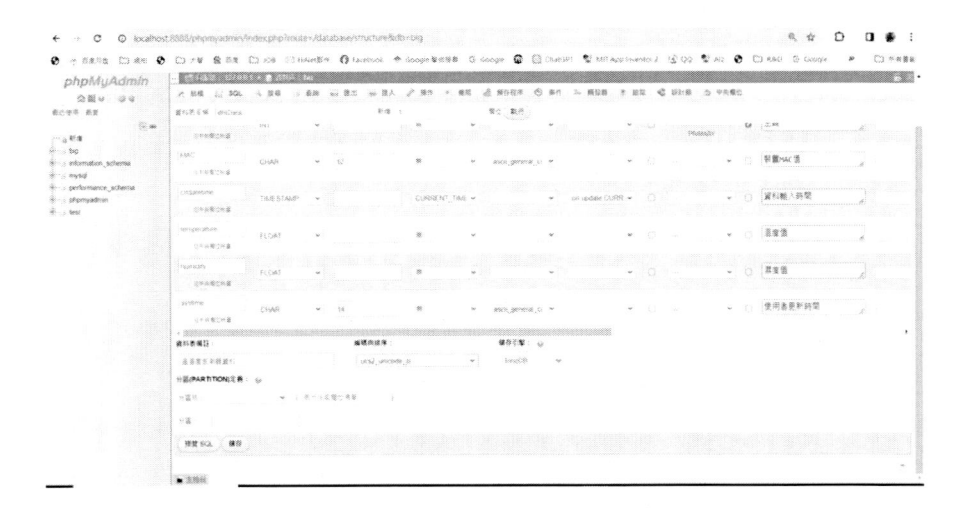

圖 173 完成資料表六個欄位的屬性設定

如下圖所示圖，我們可以看到建立 dhtData 之 SQL 命令結果。

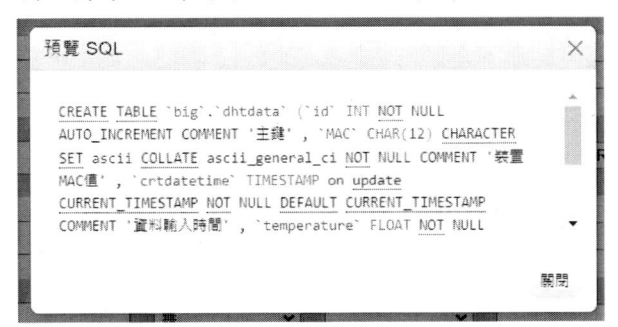

圖 174 建立 dhtData 之 SQL 命令

如下圖所示圖，我們移動建立資料表畫面到最下方。

~ 99 ~

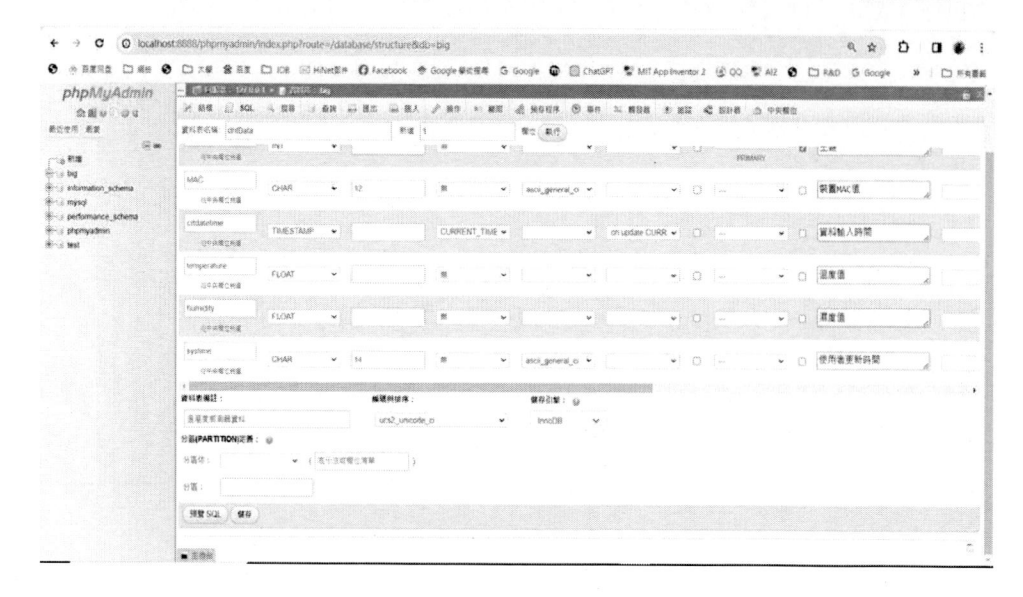

圖 175 移動建立資料表畫面到最下方

如下圖所示圖，我們可以儲存按鈕，請按下儲存按鈕。

圖 176 儲存按鈕

如下圖所示圖，我們可以完整建立 dhtData 資料表。

~ 100 ~

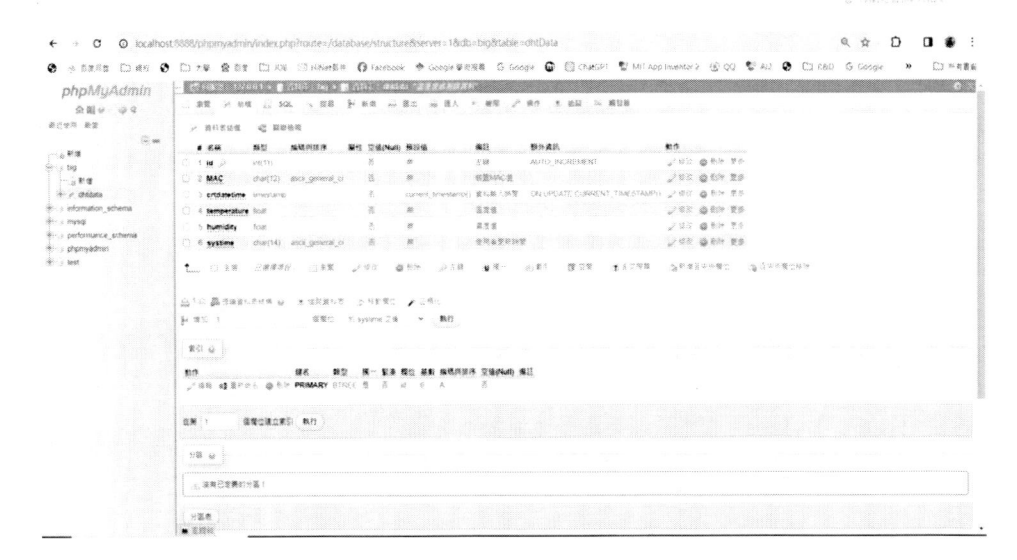

圖 177 完整建立 dhtData 資料表

如下圖所示圖，我們為了可以擴增速度，可以建立一個特殊的索引。。

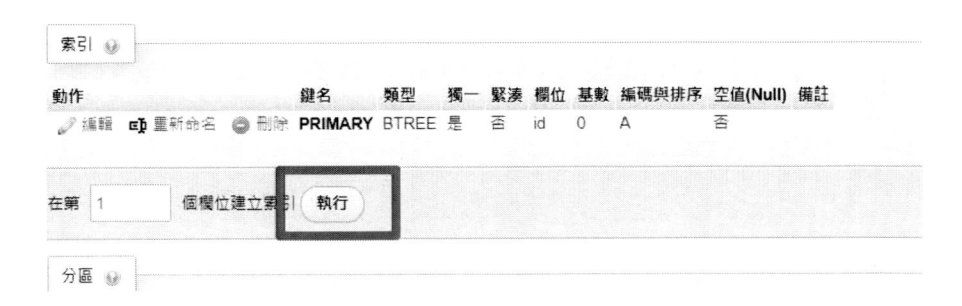

圖 178 建立一個索引

如下圖所示圖，我們可以建立 MAC 欄位相關索引。

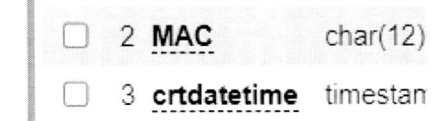

圖 179 建立 MAC 欄位相關索引

如下圖所示圖，我們可以在第二個欄位建立索引建立 MAC 欄位相關索引。

~ 101 ~

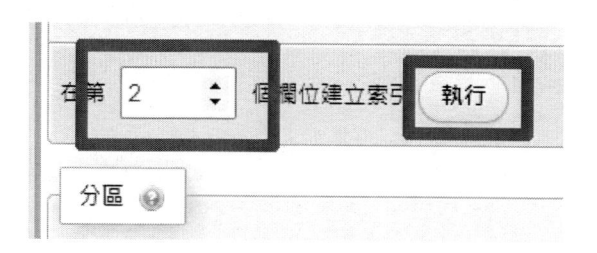

圖 180 在第二個欄位建立索引

如下圖所示圖，我們可以看到建立索引畫面。

圖 181 建立索引畫面

如下圖所示圖，我們可以輸入索引名稱為 MAC。

圖 182 輸入索引名稱

如下圖所示圖，我們可以設定索引選擇為 index。

圖 183 設定索引選擇為 index

如下圖所示圖，我們可以挑選索引第一個欄位為 MAC 欄位。

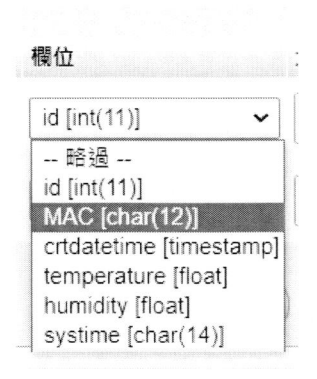

圖 184 挑選索引第一個欄位

如下圖所示圖，我們可以挑選索引第二個欄位為 systime 欄位。

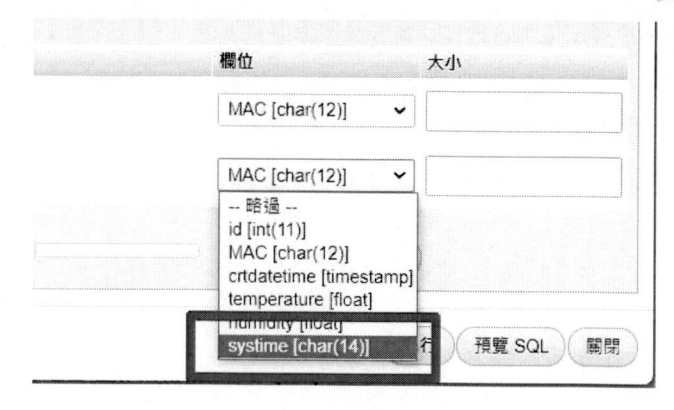

圖 185 挑選索引第二個欄位

如下圖所示圖，我們完成建立 mac 索引必要資訊。

圖 186 完成建立 mac 索引必要資訊

如下圖所示圖，我們按下執行建立索引按鈕。

圖 187 執行建立索引按鈕

如下圖所示圖，我們完成建立第二索引 mac。

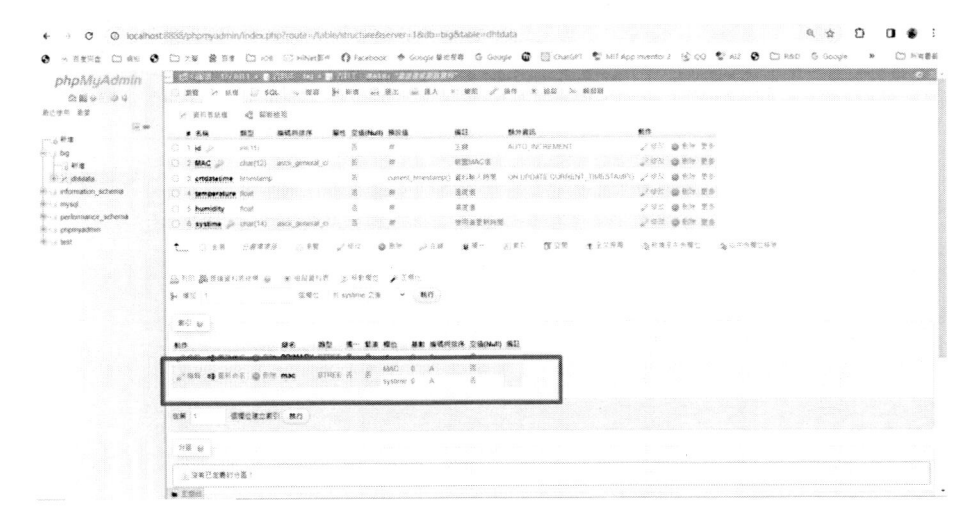

圖 188 完成建立第二索引 mac

如下圖所示圖，我們完成完整建立 dhtData 資料表與索引。

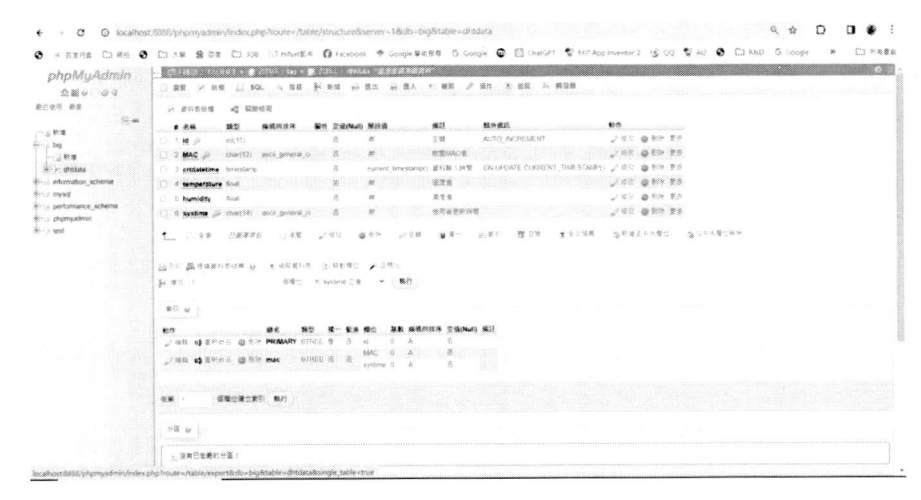

圖 189 完整建立 dhtData 資料表與索引

讀者也可以使用 SQL 語法，輸入下列 SQL 語法，建立 dhtData 資料表。

創建 dhtData 資料表(dhtData.sql)

```
-- phpMyAdmin SQL Dump
-- version 5.2.1
-- https://www.phpmyadmin.net/
--
-- 主機: 127.0.0.1
-- 產生時間: 2024-03-18 09:09:31
-- 伺服器版本: 10.4.28-MariaDB
-- PHP 版本: 8.2.4

SET SQL_MODE = "NO_AUTO_VALUE_ON_ZERO";
START TRANSACTION;
SET time_zone = "+00:00";


/*!40101 SET @OLD_CHARACTER_SET_CLIENT=@@CHARACTER_SET_CLIENT */;
/*!40101 SET @OLD_CHARACTER_SET_RESULTS=@@CHARACTER_SET_RESULTS */;
/*!40101 SET @OLD_COLLATION_CONNECTION=@@COLLATION_CONNECTION */;
/*!40101 SET NAMES utf8mb4 */;

--
-- 資料庫: `big`
--

-- --------------------------------------------------------

--
-- 資料表結構 `dhtdata`
--

CREATE TABLE `dhtdata` (
  `id` int(11) NOT NULL COMMENT '主鍵',
  `MAC` char(12) CHARACTER SET ascii COLLATE ascii_general_ci NOT NULL COMMENT '裝置MAC值',
  `crtdatetime` timestamp NOT NULL DEFAULT current_timestamp() ON UPDATE current_timestamp() COMMENT '資料輸入時間',
  `temperature` float NOT NULL COMMENT '溫度值',
  `humidity` float NOT NULL COMMENT '濕度值',
  `systime` char(14) CHARACTER SET ascii COLLATE ascii_general_ci NOT
```

```sql
  NULL COMMENT '使用者更新時間'
) ENGINE=InnoDB DEFAULT CHARSET=utf8 COLLATE=utf8_unicode_ci COMMENT='溫溼度感測器資料';


--
-- 已傾印資料表的索引
--

--
-- 資料表索引 `dhtdata`
--
ALTER TABLE `dhtdata`
  ADD PRIMARY KEY (`id`),
  ADD KEY `mac` (`MAC`,`systime`);

--
-- 在傾印的資料表使用自動遞增(AUTO_INCREMENT)
--

--
-- 使用資料表自動遞增(AUTO_INCREMENT) `dhtdata`
--
ALTER TABLE `dhtdata`
  MODIFY `id` int(11) NOT NULL AUTO_INCREMENT COMMENT '主鍵';
COMMIT;

/*!40101 SET CHARACTER_SET_CLIENT=@OLD_CHARACTER_SET_CLIENT */;
/*!40101 SET CHARACTER_SET_RESULTS=@OLD_CHARACTER_SET_RESULTS */;
/*!40101 SET COLLATION_CONNECTION=@OLD_COLLATION_CONNECTION */;
```

程式下載：https://github.com/brucetsao/CloudingDesign

資料表匯出篇

如下圖所示圖，我們到 dhtData 資料表的畫面。

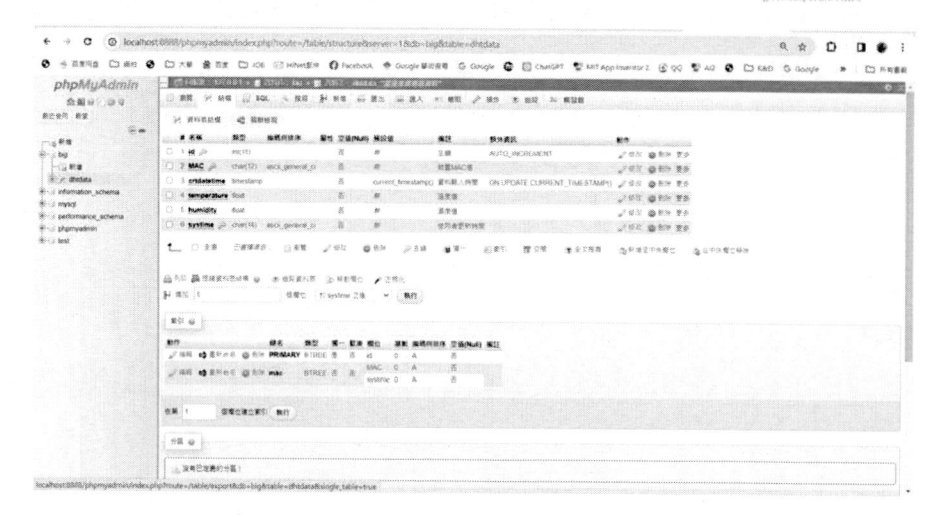

圖 190 dhtData 資料表結構畫面

如下圖所示圖，我們選取 dhtData 匯出功能。

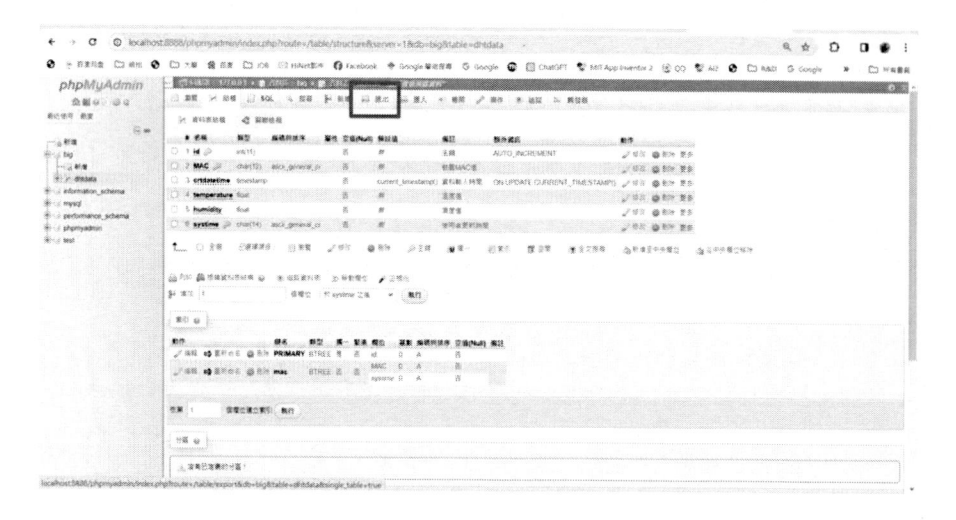

圖 191 選取 dhtData 匯出功能

如下圖所示圖，我們按下匯出功能。

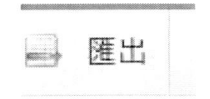

圖 192 匯出功能

如下圖所示圖，我們看到 dhtData 匯出畫面。

圖 193 dhtData 匯出畫面

如下圖所示圖，我們選取匯出格式，請務必選 SQL 格式。

圖 194 選取匯出格式

如下圖所示圖，我們按下按鈕，進行匯出資料表。

匯出

圖 195 進行匯出資料表

如下圖所示圖,我們可以在系統下載區,看到匯出之 dhtData.SQL 檔案。

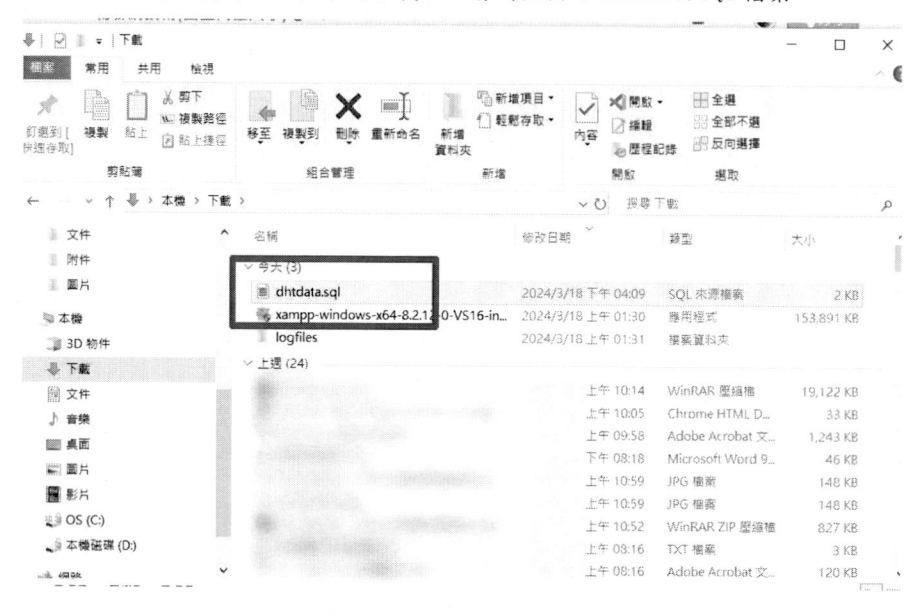

圖 196 匯出之 dhtData 檔案

RESTFul API 介紹

如下圖所示,可以見到筆者設計的物聯網系統架構,如下圖右邊所示,建立一個底層資料收集器,收集所需要的資料值,並針對資料收集器傳送收集的資料值,透過如下圖中間傳輸層所示之 REST Ful API 的標準介面,建立一個雲端平台,其平台內有伺服器端對應連接資料介面的資料代理人(DB Agent)(曹永忠, 2016, 2017a, 2017b, 2020c; 曹永忠 et al., 2017a, 2017b, 2017c; 曹永忠 et al., 2015a, 2015b, 2016a, 2016b; 曹永忠, 許智誠, & 蔡英德, 2020b; 曹永忠, 蔡英德, & 許智誠, 2023),進而讓讀者學習倒建立一個物聯網系統中,建立一個使用溫濕度感測裝置所建立的資料收集器,透過無線網路(Wifi Access Point),將資料溫溼度感測資料,透過網頁資料傳送,將資料送入 mySQL 資料庫系統。

RESTful API（Representational State Transfer,表徵狀態轉移的縮寫）是一種設計風格,主要目的是希望建立網路上的標準 HTTP 協議進行通訊。RESTful API 不僅簡單而且具有可擴展性和良好的互操作性,因此在網頁服務和微服務架構中非常受歡迎。

一般來說 RESTful API 的核心原則如下:
RESTful API 依據 REST 的設計原則進行設計,以下是其核心原則:

- 資源導向:RESTful API 是基於資源設計的,每個資源都有唯一的 URI（統一資源定位器）。資源可以是任何可識別的對象,如用戶、產品、訂單等。

- 無狀態:每個 RESTful API 請求都是獨立的,伺服器不保留任何客戶端的狀態。這意味著客戶端需要在每個請求中提供必要的資訊,防止無權或非法使用者使用資源。。

- 統一介面:RESTful API 使用標準 HTTP 方法（如 GET、POST、PUT、DELETE）來執行操作。每個方法代表一種資源操作:GET 用於讀取、POST 用於創建、PUT 用於更新、DELETE 用於刪除。

- 表現形式自描述:RESTful API 的回應(Response)包含所有需要的資訊,以便客戶端進行網路資源的狀態或結果。而該回應(Response)可以是 JSON、XML 等格式,而且是常見與容易理解可方便系統開發的格式。

- 客戶端-伺服器架構(Client/Server):RESTful API 將客戶端和伺服端分離獨自運作,這允許它們各自獨立演化和擴展。

- 分層系統:RESTful API 允許在伺服器之間使用分層架構,如負載平衡、快取等,這有助於提高效能和可擴展性。

一般來說 RESTful API 的標準介面

以下是 RESTful API 常用的標準介面與方法：

- GET：從伺服器獲取資源或資源列表。該方法通常不會修改資源，通常用於讀取操作。
- POST：在伺服器上創建新資源。用於提交新資料，例如新增一個新記錄。
- PUT：更新伺服器上的資源。這通常用於修改資源的整體內容或創建（如果資源不存在）。
- PATCH：部分更新伺服器上的資源，用於只更新資源的一部分。
- DELETE：從伺服器中刪除資源。

一般來說 RESTful API 的標準開發方式，為了確保 RESTful API 的易用性和可維護性，以下是一些常見的標準開發方式：

- 資源命名：使用名詞來命名資源，而不是動詞。例如，使用 /users 表示用戶列表，而不是 /getUsers 這種形式。
- URI 結構：使用分層結構的 URI 來代表資源之間的關係，例如 /users/123/orders 代表用戶 123 的訂單。
- HTTP 狀態碼：使用合適的 HTTP 狀態碼來表示操作的結果，例如 200（成功）、201（創建成功）、400（請求錯誤）、404（未找到）等。
- HTTP 標頭：使用 HTTP 標頭來傳達額外資訊，例如 Content-Type 表示資料格式。
- RESTful 風格：確保請求和響應遵循 REST 的原則，例如無狀態、統一介面等。

這些標準介面和開發方式有助於構建一致、可擴展和易於理解的 RESTful

API，從而提高開發效率和系統可維護性。

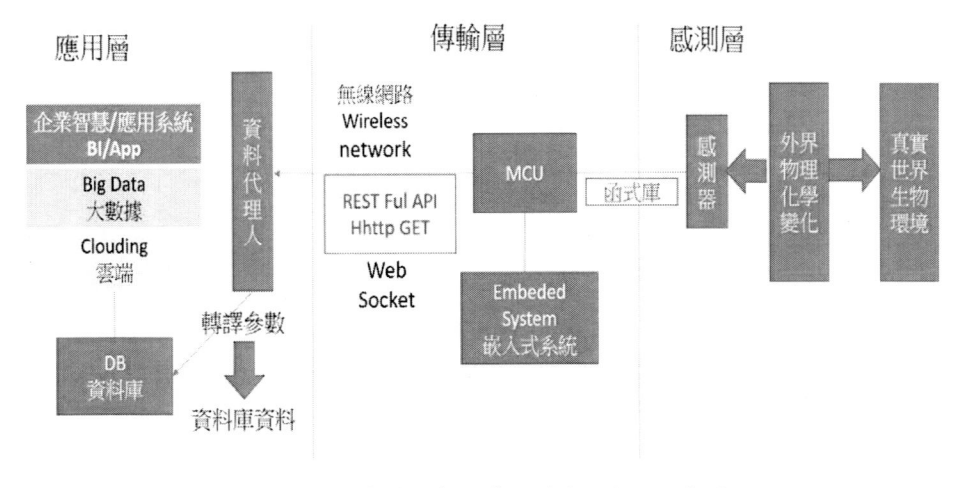

圖 197 資料收集器傳送到雲端系統概念圖

　　如下圖所示，可以見到如上圖所示中間傳輸層所示之 REST Ful API 的標準介面，筆者使用 HTTP GET 通訊協定來建立到如上圖所示中間傳輸層所示之 REST Ful API 的標準介面的實踐。

　　如下圖所示，HTTP GET 通訊協定就是將程式架構在一個雲端平台，每一個雲端平台都有唯一的一個網址，接下來雲端平台下有許多目錄資料夾，當然每一個目錄資料夾也有其他檔案與其他目錄資料夾，如此反覆，可以在對應的資料夾，建立對應連接資料介面的資料代理人(DB Agent)，這支資料介面的資料代理人(DB Agent)若要接受外在資料參數，則在後面加入一個『?』，代表開始接收外在參數，接下來每一個參數個格式，就是『參數名稱=傳入該參數內容』的格式，如果有超過一個以上的參數要傳入，每一個參數與另一個參數必須要用『&』的符號連接。

RESTFul API 界面

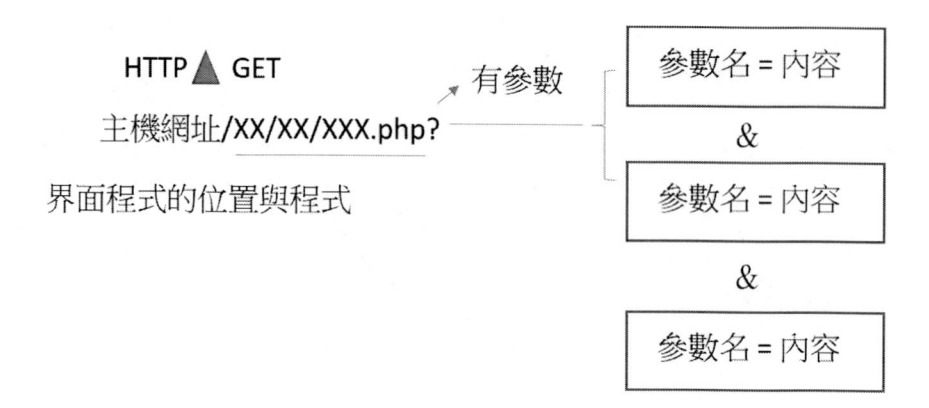

```
HTTP  GET
主機網址/XX/XX/XXX.php?        有參數      參數名=內容
                                            &
界面程式的位置與程式                        參數名=內容
                                            &
                                          參數名=內容
```

圖 198 資料收集器傳送到雲端系統概念圖

　　如上圖所示，如果再本機建立一個資料代理人：http://localhost:8888/big/dhtdata/dhDatatadd.php?MAC=112233445566&T=34.45&H=23，如下圖所示，在任何本機端瀏覽器的網址列：輸入『http://localhost:8888/big/dhtdata/dhDatatadd.php?MAC=112233445566&T=34.45&H=23』，按下 enter 之後，可以看到如下圖所示之產生一筆溫溼度感測器的收集值。

所以：

1. localhost:8888：為雲端平台的網址，通訊埠為：8888

2. /big/dhtdata/：就是在該雲端平台下，其 big 資料夾，在下面 dhtdata 資料夾，就是資料代理人的程式存放區。

3. dhDatatadd.php：則是筆者建立的資料代理人

4. ?:代表有資料傳入

5. MAC=112233445566&T=34.45&H=23：代表有

　　甲、　　MAC=112233445566:有一個 MAC 名稱的參數，內容為

~ 114 ~

112233445566。

乙、　T=34.45：有一個 T 名稱的參數，內容為 34.45。

丙、　H=23：有一個 H 名稱的參數，內容為 23。

整個上述敘述為整個 http GET 格式的資料代理人(DB Agent)

圖 199 資料代理人傳輸資料之結果畫面

HTTP GET 程式原理介紹

如下圖所示，所以 http GET 格式的資料代理人(DB Agent)，格式如下：

1. localhost:8888：為雲端平台的網址，通訊埠為：8888

2. /big/dhtdata/：就是在該雲端平台下，其 big 資料夾，在下面 dhtdata 資料夾，就是資料代理人的程式存放區。

3. dhDatatadd.php：則是筆者建立的資料代理人

4. ?:代表有資料傳入

5. MAC=112233445566&T=34.45&H=23：代表有

　　甲、　MAC=112233445566：有一個 MAC 名稱的參數，內容為 112233445566。

~ 115 ~

乙、　　T=34.45:有一個 T 名稱的參數，內容為 34.45。

丙、　　H=23:有一個 H 名稱的參數，內容為 23。

整個上述敘述為整個 http GET 格式的資料代理人(DB Agent)，如下圖所示，會將 MAC(裝置 MAC 值)、T(溫度值)、H(濕度值)，傳入程式之後，其他 ID 會自動產生，crtdatetime 則是系統的時間戳記(TIMESTAMP)，也會自動產生並自動填入，而 systime 會使用函數讀取系統時間後，轉換格式：YYYYMMDDhhmmss 的文字格式。

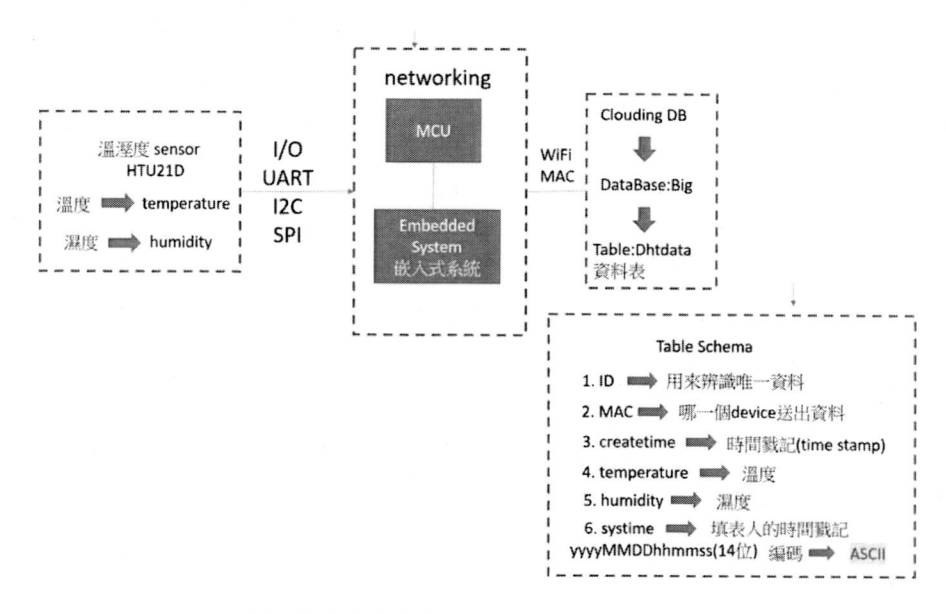

圖 200 資料收集器傳送到雲端系統概念圖

資料庫連接核心函式庫設計

由於筆者在上一章節，建立了 big 使用者與 big 資料庫，為本書專案的預設使用者與對應資料庫，由於資料庫管理系統都必須要有一個使用者，本文為 user:big，password:12345678，預設資料庫：big，所以本文在網頁主目錄下，建

~ 116 ~

立：Connections 資料夾，在該資料夾中有一隻：iotcnn.php 的程式，用來給所有對資料庫讀取的程式，用 include 指令抓近來，使用函式：Connection()來連進資料庫系統。

如下圖所示，我們將 iotcnn.php 程式填入下列內容。

表 5 資料庫連線核心程式

資料庫連線核心程式(iotcnn.php)
``<?php
        //session_start();
    function Connection()
    {

        $server="127.0.0.1";   //因為 apache server and db server(mysql) 安裝在同一台機器，所以用本機端
                                      //如果 apache server and db server(mysql) 安裝在不同一台機器，請改為 DB SERVER 那台機器的 IP ADDRESS
        $user="big";   // DB SERVER user account
        $pass="12345678";   // DB SERVER user password
        $db="big";   //系統使用著資料庫名稱
        $dbport = 3306 ;   // DB SERVER 安裝與使用的通訊埠
        //echo "cnn is ok 01"."
" ;
        $connection = new mysqli($server,$user,$pass,$db, $dbport);
        //$connection = mysqli_connect($server, $user, $pass, $db) ;
        //echo "cnn is ok 02"."
" ;
        //透過上述資訊，建立mysql的資料連線，並把連線回傳到$connection變數

        if ($connection -> connect_errno)   //判斷 mysql 連線失敗
        {
          echo "Failed to connect to MySQL: " . $mysqli -> connect_error;
          exit();   //終止系統
        }

        //echo "cnn is ok 03"."
" ;
        mysqli_select_db($connection,$db);   //切換資料庫到系統變數$db所指的資料庫
        //echo "cnn is ok 04"."
" ;
``` |
```

```
        $connection -> query("SET NAMES UTF8");           //設定連線資料庫使
用語系(unicode UTF8)
        //echo "cnn is ok 05"."<br>" ;

        //echo "cnn is ok 06"."<br>" ;

        return $connection    ;               //回傳連線
    }

?>
```

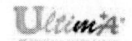

程式下載：https://github.com/brucetsao/CloudingDesign

程式解說

php 模組解譯程式區段

所有會在 Apache 網頁系統，被 php 模組認識且進行解譯之，第一是其檔案支附屬檔名必須為『php』為主，第二，php 模組會開啟這樣的檔案，開啟檔案內容後，會先掃描，是否有下表所示之『<?php』與『?>』這兩個標籤(Tag)所包覆，php 模組只會針對這兩個標籤內包刮的文字進行 php 程式解譯。

```
<?php
????????
????????
????????
?>
```

Connection 函式區

由於所有的讀、寫、查詢等 php 程式，都必須要連接資料庫，所以筆者將連接資料庫設定一個 Connection()的函式來提供所有程式，只要一開頭使用：include("iotcnn.php")，便可以將整隻資料庫連線程式包含進來，而如何呼叫資料庫連線程式，筆者使用函數宣告，宣告一個 Connection()的函式來提供所有連

~ 118 ~

線資料庫的物件,而在宣告該函式,只要在『{』與『}』這兩個大括號符號內所包覆程式,皆是 Connection() 的函式該實際執行的內容。

```
function Connection()
{
????????
????????
????????
}
```

連線資料庫與使用者等變數區

　　Connection() 的函式內,用『$server』來設定連線資料庫的 IP 或域名,如果是本機端,則用 127.0.0.1 或 localhost 來設定,其他就是實際資料庫伺服器的 IP 或域名為主。

　　『$user』用來設定使用之資料庫伺服器,具有足夠權限之使用者名稱。

　　『$pass』用來設定使用之資料庫伺服器,具有足夠權限之使用者名稱之連線登陸之密碼。

　　『$db』用來設定足夠權限之使用者登錄使用之資料庫伺服器後,切換到該使用者目前專案使用之資料庫名稱。

　　『$dbport』用來設定使用之資料庫伺服器對外連線之通訊埠,一般都是 3306。。

```
$server="127.0.0.1";        //因為 apache server and db server(mysql) 安裝在同一台機器,所以用本機端
                            //如果 apache server and db server(mysql) 安裝在不同一台機器,請改為 DB SERVER 那台機器的 IP ADDRESS
$user="big";                // DB SERVER user account
```

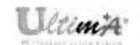

```
$pass="12345678";          // DB SERVER user password
$db="big";                 //系統使用著資料庫名稱
   $dbport = 3306 ;        // DB SERVER 安裝與使用的通訊埠
```

連線資料庫並產生連線物件

　　筆者使用 php 7.X 以上語法，使用『mysqli(資料庫伺服器主機,登錄使用者名稱,使用者密碼,登陸資料庫名稱 , 資料庫伺服器主機之通訊埠);』來進行連線，並把連線成功產生之連線物件,回傳到『$connection』的變數,以後此變數就是代表連線資料庫的連線物件了。

```
$connection = new mysqli($server,$user,$pass,$db , $dbport);
```

連線資料庫失敗

　　因為上述程式執行後,系統會將連線資料庫之連線物件,回傳到『$connection』的變數,而連線或許會失敗,但是不管資料庫連線成功或失敗,都會回傳連線到『$connection』變數,所以如果連線失敗,就沒有必要繼續執行所有程式了,

　　所有筆者用連線變數的屬性:$connection -> connect_errno 來判斷是否真的連線失敗,如果連線失敗,則會回傳『0』或『false』的內容,只要用 if 判斷式,判斷連線變數的屬性:$connection -> connect_errno,判斷是否為『0』或『false』的內容,則回覆畫面:"Failed to connect to MySQL: ",接下來執行『exit()』來中止系統。

```
if ($connection -> connect_errno)      //判斷 mysql 連線失敗
```

```
{
  echo "Failed to connect to MySQL: " . $mysqli -> connect_error;
  exit();        //終止系統
}
```

切換目前工作資料庫

上述說過，$db 會設定目前專案使用之資料庫，在連線成功後，筆者使用『mysqli_select_db(連線物件, 切換到的資料庫名稱);』來切換目前程式所使用目前專案使用之資料庫。

```
mysqli_select_db($connection,$db);   //切換資料庫到系統變數$db
所指的資料庫
```

切換目前使用語系

筆者所有專案大部分都使用 unicode 的語系，而筆者選擇 UTF8 的語系，所以筆者使用『$connection -> query(執行SQL命令); 』，而『"SET NAMES UTF8"』就是切換目前專案的語系到 UTF8 的語系。

```
$connection -> query("SET NAMES UTF8");    //設定連線資料庫使
用語系(unicode UTF8)
```

回傳連線物件

上述程式都正常運行後，連線到到資料庫之『$connection』物件變數，必須回傳到上層程式提供上層資料庫查詢、讀寫、等使用，所以會使用『return $connection』，把連線物件『$connection』物件變數回傳到函數：Connection() 本體，所以上層程式使用『$link=Connection();』，就會產生 mySQL 連線物件後，並回傳連線物件到上層程式：『$link』這個變數，來進行所有資料庫運行的 SQL 敘述兩具與各類資料庫運作、查詢、維護….等一系列行為了。

```
return $connection ;            //回傳連線
```

HTTP POST & GET 實作

有寫過網頁表單的人一定不陌生 GET 與 POST，但是大部分的讀者不了解什麼是 GET 與 POST。雖然目前網頁設計工具相當的進步且可供選擇的工具甚多，甚至不需要接觸 HTML 語法就能完成一個功能俱全的商務網站,所以很多人都忘記了 HTTP 底層的實作原理，致使在發生錯誤的情況下無法正確進行處理、偵錯。

筆者在本書大部分例子，都採用 http GET 通訊的 REST Ful API 介面，所以如下圖所示，http GET 通訊大部分都透過一隻對應的資料庫代理人(DB Agent)，來透過程式後『?』的符號，告訴系統後面有一連串的參數傳入。

RESTFul API 界面

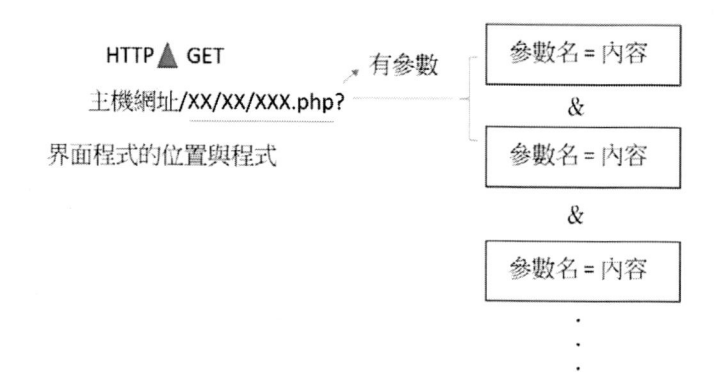

HTTP GET
主機網址/XX/XX/XXX.php?
界面程式的位置與程式

有參數
參數名=內容
&
參數名=內容
&
參數名=內容
⋮

圖 201 資料收集器傳送到雲端系統概念圖

甚麼是 HTTP Method ??

其實 POST 或 GET 其實是有很大差別的，我們先說明一下 HTTP Method，在 HTTP 1.1 的版本中定義了八種 Method（方法），如下所示：

- OPTIONS
- GET
- HEAD
- POST
- PUT
- DELETE
- TRACE
- CONNECT

POST 或 GET 原理區別

一般在瀏覽器中輸入網址(URL)訪問資源[2]都是通過 GET 方式；在表單提交(Submit)中，可以使用Method指定提交(Submit)方式為GET或者POST，與設是POST提交

---

[2] URL 全稱是資源描述符，我們可以這樣認為：一個 URL 地址，它用於描述一個網絡上的資源，而 HTTP 中的 GET，POST，PUT，DELETE 就對應著對這個資源的查，改，增，刪 4 個操作。到這裡，大家應該有個大概的了解了，GET 一般用於獲取/查詢資源信息，而 POST 一般用於更新資源信息 (個人認為這是 GET 和 POST 的本質區別，也是協議設計者的本意，其它區別都是具體表現形式的差異)。版权声明：本文为CSDN博主「gideal_wang」的原创文章，遵循 CC 4.0 BY-SA 版权协议，转载请附上原文出处链接及本声明。原文链接：
https://blog.csdn.net/gideal_wang/java/article/details/4316691

~ 123 ~

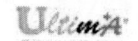

Http 定義了與網路伺服器通訊的不同方法，最基本的方法有 4 種，分別是 GET，POST，PUT，DELETE

一般而言，根據 HTTP 規範，使用 GET Request 用於資訊獲取，通常用於獲取資訊，比較少用於修改資訊。

換一句話說，GET Request 比較不會有其他安全上的問題，就是說，它僅僅是獲取網頁頁面或資訊，就像數據庫查詢一樣，不會修改，增加數據，不會影響資源的狀態。

根據 HTTP 規範，POST Request 表示可能修改變網頁伺服器上的資料內容，舉如新增、修改、刪除等要求。

但在實際的開發系統的時候，很多人卻沒有按照 HTTP 規範去做，導致這個問題的原因有很多，比如說：

- 有些開發人員為了更新資源時用了 GET，因為用 POST 必須要到 FORM（表單），必須宣告更多的資料與設定，造成許多麻煩。
- 對於資料庫的新增、修改、刪除、查詢，其實都可以通過 GET/POST 完成，不需要用到 PUT 和 DELETE。

何謂 GET

一般說來，客戶端請求

```
GET / HTTP/1.1
Host: www.google.com
```

（末尾有一個空行。第一行指定方法、資源路徑、協定版本；第二行是在 1.1 版里必帶的一個 header 作用於指定主機）。

所以當網頁伺服器收到後,網頁伺服器會應答。

```
HTTP/1.1 200 OK
Content-Length: 3059
Server: GWS/2.0
Date: Sat, 11 Jan 2003 02:44:04 GMT
Content-Type: text/html
Cache-control: private
Set-Cookie:
PREF=ID=73d4aef52e57bae9:TM=1042253044:LM=1042253044:S=SMCc_HRPCQiqy
X9j; expires=Sun, 17-Jan-2038 19:14:07 GMT; path=/; domain=.google.com
Connection: keep-alive
```

接下來會緊跟著一個空行(\n),並且由 HTML 格式的文字組成了 Google 的首頁

使用 HTTP GET 傳送資料

接下來我們看到,下表所示之 dhtData 資料表欄位表,我們發現 id, crtdatetime 都是系統欄位,系統會自動產生齊資料。

而 systime 這個『使用者更新時間』也不應該由裝置端上傳資料,因為會有裝置端時間不一致的問題。

表 6 dhtData 資料表欄位表

序號	欄位名稱	型態	長度	用途
01	id	int		主鍵(自動產生)
02	MAC	varchar(12)		裝置 MAC 值
03	crtdatetime	timestramp		CURRENT_TIMESTAMP
04	temperature	Float		溫度
05	humidity	Float		濕度

06	systime	varchar(14)		使用者更新時間

接下來，由上表所示之 dhtData 資料表欄位表，我們發現只剩下『MAC』、『temperature』、『humidity』三個資料需要上傳，其這三個資料欄位長度也很短，所以筆者使用 HTTP GET 的方式來傳送資料。

所以筆者打算用

網站+Db Agent 程式+(參數列表)的方式來傳送資料。

所以我們鑽寫了 dhDatatadd.php 的 Db Agent 程式+MAC=裝置 MAC 值& T=溫度& H=濕度來上傳資料。

資料代理人(dhDatatadd)

由於筆者在上一章節，建立了 big 使用者與 big 資料庫，為本書專案的預設使用者與對應資料庫，由於資料庫管理系統都必須要有一個使用者，本文為 user:big，password:12345678，預設資料庫：big，所以本文在網頁主目錄下，建立：Connections 資料夾，在該資料夾中有一隻：iotcnn.php 的程式，用來給所有有對資料庫讀取的程式，用 include 指令抓近來，使用函式：Connection()來連進資料庫系統。

如下圖所示，我們將 dhDatatadd.php 程式填入下列內容。

表 7 溫溼度資料庫代理人程式

溫溼度資料庫代理人程式(dhDatatadd.php)

```
<?php
    include("../comlib.php");        //使用資料庫的呼叫程式
    include("../Connections/iotcnn.php");        //使用資料庫的呼叫程式
        // Connection() ;
    $link=Connection();        //產生 mySQL 連線物件
```

```php
//    if(is_array($_GET)&&count($_GET)>0)//先判断是否通过get传值了
//    {
        echo "GET DATA passed <br>" ;
        if(!isset($_GET["MAC"]))//是否存在"MAC"的参数
        {
            echo "MAC address lost <br>" ;
            die();
        }
        if(!isset($_GET["T"]))//是否存在"Temperature"的参数
        {
            echo "Temperature loss <br>" ;
            die();
        }
        if(!isset($_GET["H"]))//是否存在"humidity"的参数
        {
            echo "humidity loss <br>" ;
            die();
        }
    $temp0=$_GET["MAC"];        //取得POST参数：MAC address
    $temp1=$_GET["T"];          //取得POST参数：temperature
    $temp2=$_GET["H"];          //取得POST参数：humidity
//  }



//  if empty(trim($temp0))//MAC 是否空白的参数
    echo "(".trim($temp0).")<br>";
    if (trim($temp0) == "")//MAC 是否空白的参数
    {
        echo "MAC Address is empty string <br>" ;
        die();
    }

//  $temp0=$_GET["MAC"];        //取得POST参数：MAC address
//  $temp1=$_GET["T"];          //取得POST参数：temperature
//  $temp2=$_GET["H"];          //取得POST参数：humidity
    $sysdt = getdataorder() ;
//  $ddt = getdataorder() ;
```

```
//http://localhost:8888/iot/dhtdata/dhDatatadd.php?MAC=AABBCCDDEEFF&T=34&H=34
//http://localhost:8888/bigdata/dhtdata/dhDatatadd.php?MAC=AABBCCDDEEFF&T=34&H=34
// 主機：http://localhost:8888/
//Http GET 程式：dhtdata/dhDatatadd.php
//傳遞的參數：MAC=AABBCCDDEEFF&T=34&H=34
    //MAC=網卡編號(需大寫)
    //T= 溫度
    //H=  濕度
    //INSERT INTO `dhtdata` (`id`, `MAC`, `crtdatetime`, `temperature`, `humidity`, `systime`) VALUES (NULL, 'AABBCCDDEEFF', current_timestamp(), '25.3', '88.9', '20221026085601');
    /*
    INSERT INTO `dhtdata`
    (`MAC`, `temperature`, `humidity`, `systime`)
    VALUES
    ('AABBCCDDEEFF', 25.3, 88.9, '20221026085601');

    */


    //$qrystr = "insert into big.dhtData (mac,systime,temperature,humidity) VALUES ('".$temp0."','".$sysdt."',".$temp1.",".$temp2.")";
    //組成新增到 dhtdata 資料表的 SQL 語法
    //         INSERT INTO `dhtData` (`id`, `MAC`, `crtdatetime`, `temperature`, `humidity`, `systime`) VALUES (NULL, '111111111111', CURRENT_TIMESTAMP, '26.8', '65', '20220318100901');
    //         INSERT INTO `dhtData` (MAC, temperature, humidity, systime) VALUES ('111111111111','26.8', '65', '20220318100901');

    //select * from dhtdata order by id desc;
//----------------
    $sqlstr = "insert into big.dhtData (MAC,temperature, humidity, systime) VALUES ( '%s', %f, %f, '%s' );" ;
    $qrystr = sprintf($sqlstr ,$temp0,$temp1,$temp2,$sysdt) ;
    //使用 sprintf 將 插入到 dhtData 資料表的 insert SQL 敘述產生出來，並回傳整個 SQL 敘述到變數$qrystr
```

```
        echo $qrystr ;           //印出$qrystr 內容
        echo "<br>" ;
        if (mysqli_query($link,$qrystr))         //連線的資料庫($link)，在該
資料庫上執行變數$qrystr 的 SQL 敘述(插入資料)
            {
                    echo "Successful <br>" ;
            }
        else
            {
                    echo "Fail <br>" ;
            }
                ;               //執行 SQL 語法
        mysqli_close($link);         // 關閉連線

?>
```

程式下載：https://github.com/brucetsao/CloudingDesign

程式解說

php 模組解譯程式區段

　　所有會在 Apache 網頁系統，被 php 模組認識且進行解譯之，第一是其檔案之附屬檔名必須為『php』為主，第二，php 模組會開啟這樣的檔案，開啟檔案內容後，會先掃描，是否有下表所示之『<?php』與『?>』這兩個標籤(Tag)所包覆，php 模組只會針對這兩個標籤內包刮的文字進行 php 程式解譯。

```
<?php
????????
????????
????????
?>
```

~ 129 ~

Connection 函式區

由於所有的讀、寫、查詢等 php 程式，都必須要連接資料庫，所以筆者將連接資料庫設定一個 Connection() 的函式來提供所有程式，並存放在 Connections/iotcnn.php 下，所以我們使用 include("../Connections/iotcnn.php"); ，便可以將整隻資料庫連線程式包含進來。

而如何呼叫資料庫連線程式，筆者使用函數宣告，宣告一個 Connection() 的函式來提供所有連線資料庫的物件，而在宣告該函式，只要在『{』與『}』這兩個大括號符號內所包覆程式，皆是 Connection() 的函式該實際執行的內容。

```
include("../comlib.php");             //使用資料庫的呼叫程式
include("../Connections/iotcnn.php");         //使用資料庫的呼叫程式
```

建立連線資料庫

上面說到，我們使用 include("../Connections/iotcnn.php"); ，便可以將整隻資料庫連線程式包含進來，便可以使用函數宣告:Connection() 的函式來提供所有連線資料庫的物件。

所以筆者使用『$link=Connection();』用變數『$link』來呼叫 Connection() 的函式，取得資料庫連線。

```
$link=Connection();        //產生mySQL連線物件
```

回覆資料開始傳遞

筆者使用『echo』的指令，回應"GET DATA passed
"到網頁上。

```
echo "GET DATA passed <br>" ;
```

檢查MAC是否有傳遞到程式

由於本程式執行後，住要是用『dhDatatadd.php?MAC=AABBCCDDEEFF&T=34&H=34』來呼叫本程式，所有『?』後面所有的變數都必須要一一檢查，是否有傳入所有的變數。

接下來我們必須檢查是否在傳遞變數區有傳遞變數，我們先檢查『MAC』參數是否有傳遞近來，如下表所示的程式，筆者用『issets(變數)』來判斷變數是否存在，而該變數用『$_GET["MAC"]』來取得『MAC』參數的內容，如果有該參數，則填入『=』後面的內容，如果沒有該變數傳入，則該變數為null值，來代表沒有傳入該變數。

如果沒有傳入該變數，我們用『!isset(變數)』加上『if』來判斷是否有傳入該參數，如果沒有傳入該參數，則回應參數遺失等訊息後，用指令『die();』來中止程式執行。

```
if(!isset($_GET["MAC"]))//是否存在"MAC"的參數
{
    echo "MAC address lost <br>" ;
    die();
}
```

檢查T是否有傳遞到程式

由於本程式執行後，住要是用『dhDatatadd.php?MAC=AABBCCDDEEFF&T=34&H=34』來呼叫本程式，所有『?』後面所有的變數都必須要一一檢查，是否有傳入所有的變數。

接下來我們必須檢查是否在傳遞變數區有傳遞變數，我們先檢查『T』參數是否有傳遞近來，如下表所示的程式，筆者用『issets(變數)』來判斷變數是否存在，而該變數用『$_GET["T"]』來取得『T』參數的內容，如果有該參數，則填入『=』後面的內容，如果沒有該變數傳入，則該變數為null值，來代表沒有傳入該變數。

如果沒有傳入該變數，我們用『!isset(變數)』加上『if』來判斷是否有傳入該參數，如果沒有傳入該參數，則回應參數遺失等訊息後，用指令『die();』來中止程式執行。

```
if(!isset($_GET["T"]))//是否存在"Temperature"的參數
{
    echo "Temperature loss <br>" ;
    die();
}
```

檢查H是否有傳遞到程式

由於本程式執行後，住要是用『dhDatatadd.php?MAC=AABBCCDDEEFF&T=34&H=34』來呼叫本程式，所有『?』後面所有的變數都必須要一一檢查，是否有傳入所有的變數。

接下來我們必須檢查是否在傳遞變數區有傳遞變數，我們先檢查『H』參數是否有傳遞近來，如下表所示的程式，筆者用『issets(變數)』來判斷變數是否存在，而該變數用『$_GET["H"]』來取得『H』參數的內容，如果有該參數，則填入『=』後面的內容，如果沒有該變數傳入，則該變數為 null 值，來代表沒有傳入該變數。

如果沒有傳入該變數，我們用『!isset(變數)』加上『if』來判斷是否有傳入該參數，如果沒有傳入該參數，則回應參數遺失等訊息後，用指令『die();』來中止程式執行。

```
if(!isset($_GET["H"]))//是否存在"humidity"的參數
{
    echo "humidity loss <br>" ;
    die();
}
```

讀取參數的程式

由於本程式執行後，住要是用『dhDatatadd.php?MAC=AABBCCDDEEFF&T=34&H=34』來呼叫本程式，所有『?』後面所有的變數都必須要一一檢查，是否有傳入所有的變數。

接下來我們透過下列程式，來取得外傳參數，檢查是否有傳遞變數區有傳遞變數。所以筆者用『$_GET[參數名稱]』來取得『參數名稱』的內容，所以我們用『$temp0=$_GET["MAC"]』、『$temp1=$_GET["T"];』、『$temp2=$_GET["H"];　』三個敘述句，來取得『MAC』、『T];』、『H』三個傳入參數，分別儲存在『$temp0』、『$temp1』、『$temp2』三個 php 程式內的變數，提供後面使用。

```
$temp0=$_GET["MAC"];        //取得POST參數：MAC address
```

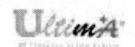

```
$temp1=$_GET["T"];      //取得POST參數：temperature
$temp2=$_GET["H"];      //取得POST參數：humidity
```

檢查傳遞到程式 MAC 是否有資料

由於 MAC 的參數，是整個溫溼度資料的裝置歸屬重要依據，接下來我們必須檢查是否在傳遞變數區有傳遞變數，所以上面程式我們已先檢查『MAC』參數是否有傳遞進來。

由於空字串也是正確可以傳遞的資料，雖然這個資料不正確，因為無法獲知任何訊息，如下表所示的程式，筆者用『echo "(".trim($temp0).")
"』來顯示變數內容後，再用『trim($temp0) == ""』進行判斷，看看取得『MAC』參數的內容是否真的是空字串，則回應系統『"MAC Address is empty string
"』的內容。

判斷取得『MAC』參數的內容是否真的是空字串參數，除了回應參數遺失等訊息後，用指令『die();』來中止程式執行。

```
//  if empty(trim($temp0))//MAC 是否空白的參數
    echo "(".trim($temp0).")<br>";
    if (trim($temp0) == "")//MAC 是否空白的參數
    {
        echo "MAC Address is empty string <br>" ;
        die();
    }
```

切換目前系統日期時間字串

由於我們需要在伺服器端取得 systime(使用者更新時間)，所以筆者增加了：

```
$sysdt = getdatetime();
```

而 getdatetime() 是一個筆者鑽寫的函數，所以我們增加了下列函數：

```php
<?php
    /* Defining a PHP Function */
    function getdataorder($dt) {
    //    $dt = getdate() ;
        $splitTimeStamp = explode(" ",$dt);
        $ymd = $splitTimeStamp[0] ;
        $hms = $splitTimeStamp[1] ;
        $vdate = explode('-', $ymd);
        $vtime = explode(':', $hms);
        $yyyy =  str_pad($vdate[0],4,"0",STR_PAD_LEFT);
        $mm   =  str_pad($vdate[1],2,"0",STR_PAD_LEFT);
        $dd   =  str_pad($vdate[2],2,"0",STR_PAD_LEFT);
        $hh   =  str_pad($vtime[0],2,"0",STR_PAD_LEFT);
        $min  =  str_pad($vtime[1],2,"0",STR_PAD_LEFT);
        $sec  =  str_pad($vtime[2],2,"0",STR_PAD_LEFT);
    /*
        echo "***(" ;
        echo $dt ;
        echo "/" ;
        echo $yyyy ;
        echo "/" ;
        echo $mm ;
        echo "/" ;
        echo $dd ;
        echo "/" ;
        echo $hh ;
        echo "/" ;
        echo $min ;
        echo "/" ;
        echo $sec ;
        echo ")<br>" ;
    */
        return ($yyyy.$mm.$dd.$hh.$min.$sec)  ;
    }
    function getdataorder2($dt) {
```

```php
            //   $dt = getdate() ;
                $splitTimeStamp = explode(" ",$dt);
                $ymd = $splitTimeStamp[0] ;
                $hms = $splitTimeStamp[1] ;
                $vdate = explode('-', $ymd);
                $vtime = explode(':', $hms);
                $yyyy =   str_pad($vdate[0],4,"0",STR_PAD_LEFT);
                $mm   =   str_pad($vdate[1] ,2,"0",STR_PAD_LEFT);
                $dd   =   str_pad($vdate[2] ,2,"0",STR_PAD_LEFT);
                $hh   =   str_pad($vtime[0] ,2,"0",STR_PAD_LEFT);
                $min  =   str_pad($vtime[1] ,2,"0",STR_PAD_LEFT);

                return ($yyyy.$mm.$dd.$hh.$min)  ;
            }
            function getdatetime() {
                $dt = getdate() ;
                $yyyy =   str_pad($dt['year'],4,"0",STR_PAD_LEFT);
                $mm   =   str_pad($dt['mon'] ,2,"0",STR_PAD_LEFT);
                $dd   =   str_pad($dt['mday'] ,2,"0",STR_PAD_LEFT);
                $hh   =   str_pad($dt['hours'] ,2,"0",STR_PAD_LEFT);
                $min  =   str_pad($dt['minutes'] ,2,"0",STR_PAD_LEFT);
                $sec  =   str_pad($dt['seconds'] ,2,"0",STR_PAD_LEFT);

                return ($yyyy.$mm.$dd.$hh.$min.$sec)   ;
            }
                function trandatetime1($dt) {
                $yyyy =   substr($dt,0,4);
                $mm   =   substr($dt,4,2);
                $dd   =   substr($dt,6,2);
                $hh   =   substr($dt,8,2);
                $min  =   substr($dt,10,2);
                $sec  =   substr($dt,12,2);

                return ($yyyy."/".$mm."/".$dd."  ".$hh.":".$min.":".$sec)   ;
            }
```

?>

設定 SQL 敘述格式化字串

根據 SQL 語法，對於資料表 dhtData 如下表

```
INSERT INTO `dhtData` (`id`, `MAC`, `crtdatetime`, `temperature`, `humidity`, `systime`) VALUES (NULL, '111111111111', CURRENT_TIMESTAMP, '26.8', '65', '20220318100901');
```

然而『id』這個欄位，我們已經設定為 AUTO_INCREMENT，就是自動新增新號且自動填入，所以就沒有必要加入填值得 SQL 敘述。

然而『crtdatetime』這個欄位，我們已經設定為 TIMESTAMP(時間戳記)，且已設定會自動取得 TIMESTAMP(時間戳記)的內容，並設定在更新(新增資料也算更新)就會自動填入該值，所以就沒有必要加入填值得 SQL 敘述。

所以去除兩個欄位不需要填入 SQL 敘述，所以必要的 SQL 敘述變更如下：

```
INSERT INTO `dhtData` (MAC, temperature, humidity, systime) VALUES ('111111111111','26.8', '65', '20220318100901');
```

然而『systime』這個欄位，我們透過『$sysdt = getdataorder()』取得該值，並儲存在『$sysdt』變數內。

所以其他『MAC』、『temperature』、『humidity』、『systime』四個欄位，前三個由外部參數傳入，最後一個上面提到，存在『$sysdt』變數內，所以我們透過『格式化』字串的技術，透過『%』+格式化字串來填入，所以筆者修正 SQL 敘述變更為一串整合格式化字串的文字，再透過後續的『sprintf』補入需要內容則可，修該後的內容如下：

```
$sqlstr = "insert into big.dhtData (MAC, temperature, humidity,
```

~ 137 ~

```
systime) VALUES ( '%s', %f, %f, '%s' );" ;
```

透過 sprintf 回填必要資訊

接下來將上述程式一串整合格式化字串的文字儲存於『$sqlstr』變數之中在，再透過『sprintf』進行補入需要內容，則我們將『MAC』、『temperature』、『humidity』、『systime』四個欄位,透過『sprintf』進行補入『$temp0』、『$temp1』、『$temp2』、『$sysdt』四個去得上述欄位的資訊變數，可由下列程式敘述將正確 SQL 敘述產生後，存放在『$qrystr』字串變數內。

```
$qrystr = sprintf($sqlstr , $temp0, $temp1, $temp2, $sysdt) ;
```

顯示整合後 SQL 敘述資訊

接下來透過下列程式，透過『echo』指令，將儲存一串整合格式化字串的文字的『$sqlstr』變數，顯示在用戶端的螢幕上。

```
echo $qrystr ;           //印出$qrystr 內容
echo "<br>" ;
```

透過 sprintf 回填必要資訊

接下來將上述程式一串整合格式化字串的文字儲存於『mysqli_query(連線物件，執行之 SQL 敘述』SQL 執行命令，傳遞『$link』之連線物件與傳遞『$qrystr』之執行之 SQL 敘述進入『mysqli_query(連線物件，執行之 SQL 敘述』SQL 執行命令，如果執行成功，則透過『echo』指令，回傳『"Successful
"』資訊於使用者個螢幕，其完整程式如下：

```
if (mysqli_query($link, $qrystr))             //連線的資料庫($link)，
```

```
在該資料庫上執行變數$qrystr 的 SQL 敘述(插入資料)
        {
                echo "Successful <br>" ;
        }
        else
        {
                echo "Fail <br>" ;
        }
```

關閉資料庫連線物件

接下來所有上述程式執行完畢後，由於資料庫連線物件會佔據資料庫資源很多，且會對資料庫系統的用戶與權限產生影響，因為資料庫系統的用戶連線數是受限於資料庫系統，且一旦資料庫連線物件產生一個，就會佔去一個資料庫系統一個用戶數，所以當程式結束後，因產生資料庫連線物件所佔去一個資料庫系統一個用戶數，必須予以關閉後，將佔去一個資料庫系統一個用戶數才得以返回。

所以筆者用『mysqli_close(連線物件);』命令來釋放變數所佔去一個資料庫系統一個用戶數，如下列程式所示：

```
mysqli_close($link);        // 關閉連線
```

上述敘述，筆者已經一一告訴使用者

使用瀏覽器進行資料代理人程式測試

啟動網站伺服器與資料庫伺服器

筆者已安裝好 XAMPP(網站伺服器與資料庫伺服器)，尚不知道如何安裝、設定、初始化與啟動等步驟，請讀者參考本書或本文先前教學文等，將網站伺服器與資料庫伺服器都安裝設定完成後，如下圖所示，透過 XAMPP 控制台，開啟網站伺服

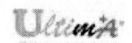

器與資料庫伺服器。

圖 202 XAMPP 主要服務正確啟動

啟動用戶端瀏覽器進行測試

　　目前開發的網站伺服器與資料庫伺服器與都是安裝在同一台桌上型電腦，所以我們先用本機端的方式進行測試，與雲端主機的差異，其實只有差異在主機的網址、通訊埠與資料代理人的儲存的資料夾路徑，其他都次是一樣的。

　　當然在網站伺服器與資料庫伺服器安裝好了之後，我們必須將資料代理人 dhDatatadd.php，iotcnn.php，comlib.php 等所有相關程式，根據對應的資料夾與對應路徑一一存放完成，且資料庫伺服器也必須將對應的使用者:big 與對應的資料庫:big 都必須一一設定正確後，方能開始測試。

開啟瀏覽器

　　如下圖所示，開啟 Chrome 瀏覽器，讀者若用其他瀏覽器開啟也是可以的。

圖 203 開啟瀏覽器

如下圖所示，在網址列輸入：127.0.0.1:88888，開啟本地端(本機端)，通訊埠為：8888 的網站。

圖 204 輸入本機測試

如下圖所示，筆者就進入本地端(本機端)，通訊埠為：8888 的網站，也就是本文介紹安裝的 XAMPP 網站伺服器，下圖為 XAMPP 網站伺服器之首頁。

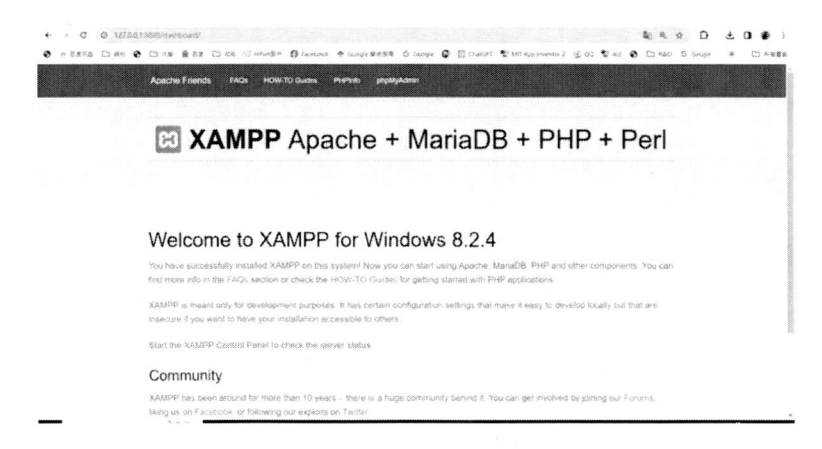

圖 205 XAMPP 網站主控台

如下圖紅框所示點選 phpMyAdmin 圖示之後，進入 phpMyAdmin 資料庫管理模組系統。

~ 141 ~

圖 206 點選資料庫管理程式

如下圖所示，為上圖示點選 phpMyAdmin 圖示之後，進入 phpMyAdmin 資料庫管理模組系統之首頁右側，顯示資料庫目前狀態內容。

圖 207 出現資料庫管理程式主頁面

如下圖所示，為 phpMyAdmin 資料庫管理模組系統之主畫面。

圖 208 phpMyAdmin 資料庫管理程式主頁面

　　筆者在開啟另一個瀏覽器新頁籤，過瀏覽器網址列，輸入

```
http://localhost:8888/bigdata/dhtdata/dhDatatadd.php?MAC=AABBCCDDEEFF&T=34&H=34
```

　　如下圖所示，我們可看到資料代理人程式(Db Agent)：dhDatatadd.php，出現下圖所示的畫面，已經可以看到成功上傳資料的畫面。

```
GET DATA passed
(AABBCCDDEEFF)
insert into big.dhtData (MAC,temperature, humidity,
systime) VALUES ( 'AABBCCDDEEFF', 34.000000,
34.000000, '20240401105256');
Successful
```

圖 209 成功上傳資料的畫面

如上圖所示內的顯示的文字，筆者轉到下表內容，我們一一解釋下列文字意義：

- GET DATA passed：代表已經完全傳入所有需要傳遞的參數

- (AABBCCDDEEFF)：左右括號中的內容，代表有傳入其左右括號內的文字：AABBCCDDEEFF 代表其傳入溫溼度資訊的裝置 MAC(網路卡編號)，往後可以透過這個裝置 MAC 來歸屬相同裝置的資料歸屬。

- insert into big.dhtData (MAC,temperature, humidity, systime) VALUES ('AABBCCDDEEFF', 34.000000, 34.000000, '20240401105256');;此段文字是插入溫溼度資料庫(big)的 dhtData 資料表，正確完整的新增一筆資料的 SQL 命令敘述。讀者也可以將此串文字，使用 phpMyAdmin 資料庫管理程式，在其

SQL   功　能　下　，　在

在資料庫 big 執行 SQL 查詢：

輸入格中完整輸入上述之新增一筆資料的 SQL 命令敘述，會一樣產生資料的效果，代表資料代理人對於傳入的 http GET 敘述 (http://localhost:8888/bigdata/dhtdata/dhDatatadd.php?MAC=AABBCCDDEEFF&T=34&H=34)是正確執行的。

- Successful:出現這個訊息，跟上面 敘述式一樣的，代表資料代理人對於傳入的 http GET 敘述 (http://localhost:8888/bigdata/dhtdata/dhDatatadd.php?MAC=AABBCCDDEEFF&T=34&H=34)是正確執行的

```
GET DATA passed
(AABBCCDDEEFF)
insert into big.dhtData (MAC, temperature, humidity, systime) VALUES
( 'AABBCCDDEEFF', 34.000000, 34.000000, '20240401105256');
Successful
```

使用 phpMyAdmin 資料庫管理程式驗證

如下圖所示，我們回到 phpMyAdmin 資料庫管理模組系統之主畫面。

圖 210 回到 phpMyAdmin 資料庫管理程式主頁面

　　如下圖所示，我們點選 big 資料庫，點選 big 資料庫前方 圖示，開啟 big 資料庫，可以看到 big 資料庫內目前所有的資料表。

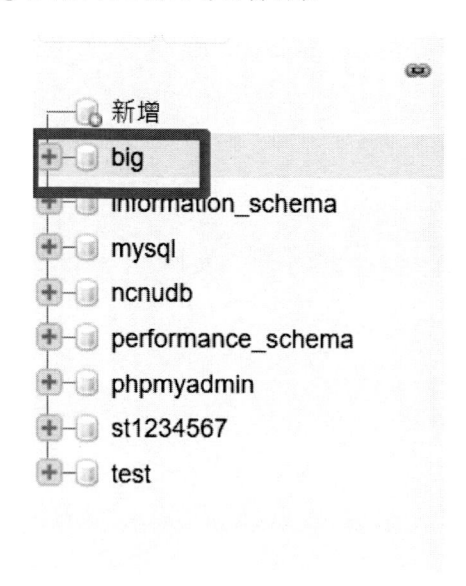

圖 211 開啟 big 資料庫

如下圖所示，我們開啟 big 資料庫之後，可以看到開啟 big 資料庫有許多資料檔，如下圖紅框處所示，可以看到『dhtdata』溫溼度資料表。

請讀者再點選圖紅框處所示之 dhtdata 資料表。

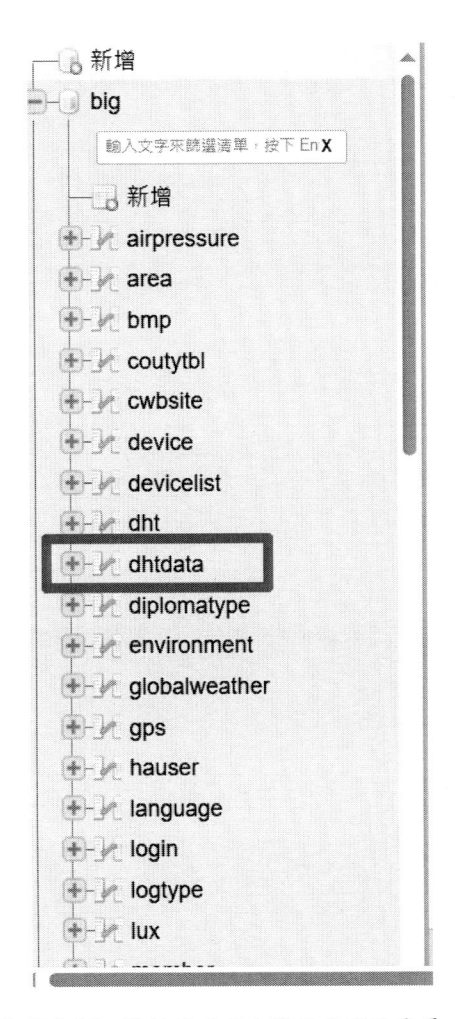

圖 212 big 資料庫下所有資料表列示清單

如下圖所示，我們可以看到目前 dhtdata 資料表擁有的資料項目，如果資料很多，則系統會分多頁方式顯示。

~ 147 ~

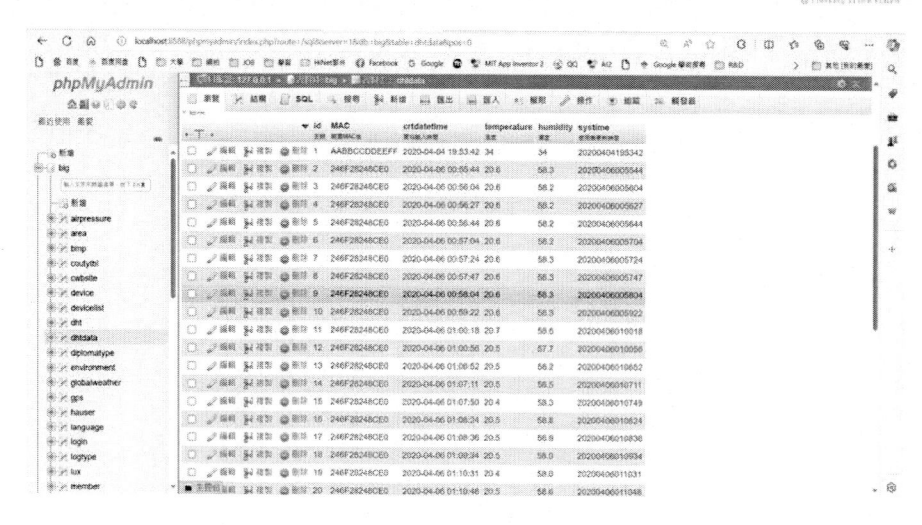

圖 213 目前 dhtdata 資料表擁有的資料

如下圖所示，我們要用 sql 語法查詢 dhtdata 資料表，請讀者點選下圖紅框處，點選 SQL 圖示。

圖 214 用 sql 語法查詢 dhtdata 資料表

~ 148 ~

如下圖所示，我們到 SQL 語法查詢畫面，下圖紅框處就是可以輸入 SQL 命列敘述的輸入區。

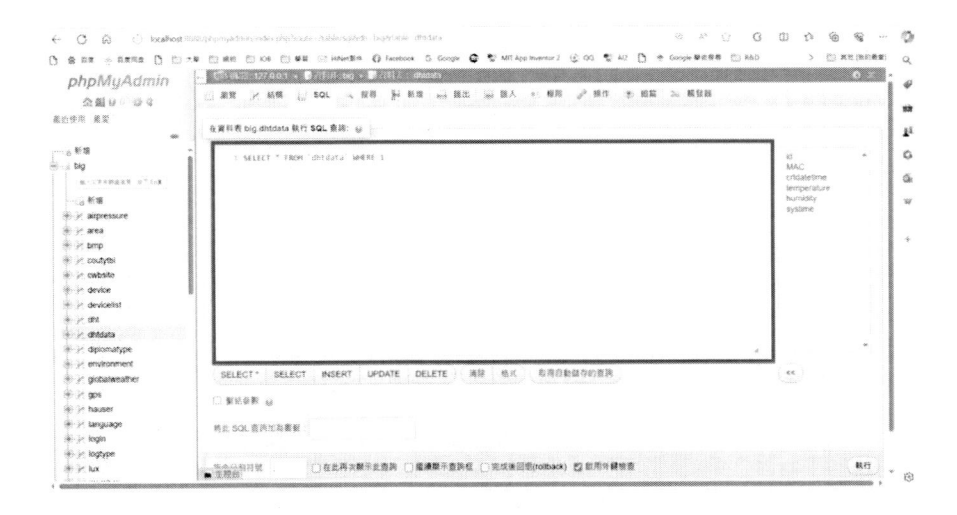

圖 215 SQL 語法查詢畫面

如下圖所示，我們在上圖洪框處所示，輸入『SELECT * FROM dhtdata WHERE 1 order by id DESC』的 SQL 命令敘述。

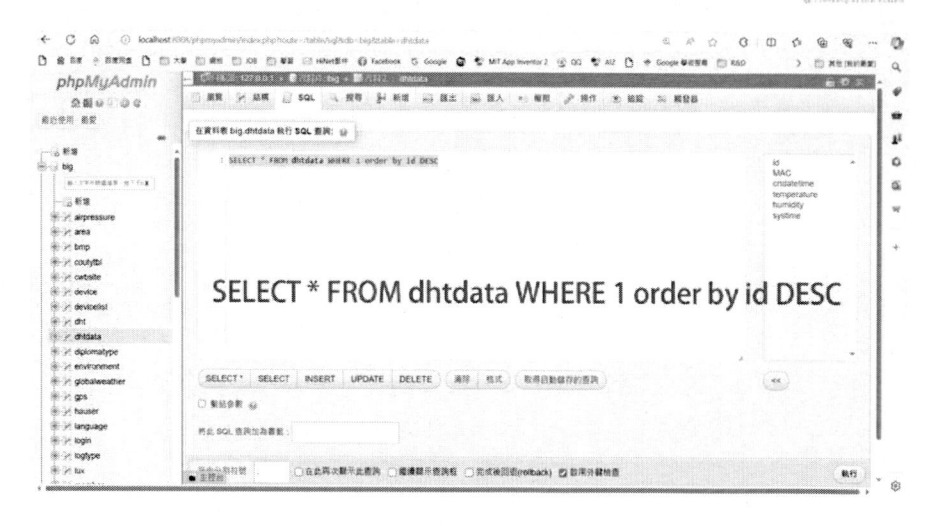

圖 216 輸入查詢 dhtdata 最後一筆的語法

如下圖紅框處所示，我們按下執行 執行 來啟動 SQL 敘述。

圖 217 按下執行來啟動 SQL 敘述

如下圖所示，我們可以看到輸入查詢 dhtdata 最後一筆的語法被執行，並且將查詢到的資料回傳到畫面，由於該 SQL 敘述是由最後倒排序顯示，所以我們可以細

~ 150 ~

看一下第一筆資料。

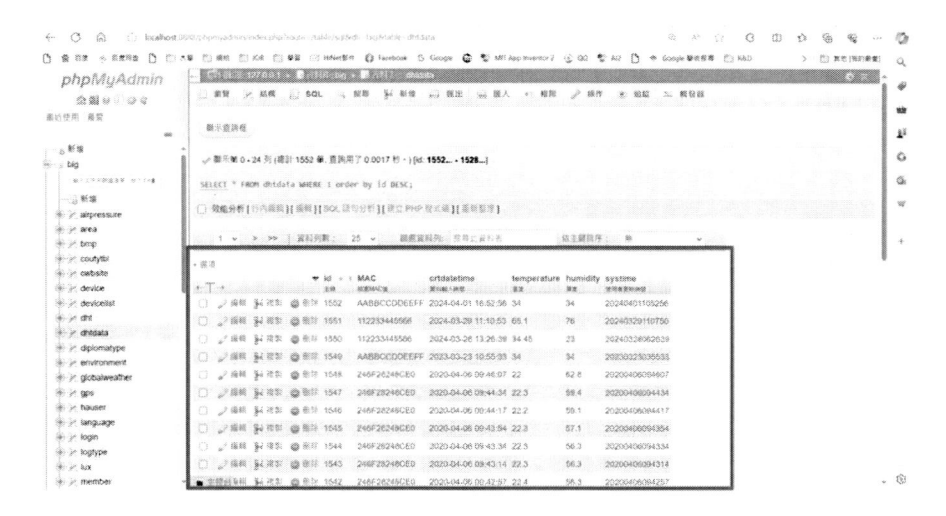

圖 218 輸入查詢 dhtdata 最後一筆的語法被執行

如下圖所示，我們可以看到符合上述資料代理人程式的資料被新增在最後一筆，其資料完全正確，所以可以驗證資料代理人程式是正確的被執行。

圖 219 符合上述資料代理人程式的資料被新增在最後一筆

如下圖所示，我們回到 phpMyAdmin 資料庫管理模組系統之主畫面。

~ 151 ~

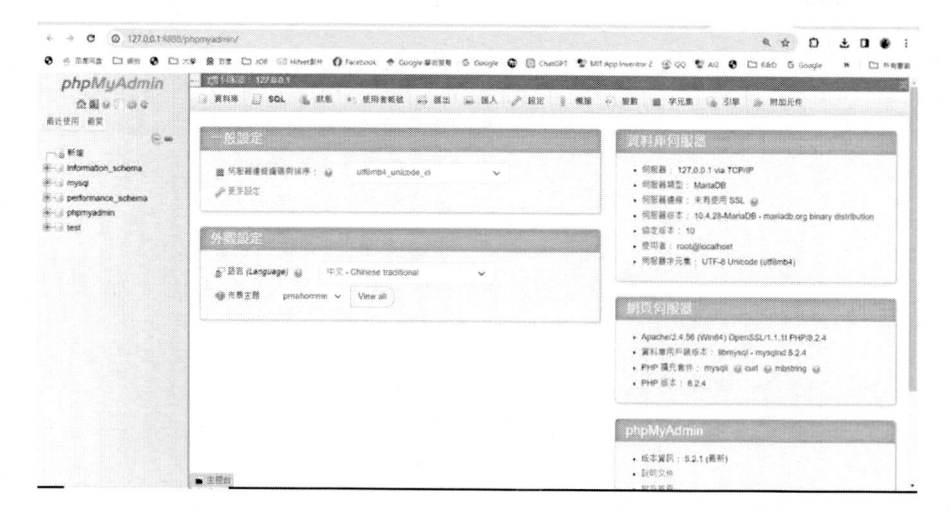

圖 220 回到 phpMyAdmin 資料庫管理程式主頁面

完成伺服器程式設計

如上圖所示,我們使用瀏覽器進行資料瀏覽,我可以知道,透過 http Get 的方法,使用 Get 方法,設計資料代理人(DB Agent)在雲端服務平台,只要透過 http Get 的方法,本文用瀏覽器,在網址列,透過參數傳遞(使用參數名=內容)的方法,我們已經可以將資料正常送入網頁的資料庫了,所以筆者正確完成 http Get 的方法之資料代理人(DB Agent)程式設計了。

系統擴充

如下圖所示,本文使用本機端得網址:http://127.0.0.1:8888/phpmyadmin/ ,使用瀏覽器,輸入網址:http://127.0.0.1:8888/phpmyadmin/,進入『phpMyAdmin』,點選『big』資料庫。

圖 221 phpMyAdmin 查看 big 資料庫

查看 big 資料庫中溫溼度感測器資料表

如下圖所示，進入『phpMyAdmin』，點選『big』資料庫，再查看溫溼度資料表『dhtdata』，再點選 結構 ，查看溫溼度資料表『dhtdata』得資料欄位資訊。

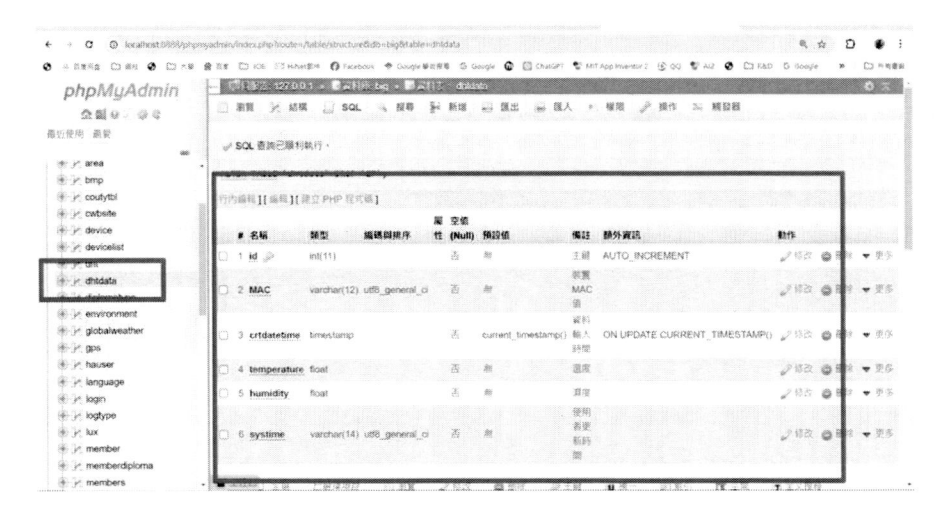

圖 222 查看 dhtdata 資料表

如下圖所示，我們成功透過下列的架構，將溫溼度感測器的溫度、濕度、裝置 MAC、與系統的時間傳送到 dhtdata 資料表之中。

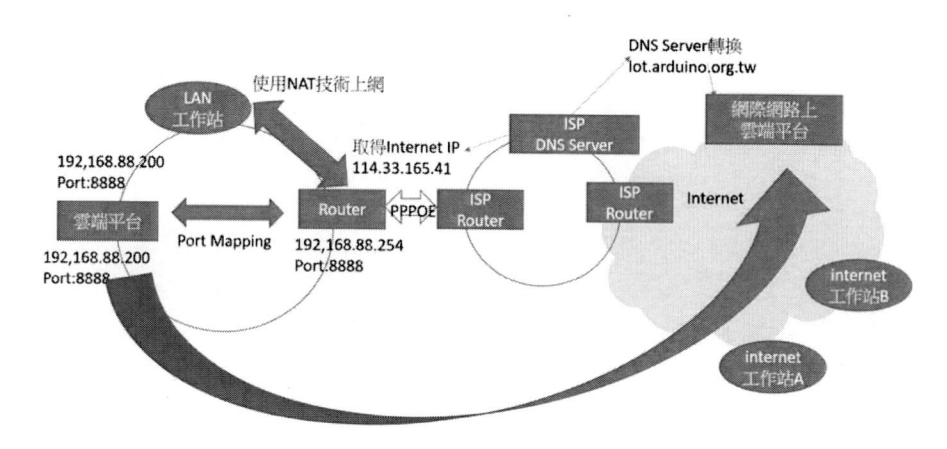

圖 223 區域網路伺服器轉換網際網路伺服器之架構圖

如下圖所示，筆者已經透過 RESTFul API 的規則，透過 http GET 將溫溼度感測器的溫度、濕度、裝置 MAC、與系統的時間傳送到 dhtdata 資料表之中。

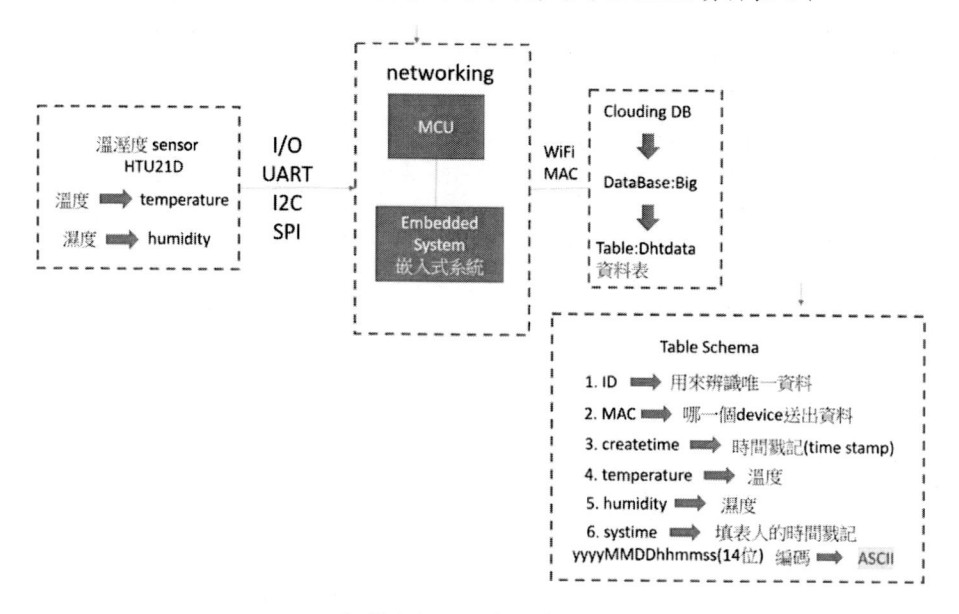

圖 224 資料收集器傳送雲端

~ 154 ~

如下圖所示，每一個裝置都是透過 MAC 網路卡來辨識裝置的唯一性，但是，到底哪一個裝置是從哪一個網路連上的資訊卻無從知道。

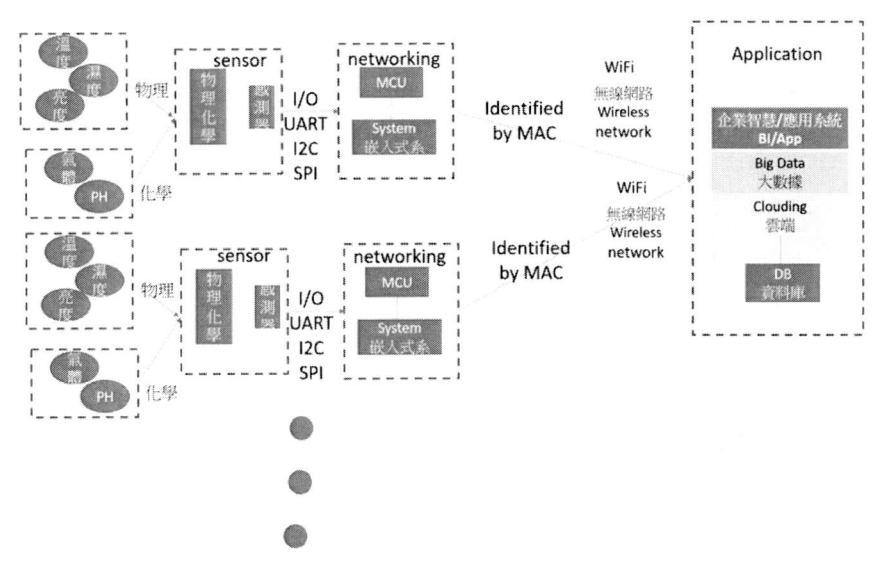

圖 225 多裝置傳送到雲端

如下圖所示，因為每一個裝置都有其特殊的網域與獨有的 IP Address，參考圖 93 區域網路伺服器轉換網際網路伺服器之架構圖，每一個裝置透過無線分享器與 Router 的轉換，如果只透過資料收集器的網路功能，取得的 IP Address 大多數是虛擬 IP Address，而這些虛擬 IP Address 對區域網路是有意義的，對於廣域網路的網際網路，虛擬 IP Address 對網際網路是毫無意義的。

為了能夠知道每一個溫濕度資料收集器的真實網際網路 IP Address，我們必須修正整個系統架構。

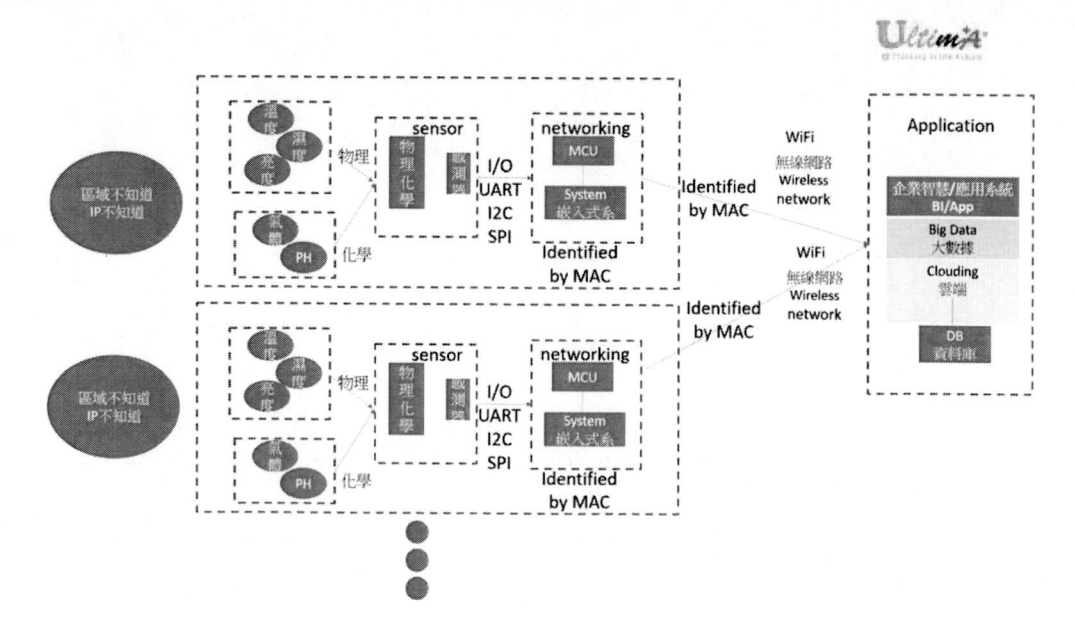

圖 226 多裝置傳送到雲端無傳送 IP

如下圖所示，查看欄位資訊。

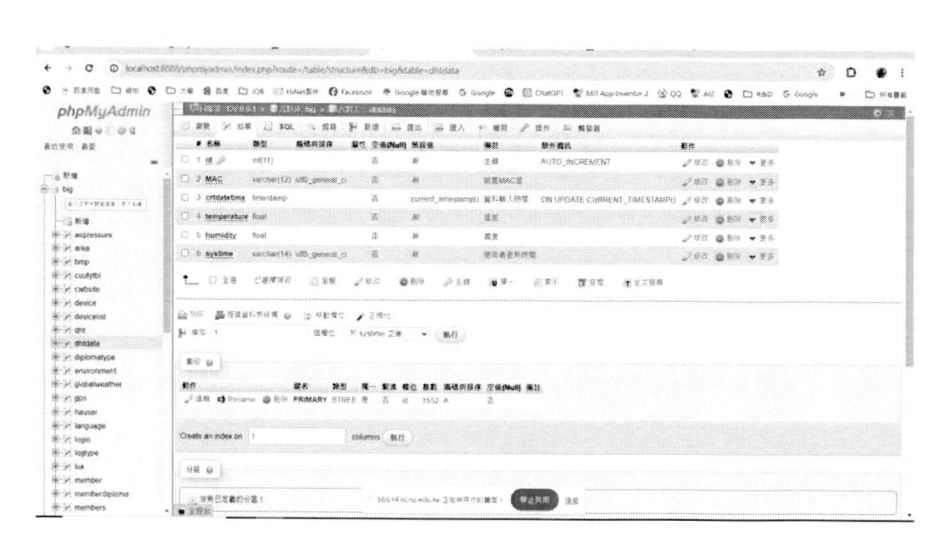

圖 227 查看欄位資訊

如下圖所示，我們可以看到原來的資料表:dhtdata 資料表缺乏 IP 資料，所以我們必須要修正 dhtdata 資料表的資料欄位。

~ 156 ~

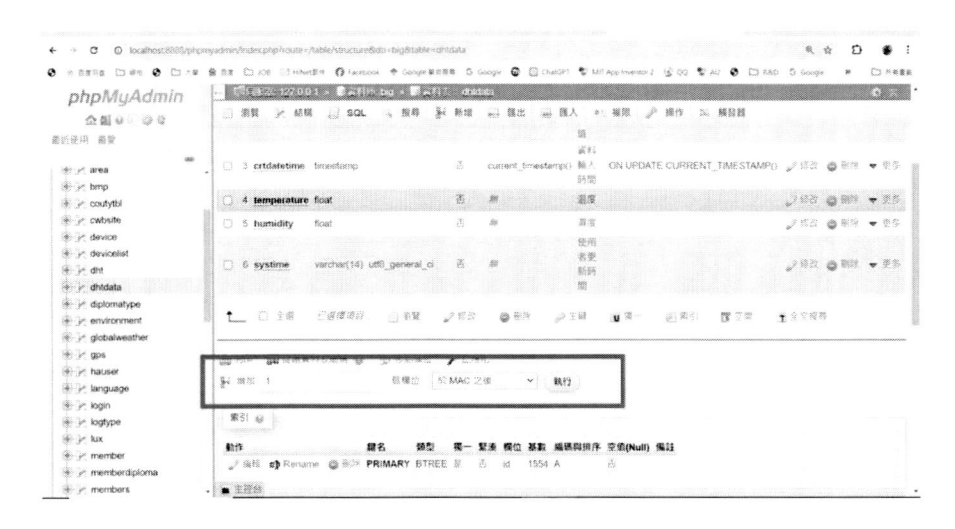

圖 228 增加欄位

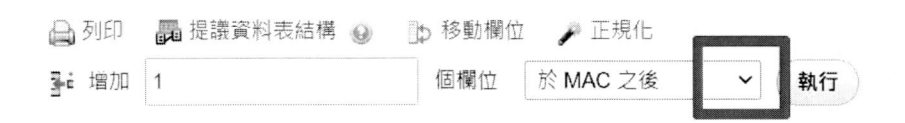

如下圖所示，可以見到『執行』的按鈕，在左邊項目清單，請點選下圖紅框處之 ⌄ 圖示，打開項目清單。

圖 229 選擇插入欄位位置

如上圖所示，點選 ⌄ 後，開啟選項清單，請選到下圖紅框處所示之『於 MAC 之後』的選項，完成選擇。

~ 157 ~

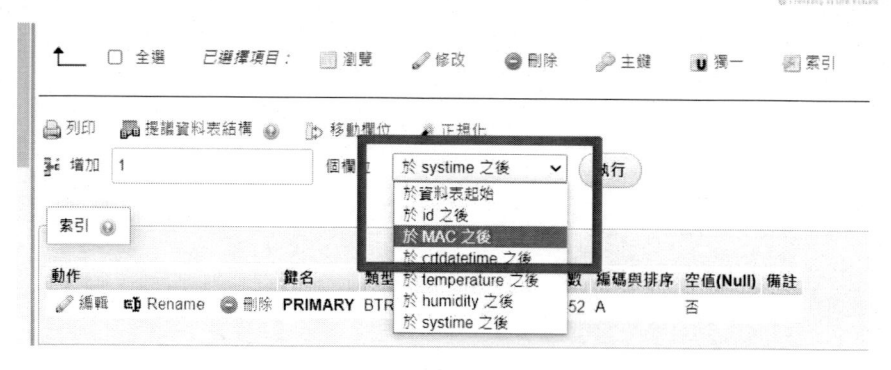

圖 230 選擇 MAC 欄位

如下圖所示，可以見到增加一個欄位，選擇『於 MAC 之後』的選項，最後按下第三個『執行』的按鈕，新增一個空白欄位，進入新增欄位畫面。

圖 231 在 MAC 欄位後增加一個欄位

如下圖所示，進入進入新增欄位畫面。

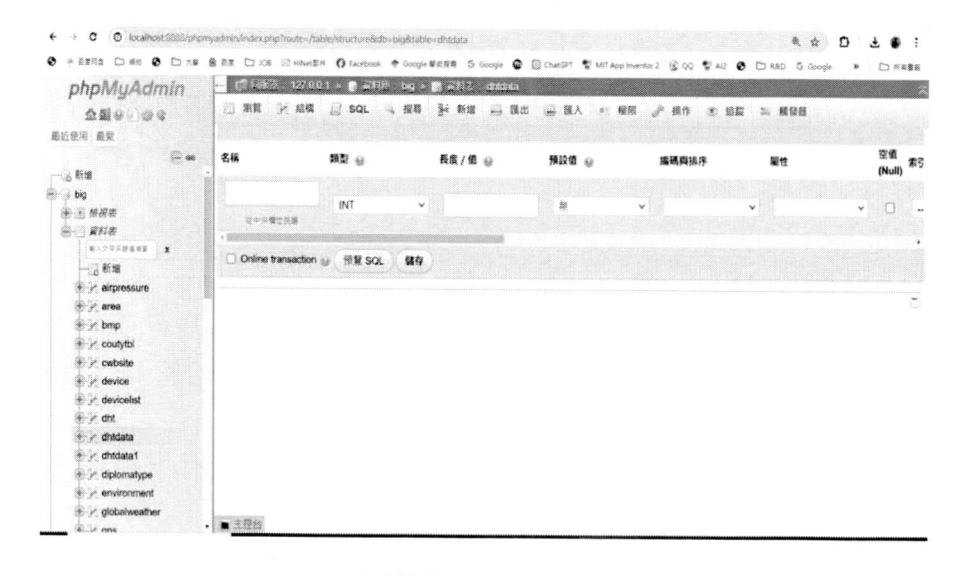

圖 232 新增一個空白欄位

~ 158 ~

如下圖所示，為新增欄位的名稱，設定為『IP』的內容。

圖 233 輸入欄位名稱 IP

如下圖所示，為新增欄位的類型，設定為『CHAR』的內容。

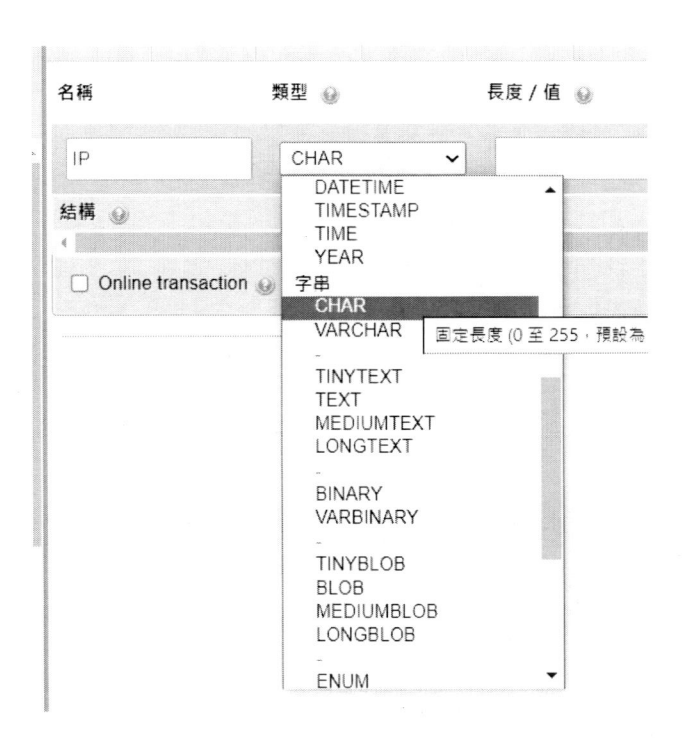

圖 234 設定欄位類型

如下圖所示，為新增欄位的長度，設定為『20』的內容。

圖 235 設定欄位長度

如下圖所示，為新增欄位設定編碼與排序，設定為『ascii_general_ci』的內容。

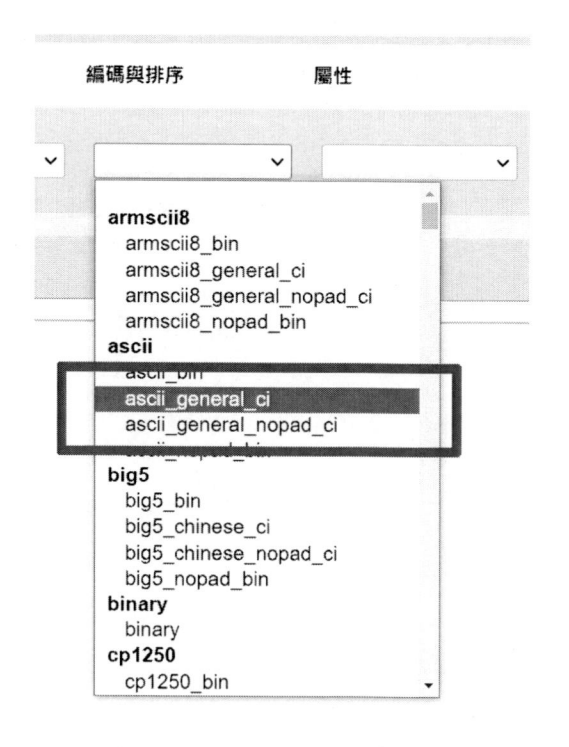

圖 236 設定欄位編碼與排序

如下圖所示，為新增欄位設定編碼與排序，完成設定為『ascii_general_ci』的內容。

圖 237 完成設定欄位編碼與排序

如下圖所示，為新增欄位設定欄位備註，設定為『用戶端IP』的內容。

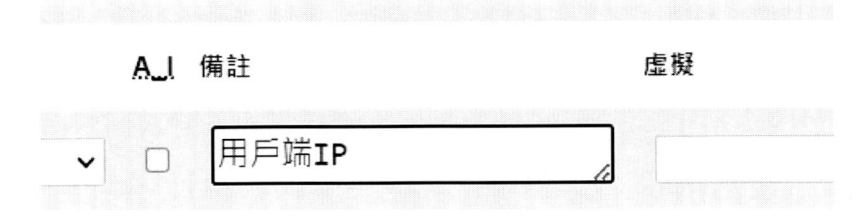

圖 238 設定欄位備註

如下圖所示，完成新增欄位的屬性。

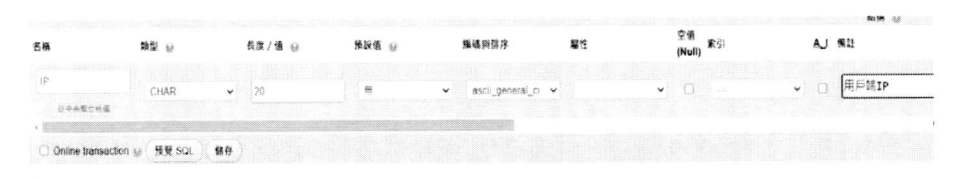

圖 239 完成新增欄位的屬性

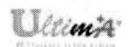

如下圖所示，為新增欄位的名稱，按下新增欄位的儲存按鈕。

圖 240 按下新增欄位的儲存按鈕

如下圖所示，完成新增新欄位作業。

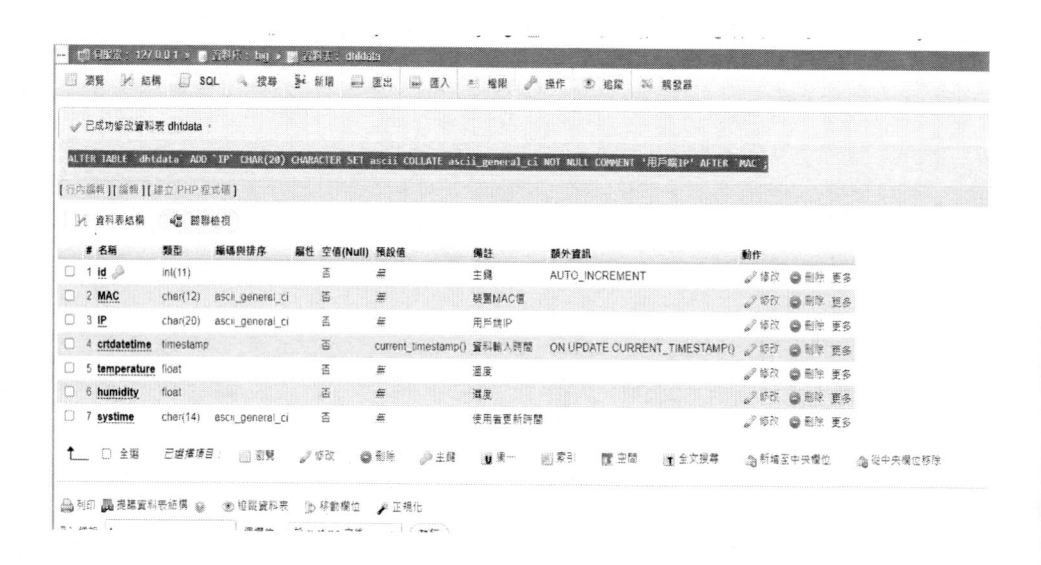

圖 241 完成新增新欄位作業

如下表所示，為新增 IP 欄位的 SQL 敘述。

```
ALTER TABLE `dhtdata` ADD `IP` CHAR(20) CHARACTER SET ascii COLLATE ascii_general_ci NOT NULL COMMENT '用戶端IP' AFTER `MAC`;
```

如下表所示，為擴增 IP 欄位的 dhtdata 資料表的資料綱要。

~ 162 ~

表 8 溫溼度感測器資料表欄位一覽圖(dhtData)

欄位	型態	空值	預設值	備註
id (主鍵)	int(11)	否		主鍵
MAC	char(12)	否		裝置 MAC 值
IP	char(20)	否		連線 IP 位址
crtdatetime	timestamp	否	CURRENT_TIMESTAMP	資料輸入時間
temperature	float	否		溫度
humidity	float	否		濕度
systime	char(14)	否		使用者更新時間

表 9 溫溼度感測器資料索引表一覽圖(dhtData)

鍵名	型態	唯一	緊湊	欄位	基數	編碼與排序	空值	說明
PRIMARY	BTREE	是	否	id	373583	A	否	
Index	BTREE	是	否	MAC+systime	是	A	是	是

修改資料代理人(dhDatatadd)

由於筆者在上一章節，已建立了前一版本的 dhDataadd.php 的資料代理人。

如下圖所示，我們將修改後的 dhDatatadd.php 程式填入下列內容。

表 10 溫溼度資料庫代理人程式

```
修改後的溫溼度資料庫代理人程式(dhDatatadd.php)

<?php
/*

HTTP GET 是 HTTP 協定中的一種請求方法，
用於獲取（或查詢）特定資源。
它通常會由瀏覽器發送到 Web 伺服器，以檢索網頁、圖片、音頻、影片、API 等資源。
```

以下是 HTTP GET 的基本語法：
GET /path/to/resource HTTP/1.1
Host: www.example.com

在這個範例中，GET 是請求方法，
/path/to/resource 是要請求的資源路徑，
HTTP/1.1 是協定版本，
Host 標頭指定了要請求的主機名稱或 IP 位址。

HTTP GET 的工作原理是，
瀏覽器或客戶端向伺服器發送一個請求，
請求中包含了要獲取的資源的路徑和一些其他相關的訊息。
伺服器收到請求後，會根據路徑找到對應的資源，
並將該資源的內容返回給客戶端。
客戶端收到伺服器的回應後，
會解析回應的資料，
並將其顯示在瀏覽器中（例如，網頁內容）或者進行其他操作。

總的來說，
HTTP GET 是一個基本但重要的 HTTP 請求方法，
可用於獲取各種資源，
包括網頁、圖片、音頻、影片、API 等。它是 Web 應用程式中最常見的請求方法之一，
也是 RESTful API 的核心請求方法之一。

格式：
　　Http GET 的的程式？參數 1&參數 2&參數 3&參數 4&參數 5......
　　參數 n 的格式：
　　等號（=）左方為傳入參數名稱
　　等號（=）右方為傳入該參數的內容（Ｖａｌｕｅ）

*/
　　include("../comlib.php");　　　　//共用函式庫
　　include("../Connections/iotcnn.php");　　　　//使用資料庫的呼叫程式
　　　　// Connection() ;
　　$link=Connection();　　//產生 mySQL 連線物件
　　$ip = getenv("REMOTE_ADDR");　　//取得用戶端連線 IP Address
　　echo "ip:".$ip."
";

```php
//    if(is_array($_GET)&&count($_GET)>0)//先判斷是否通過get傳值了
//    {
        echo "GET DATA passed <br>";
        if(!isset($_GET["MAC"]))//是否存在"MAC"的參數
        {
            echo "MAC address lost <br>";
            die();
        }
        if(!isset($_GET["T"]))//是否存在"Temperature"的參數
        {
            echo "Temperature loss <br>";
            die();
        }
        if(!isset($_GET["H"]))//是否存在"humidity"的參數
        {
            echo "humidity loss <br>";
            die();
        }
    $temp0=$_GET["MAC"];        //取得POST參數：MAC address
    $temp1=$_GET["T"];          //取得POST參數：temperature
    $temp2=$_GET["H"];          //取得POST參數：humidity
//    }




//    if empty(trim($temp0))//MAC是否空白的參數
    echo "(".trim($temp0).")<br>";
    if (trim($temp0) == "")//MAC是否空白的參數
    {
        echo "MAC Address is empty string <br>";
        die();
    }
//    $temp0=$_GET["MAC"];        //取得POST參數：MAC address
//    $temp1=$_GET["T"];          //取得POST參數：temperature
//    $temp2=$_GET["H"];          //取得POST參數：humidity
    $sysdt = getdataorder();
//    $ddt = getdataorder();
```

```
//http://localhost:8888/bigdata/dhtdata/dhDatatadd.php?MAC=AABBCCDD
EEFF&T=34&H=34
    //http://iot.arduino.org.tw:8888/bigdata/dhtdata/dhDatatadd.php?MAC
=AABBCCDDEEFF&T=34&H=34
    // 主機：http://localhost:8888/
    //Http GET 程式：dhtdata/dhDatatadd.php
    //傳遞的參數：MAC=AABBCCDDEEFF&T=34&H=34
        //MAC=網卡編號(需大寫)
        //T= 溫度
        //H= 濕度
        //INSERT INTO `dhtdata` (`id`, `MAC`, `crtdatetime`, `tempera-
ture`, `humidity`, `systime`) VALUES (NULL, `AABBCCDDEEFF`, cur-
rent_timestamp(), `25.3`, `88.9`, `20221026085601`);
    /*
    INSERT INTO `dhtdata`
    (`MAC`, `temperature`, `humidity`, `systime`)
    VALUES
    (`AABBCCDDEEFF`, 25.3, 88.9, `20221026085601`);

    */


    //$qrystr = "insert into big.dhtdata
(mac,systime,temperature,humidity) VALUES
('".$temp0."','".$sysdt."',".$temp1.",".$temp2.")";
    //組成新增到 dhtdata 資料表的 SQL 語法
    //         INSERT INTO `dhtData` (`id`, `MAC`, `crtdatetime`,
`temperature`, `humidity`, `systime`) VALUES (NULL, `111111111111`,
CURRENT_TIMESTAMP, `26.8`, `65`, `20220318100901`);
    //         INSERT INTO `dhtData` (MAC, temperature, humidity,
systime) VALUES (`111111111111`,`26.8`, `65`, `20220318100901`);

    //select * from dhtdata order by id desc;
//---------------------

    //新增資料的 sql 語法:INSERT INTO dhtdata (MAC, temperature, humidity,
systime) VALUES ( `AAAAAAAAAAAA`, `45.2`, `88.9`, `20230324114801`);
    $cmdstr = "insert into big.dhtdata (MAC, IP, temperature, humidity,
```

```
systime) VALUES ( '%s', '%s', %6.1f, %6.1f, '%s' );" ;
//   $qrystr = sprintf("insert into big.dhtdata (MAC, temperature, humidity,
systime) VALUES ( '%s', '%s', %f, %f,
'%s' );" ,$temp0,$IP,$temp1,$temp2,$sysdt) ;
    $qrystr = sprintf($cmdstr , $temp0, $ip, $temp1, $temp2, $sysdt) ;
    //使用 sprintf 將 插入到 dhtData 資料表的 insert SQL 敘述產生出來,並
回傳整個 SQL 敘述到變數$qrystr
    echo $qrystr ;       //印出$qrystr 內容
    echo "<br>" ;
    if (mysqli_query($link,$qrystr))         //連線的資料庫($link),在該
資料庫上執行變數$qrystr 的 SQL 敘述(插入資料)
        {
            echo "Successful <br>" ;
        }
        else
        {
            echo "Fail <br>" ;
        }
            ;       //執行 SQL 語法
    mysqli_close($link);        // 關閉連線
?>
```

程式下載：https://github.com/brucetsao/CloudingDesign

擴增程式解說

讀取連線用戶端 IP 網址程式

　　如下表所示，筆者在『$link=Connection();』的程式後，加入『$ip = getenv("REMOTE_ADDR");//取得用戶端連線 IP Address』這列程式，透過『getenv(伺服器環境變數)』的指令，來取得網頁伺服器的系統環境變數。

　　因為網頁伺服器所有的連線相關屬性、變數、狀態…等都會存在網頁伺服器內的系統資料區中，其中許多變數：如用戶端連線 IP 網址等，就是儲存在網頁伺服

器內的環境變數中，而用戶端連線 IP 網址的網頁伺服器內的環境變數就是『"REMOTE_ADDR"』。

所以筆者用『getenv("REMOTE_ADDR")』的指令，來取得網頁伺服器內用戶端連線 IP 網址的環境變數，並且將內容儲存在『$ip』變數中。

```
$ip = getenv("REMOTE_ADDR");        //取得用戶端連線 IP Address
```

設定 SQL 敘述格式化字串

根據 SQL 語法，對於擴充 IP 欄位之資料表 dhtData　　如下表

```
INSERT INTO dhtData (id, MAC, IP, crtdatetime, temperature, humidity,
systime) VALUES (NULL, '111111111111', '140.128.2.100',
CURRENT_TIMESTAMP, '26.8', '65', '20220318100901');
```

如下表所示，去除不需要欄位，因為 id 與 crtdatetime 都是自動產生，所以不需要在 SQL 敘述中出現。

表 16 溫溼度感測器資料表欄位一覽圖(dhtData)

欄位	型態	空值	預設值	備註
id(主鍵)	int(11)	否		主鍵
MAC	char(12)	否		裝置 MAC 值
IP	char(20)	否		連線 IP 位址
temperature	float	否		溫度
humidity	float	否		濕度
systime	char(14)	否		使用者更新時間

表 17 溫溼度感測器資料索引表一覽圖(dhtData)

鍵名	型態	唯一	緊湊	欄位	基數	編碼與排序	空值	說明
PRIMARY	BTREE	是	否	id	373583	A	否	
Index	BTREE	是	否	MAC+systime	是	A	是	是

圖 242 去除不需要欄位

然而『id』這個欄位,我們已經設定為 AUTO_INCREMENT,就是自動新增新號且自動填入,所以就沒有必要加入填值得 SQL 敘述。

然而『crtdatetime』這個欄位,我們已經設定為 TIMESTAMP(時間戳記),且已設定會自動取得 TIMESTAMP(時間戳記)的內容,並設定在更新(新增資料也算更新)就會自動填入該值,所以就沒有必要加入填值得 SQL 敘述。

所以去除兩個欄位不需要填入 SQL 敘述,所以必要的 SQL 敘述變更如下:

```
INSERT INTO dhtData (MAC, IP, temperature, humidity, systime) VALUES ('111111111111', '140.128.2.100', '26.8', '65', '20220318100901' );
```

然而,對於擴充的『IP』這個欄位,我們必須填入這個欄位的內容,所以我們由上節內容,修改為下表的內容,將『$cmdstr』的內容進行對應的內容。

```
$cmdstr = "insert into big.dhtdata (MAC, IP, temperature, humidity, systime) VALUES ( '%s', '%s', %6.1f, %6.1f, '%s' );" ;
```

透過 sprintf 回填必要資訊

接下來將上述程式一串整合格式化字串的文字儲存於『$sqlstr』變數之中在,再透過『sprintf』進行補入需要內容,則我們將『MAC』、『IP』、『temperature』、『humidity』、『systime』四個欄位,透過『sprintf』進行補入『$temp0』、『$ip』、『$temp1』、『$temp2』、『$sysdt』四個去得上述欄位的資訊變數,可由下列程式敘述將正確 SQL 敘述產生後,存放在『$qrystr』字串變數內。

```
$qrystr = sprintf($cmdstr, $temp0, $ip, $temp1, $temp2, $sysdt) ;
```

顯示整合後 SQL 敘述資訊

接下來透過下列程式，透過『echo』指令，將儲存一串整合格式化字串的文字的『$sqlstr』變數，顯示在用戶端的螢幕上。

```
echo $qrystr ;          //印出$qrystr 內容
echo "<br>" ;
```

透過 sprintf 回填必要資訊

接下來將上述程式一串整合格式化字串的文字儲存於『mysqli_query(連線物件，執行之 SQL 敘述』SQL 執行命令，傳遞『$link』之連線物件與傳遞『$qrystr』之執行之 SQL 敘述進入『mysqli_query(連線物件，執行之 SQL 敘述』SQL 執行命令，如果執行成功，則透過『echo』指令，回傳『"Successful
"』資訊於使用者個螢幕，其完整程式如下：

```
if (mysqli_query($link,$qrystr))        //連線的資料庫($link)，
在該資料庫上執行變數$qrystr 的 SQL 敘述(插入資料)
    {
            echo "Successful <br>" ;
    }
    else
    {
            echo "Fail <br>" ;
    }
```

關閉資料庫連線物件

接下來所有上述程式執行完畢後，由於資料庫連線物件會佔據資料庫資源很多，且會對資料庫系統的用戶與權限產生影響，因為資料庫系統的用戶連線數是受限於資料庫系統，且一旦資料庫連線物件產生一個，就會佔去一個資料庫系統一個

用戶數，所以當程式結束後，因產生資料庫連線物件所佔去一個資料庫系統一個用戶數，必須予以關閉後，將佔去一個資料庫系統一個用戶數才得以返回。

所以筆者用『mysqli_close(連線物件);』命令來釋放變數所佔去一個資料庫系統一個用戶數，如下列程式所示：

```
mysqli_close($link);          // 關閉連線
```

上述敘述，筆者已經一一告訴使用者

使用瀏覽器進行修改後之資料代理人程式測試

啟動網站伺服器與資料庫伺服器

筆者已安裝好 XAMPP(網站伺服器與資料庫伺服器)，尚不知道如何安裝、設定、初始化與啟動等步驟，請讀者參考本書或本文先前教學文等，將網站伺服器與資料庫伺服器都安裝設定完成後，如下圖所示，透過 XAMPP 控制台，開啟網站伺服器與資料庫伺服器。

圖 243 XAMPP 主要服務正確啟動

啟動用戶端瀏覽器進行測試

目前開發的網站伺服器與資料庫伺服器與都是安裝在同一台桌上型電腦,所以我們先用本機端的方式進行測試,與雲端主機的差異,其實只有差異在主機的網址、通訊埠與資料代理人的儲存的資料夾路徑,其他都次是一樣的。

當然在網站伺服器與資料庫伺服器安裝好了之後,我們必須將資料代理人dhDatatadd.php,iotcnn.php,comlib.php 等所有相關程式,根據對應的資料夾與對應路徑一一存放完成,且資料庫伺服器也必須將對應的使用者:big 與對應的資料庫:big 都必須一一設定正確後,方能開始測試。

開啟瀏覽器

如下圖所示,開啟 Chrome 瀏覽器,讀者若用其他瀏覽器開啟也是可以的。

圖 244 開啟瀏覽器

如下圖所示,在網址列輸入:127.0.0.1:88888,開啟本地端(本機端),通訊埠為:8888 的網站。

圖 245 輸入本機測試

如下圖所示，筆者就進入本地端(本機端)，通訊埠為：8888 的網站，也就是本文介紹安裝的 XAMPP 網站伺服器，下圖為 XAMPP 網站伺服器之首頁。

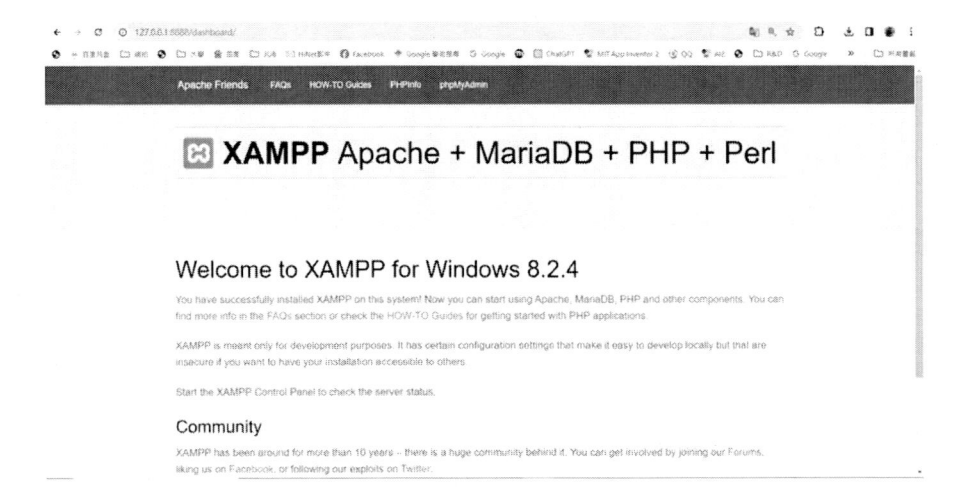

圖 246 XAMPP 網站主控台

如下圖紅框所示點選 phpMyAdmin 圖示之後，進入 phpMyAdmin 資料庫管理模組系統。

圖 247 點選資料庫管理程式

~ 173 ~

如下圖所示，為上圖示點選 phpMyAdmin 圖示之後，進入 phpMyAdmin 資料庫管理模組系統之首頁右側，顯示資料庫目前狀態內容。

圖 248 出現資料庫管理程式主頁面

如下圖所示，為 phpMyAdmin 資料庫管理模組系統之主畫面。

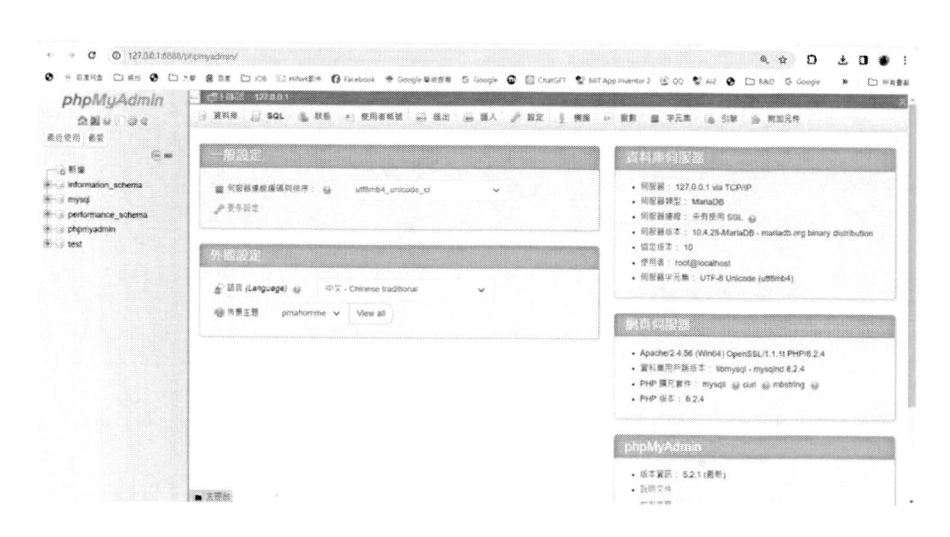

圖 249 phpMyAdmin 資料庫管理程式主頁面

筆者在開啟另一個瀏覽器新頁籤,過瀏覽器網址列,輸入

```
http://127.0.0.1:8888/bigdata/dhtdata/dhDatatadd.php?MAC=AA11BB22CC33&T=28.34&H=68.9
```

如下圖所示,我們可看到新的資料代理人程式(Db Agent): dhDatatadd.php,出現下圖所示的畫面,已經可以看到成功上傳資料的畫面。

ip:127.0.0.1
GET DATA passed
(AA11BB22CC33)
insert into big.dhtdata (MAC,IP, temperature, humidity, systime) VALUES (
'AA11BB22CC33', '127.0.0.1', 28.3, 68.9, '20240416113604');
Successful

圖 250 新程式成功上傳資料的畫面

如上圖所示內的顯示的文字,筆者轉到下表內容,我們一一解釋下列文字意義:

- ip: 127.0.0.1:代表用戶端的 IP 網址是『127.0.0.1』
- GET DATA passed:代表已經完全傳入所有需要傳遞的參數
- (AA11BB22CC33):左右括號中的內容,代表有傳入其左右括號內的文字: AA11BB22CC33 代表其傳入溫溼度資訊的裝置 MAC(網路卡編號),往後可以透過這個裝置 MAC 來歸屬相同裝置的資料歸屬。
- insert into big.dhtdata (MAC,IP, temperature, humidity, systime) VALUES ('AA11BB22CC33', '127.0.0.1', 28.3, 68.9,

~ 175 ~

'20240416113604');此段文字是插入溫溼度資料庫(big)的 dhtData 資料表，正確完整的新增一筆資料的SQL命令敘述。

讀者也可以將此串文字，使用 phpMyAdmin 資料庫管理程式，在其 **SQL** 功能下，在

在資料庫 big 執行 SQL 查詢：

輸入格中完整輸入上述之新增一筆資料的SQL命令敘述，會一樣產生資料的效果，代表資料代理人對於傳入的 http GET 敘述 (http://127.0.0.1:8888/bigdata/dhtdata/dhDatatadd.php?MAC=AA11BB22CC33&T=28.34&H=68.9)是正確執行的。

- Successful:出現這個訊息，跟上面 敘述式一樣的，代表資料代理人對於傳入的 http GET 敘述 (http://127.0.0.1:8888/bigdata/dhtdata/dhDatatadd.php?MAC=AA11BB22CC33&T=28.34&H=68.9)是正確執行的

```
ip:127.0.0.1
GET DATA passed
(AA11BB22CC33)
insert into big.dhtdata (MAC, IP, temperature, humidity, systime) VALUES
( 'AA11BB22CC33', '127.0.0.1', 28.3, 68.9, '20240416113604');
Successful
```

使用 phpMyAdmin 資料庫管理程式驗證

如下圖所示，我們回到 phpMyAdmin 資料庫管理模組系統之主畫面。

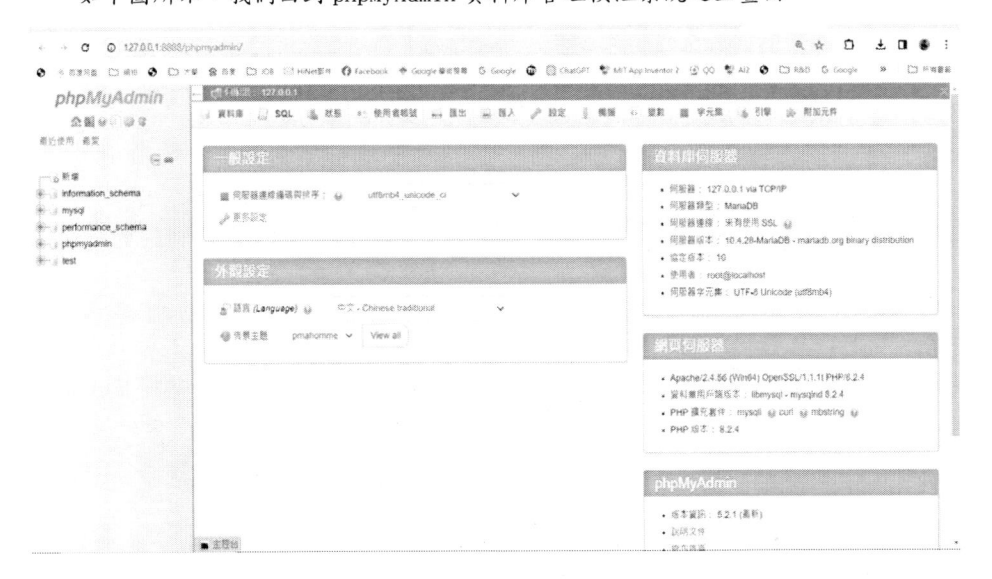

圖 251 回到 phpMyAdmin 資料庫管理程式主頁面

如下圖所示，我們點選 big 資料庫，點選 big 資料庫前方 ➕ 圖示，開啟 big 資料庫，可以看到 big 資料庫內目前所有的資料表。

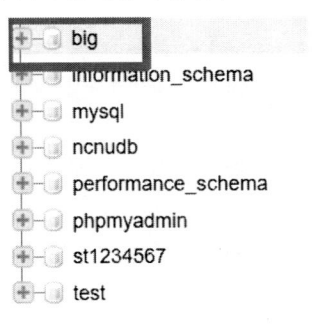

圖 252 開啟 big 資料庫

如下圖所示，我們開啟 big 資料庫之後，可以看到開啟 big 資料庫有許多資料檔，如下圖紅框處所示，可以看到『dhtdata』溫溼度資料表。

請讀者再點選圖紅框處所示之 dhtdata 資料表。

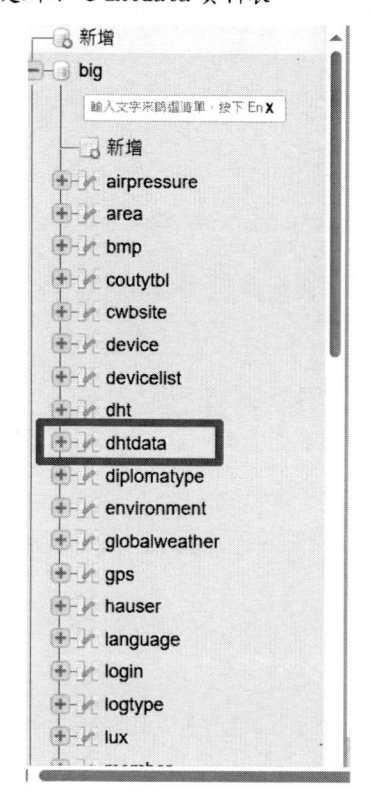

圖 253 big 資料庫下所有資料表列示清單

如下圖所示，我們可以看到目前 dhtdata 資料表擁有的資料項目，如果資料很多，則系統會分多頁方式顯示。

~ 178 ~

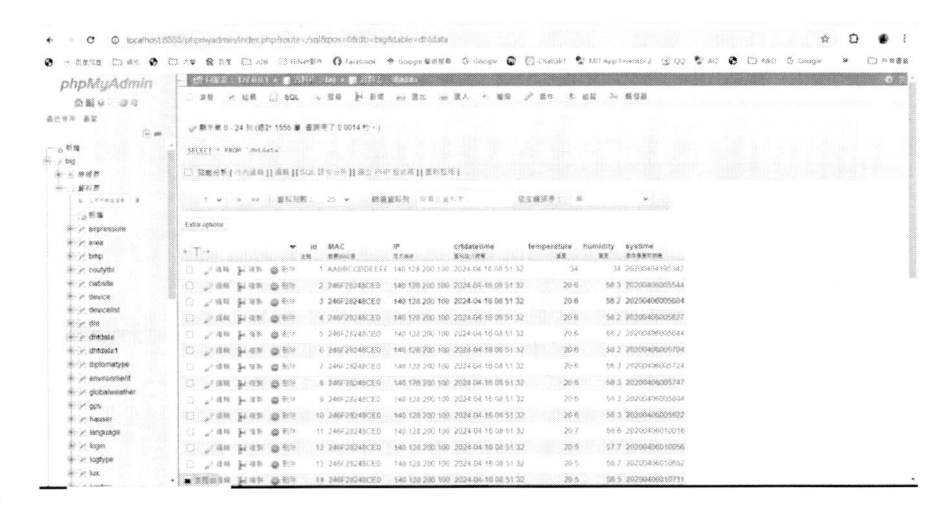

圖 254 目前 dhtdata 資料表擁有的資料(含 IP)

如下圖所示,我們要用 sql 語法查詢 dhtdata 資料表,請讀者點選下圖紅框處,點選 SQL 圖示。

圖 255 用 sql 語法查詢 dhtdata 資料表(含 IP)

如下圖所示,我們到 SQL 語法查詢畫面,下圖紅框處就是可以輸入 SQL 命列敘

~ 179 ~

述的輸入區。

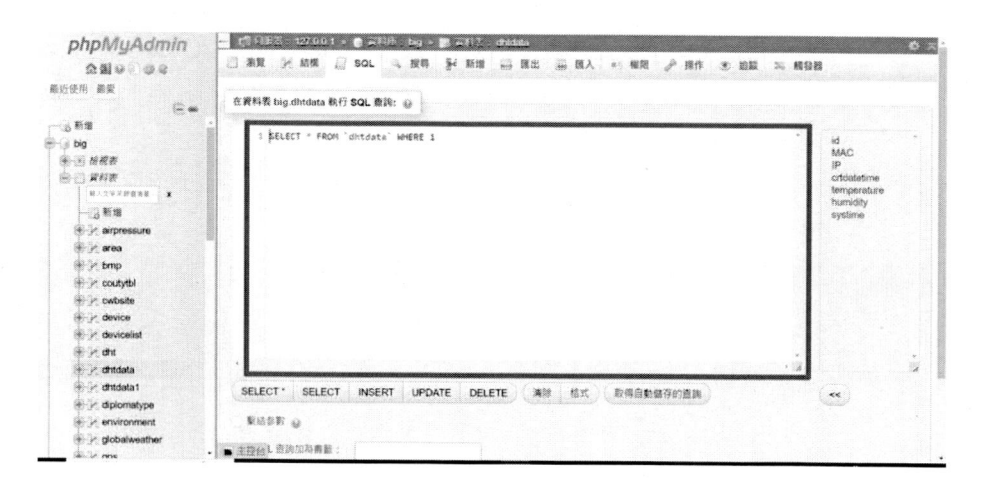

圖 256 SQL 語法查詢畫面(含 IP)

如下圖所示，我們在上圖洪框處所示，輸入『SELECT * FROM dhtdata WHERE 1 order by id DESC』的 SQL 命令敘述。

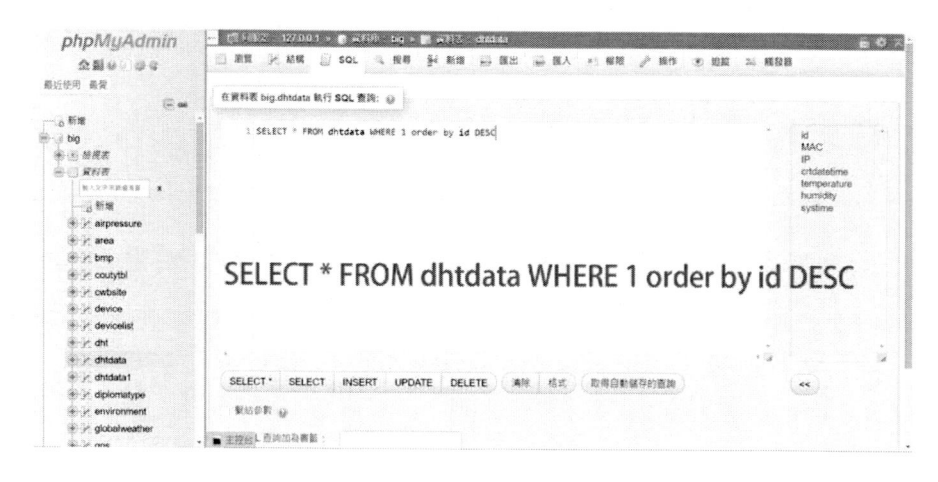

圖 257 輸入查詢 dhtdata 最後一筆的語法(含 IP)

~ 180 ~

如下圖紅框處所示，我們按下執行 執行 來啟動 SQL 敘述。

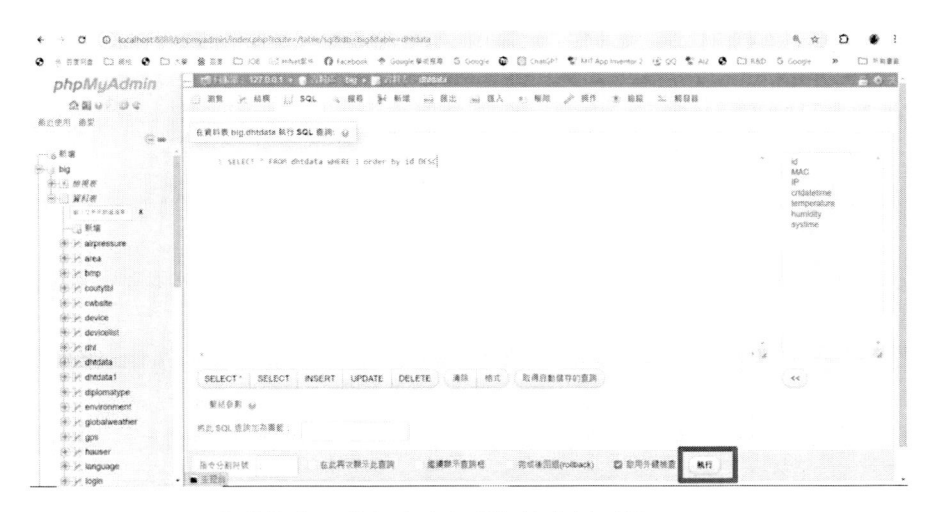

圖 258 按下執行來啟動 SQL 敘述(含 IP)

如下圖所示，我們可以看到輸入查詢 dhtdata 最後一筆的語法被執行，並且將查詢到的資料回傳到畫面，由於該 SQL 敘述是由最後倒排序顯示，所以我們可以細看一下第一筆資料。

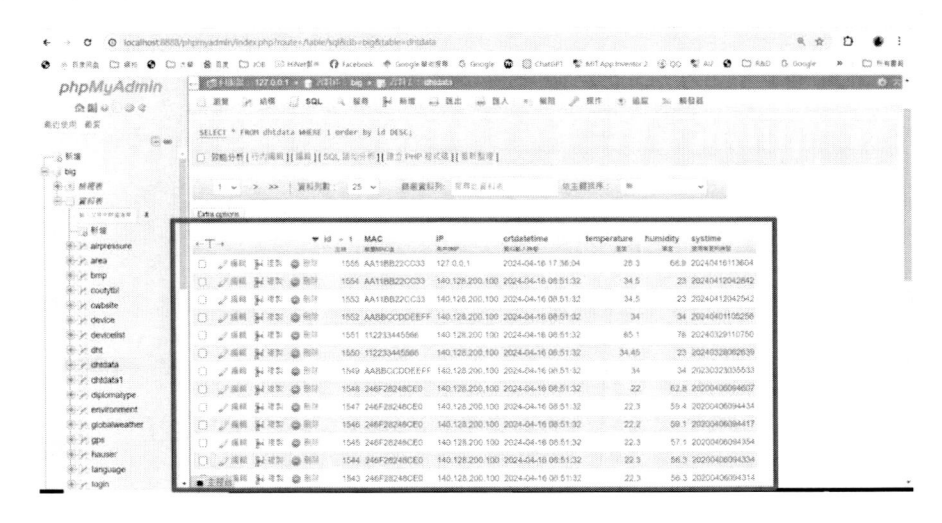

圖 259 輸入查詢 dhtdata 最後一筆的語法被執行(含 IP)

~ 181 ~

如下圖所示，我們可以看到符合上述資料代理人程式的資料被新增在最後一筆，其資料完全正確，所以可以驗證資料代理人程式是正確的被執行。

圖 260 符合上述資料代理人程式的資料被新增在最後一筆(含 IP)

如下圖所示，我們回到 phpMyAdmin 資料庫管理模組系統之主畫面。

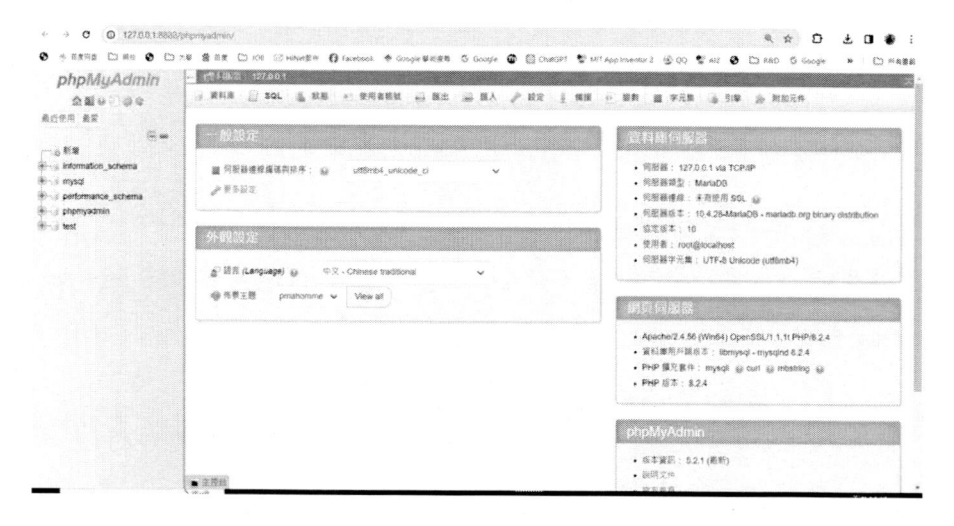

圖 261 回到 phpMyAdmin 資料庫管理程式主頁面

完成伺服器程式設計

如上圖所示，我們使用瀏覽器進行資料瀏覽，我可以知道，透過 http Get 的方法，使用 Get 方法，設計資料代理人(DB Agent)在雲端服務平台，只要透過 http Get 的方法，本文用瀏覽器，在網址列，透過參數傳遞(使用參數名=內容)的方法，我們已經可以將資料正常送入網頁的資料庫了，所以筆者正確完成 http Get 的方法之資料代理人(DB Agent)程式設計了。

~ 182 ~

章節小結

本章主要介紹使用 Http GET 的方式，將溫濕度資料，上傳到雲端平台，其 big 資料庫下的 dhtdata 溫濕度資料表，如此，筆者就可以接下來完成溫濕度監控網站的物聯網架構中，傳輸層的實作機制。

3
CHAPTER

建立基礎能力之雲端平台

　　本章主要介紹讀者如何使用桌上型電腦使用網路來建構網站伺服器，使用者連接到網站伺服器後，可以將前章節的資料收集器收集到的資料，在網站伺服器建立對應的網站系統(子系統)，將這些資料進行視覺化顯示，並可以進一步往下進一步分析、細部資料顯示，圖形化顯示時間趨勢…等等，如下圖所示，建立一個具有企業應用能力的雲端平台。

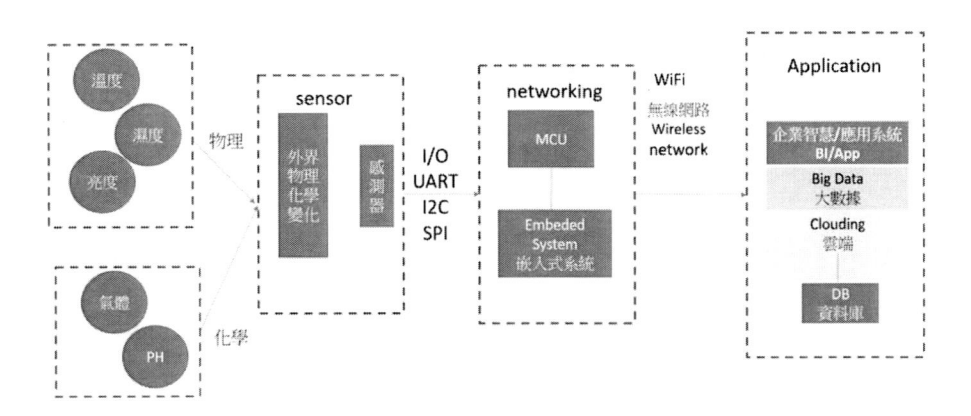

圖 262 IoT 雲端系統概念圖

　　本文就是要整合 Apache WebServer(網頁伺服器)，搭配 Php 互動式程式設計與 mySQL 資料庫，建立一個如上圖所示之物聯網架構中，最高層級的能力的具有大量資料庫處理能力之雲端應用平台(曹永忠, 2020a, 2020b, 2020d; 曹永忠, 張程, 郑昊緣, 杨柳姿, & 杨楠、, 2020; 曹永忠, 張程, 鄭昊緣, 楊柳姿, & 楊楠, 2020a, 2020b; 曹永忠, 許智誠, & 蔡英德, 2019, 2020a; 曹永忠 et al., 2023; 曹永忠, 蔡英德, 許智誠, 鄭昊緣, & 張程, 2020)。

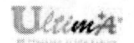

開發工具安裝

如下圖所示,請讀這使用瀏覽進,進入網路,這裡筆者使用的是 Chrome 瀏覽器。

圖 263 開啟瀏覽器

如下圖所示,請進入網址:https://www.google.com.tw/,進入 Google 搜尋引擎主頁。

圖 264 進入 google 搜尋引擎

如下圖所示,請在進入 Google 搜尋引擎主頁的關鍵字欄位,輸入『netbean』

的關鍵字。

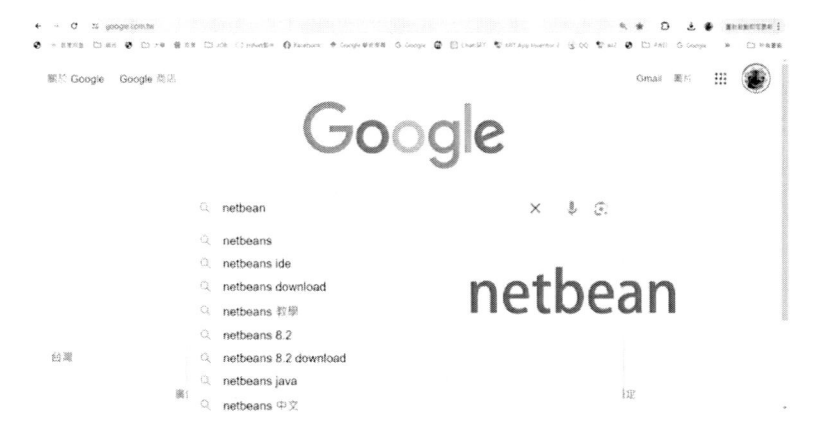

圖 265 輸入搜尋關鍵字

如下圖所示，在 Google 搜尋引擎主頁，搜尋『netbean』的關鍵字後，可以看到許多相關『netbean』的關鍵字的網頁被找到，可以看到下圖中，有『Welcome to Apache NetBeans』的字，點選這個頁面，就可以進入 Welcome to Apache NetBeans 的官網。

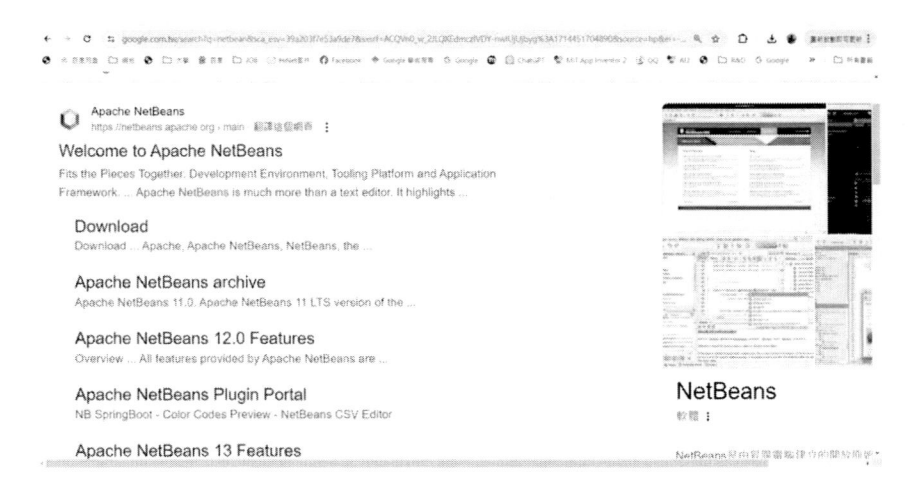

圖 266 找到 netbean 網站

如下圖所示，筆者進入 Apache NetBeans 的官網。

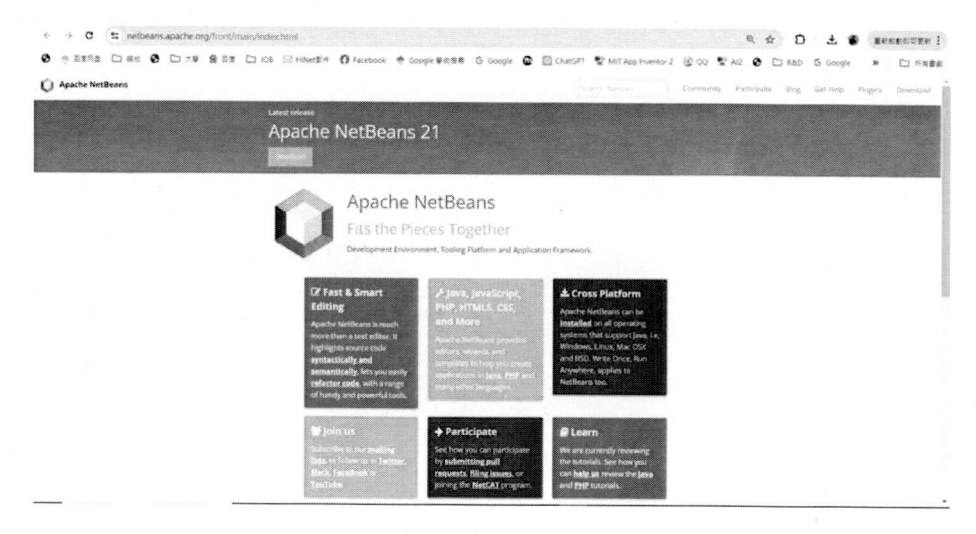

圖 267 Apache NetBeans 官網

如下圖所示，可以在 Apache NetBeans 的官網左上方。看到 Download 的圖示與超連結，請點選 Download 這個超連結，進入下載網頁。

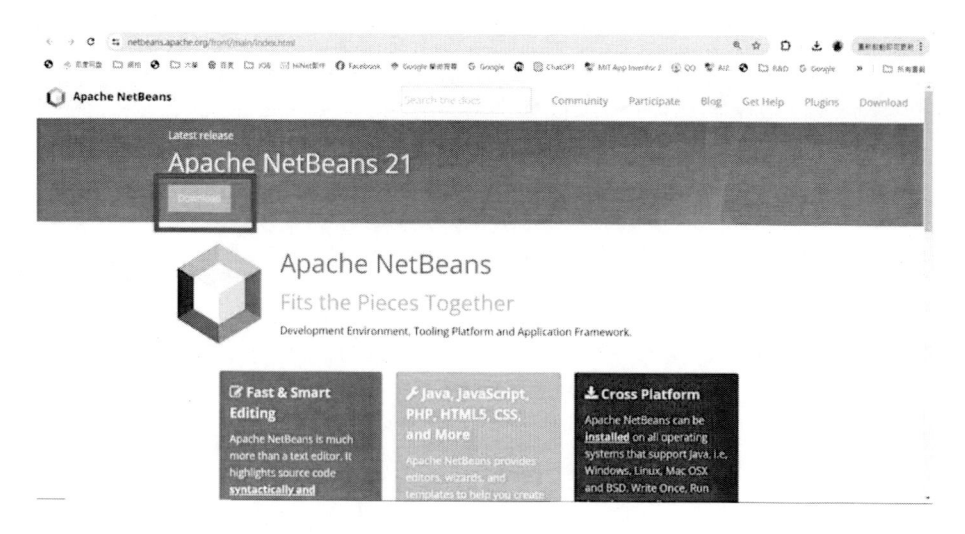

圖 268 點選下載網頁

~ 188 ~

如下圖所示，進入 Apache NetBeans 的官網的下載子頁面中，可以看到下圖紅框處（在右邊上方選項），可以見到 Community Installers 的圖示，請點選 Community Installers 超連結，進入 Community Installers 的子頁面。

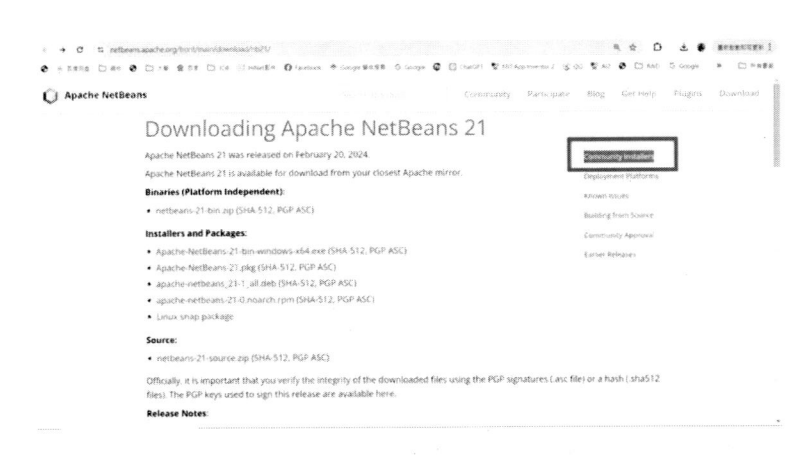

圖 269 選擇 Community Installers

如下圖所示，我們進到 Community Installers 子頁面，Community Installers 介紹的文章段落中。

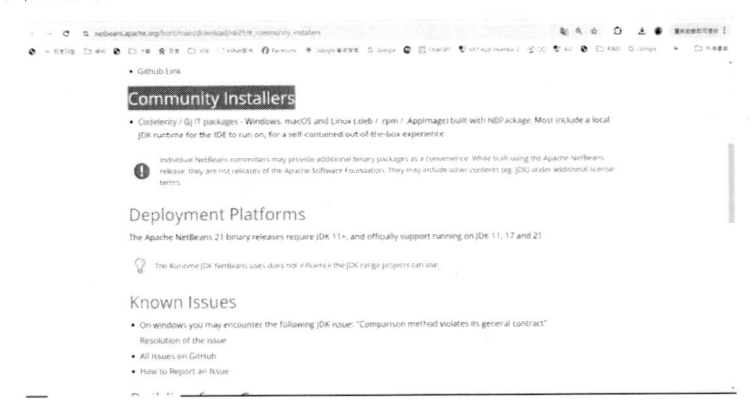

圖 270 Community Installers 頁面

如下圖所示，筆者進到進到 Community Installers 子頁面，Community Installers 介紹的文章段落中，可以看到下圖所示之選取處：

Codelerity / Gj IT packages 文字超連結，請點選

Codelerity / Gj IT packages 之文字超連結，進入下一個網頁。

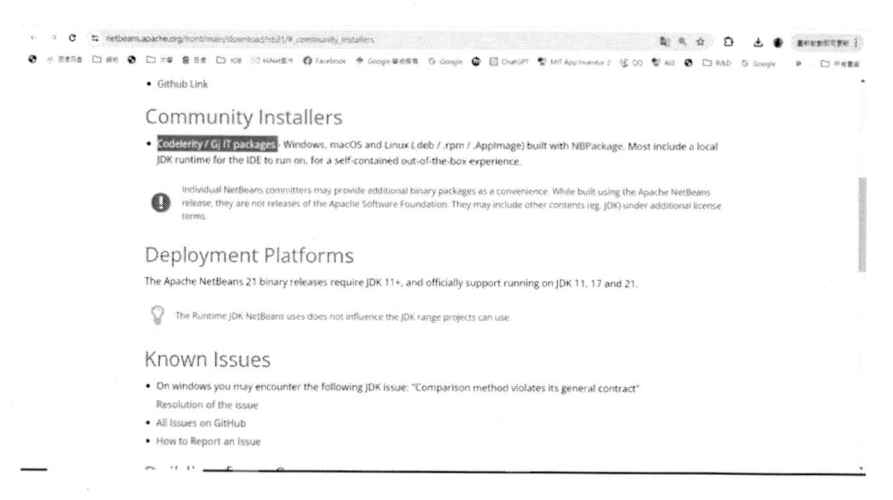

圖 271 選擇 Community Installers 安裝頁面

如下圖所示，筆者進入 Apache NetBeans 21 packages 的子網頁。

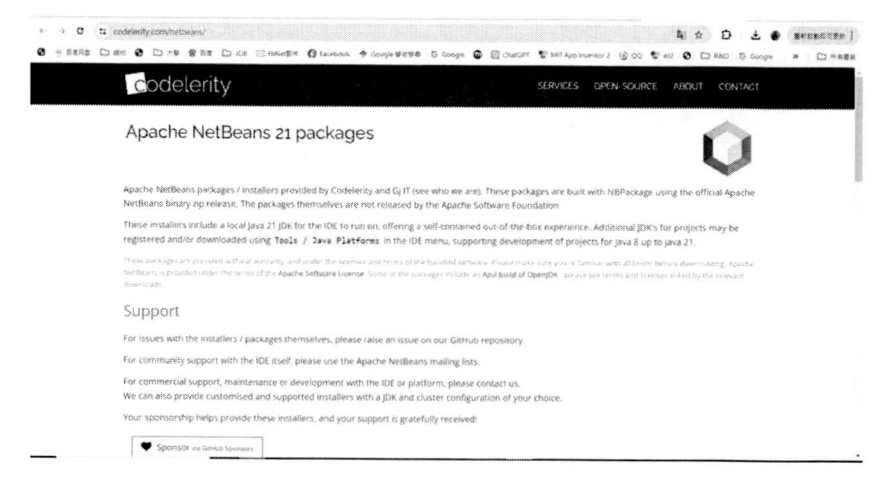

圖 272 Apache NetBeans 21 packages 頁面

～ 190 ～

如下圖所示，請在進入 Apache NetBeans 21 packages 的子網頁中，選擇讀者需要安裝的作業系統與位元數的版本，筆者作業系統是 Windows 作業系統，並且是 64 位元的版本，所以筆者選 Apache NetBeans 21 + JDK 21 (.exe x86_64) 這個選項。

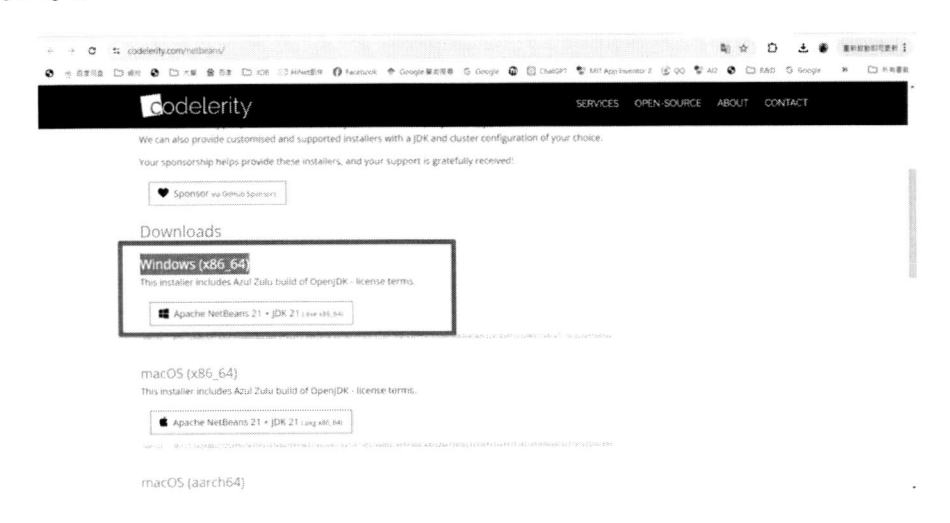

圖 273 選擇下載版本

如下圖紅框處所示，筆者進入網頁：

https://www.codelerity.com/netbeans/，在網頁中筆者點選 Apache NetBeans 21 + JDK 21 (.exe x86_64) 圖示，下載 netbean 的 IDE 安裝包。

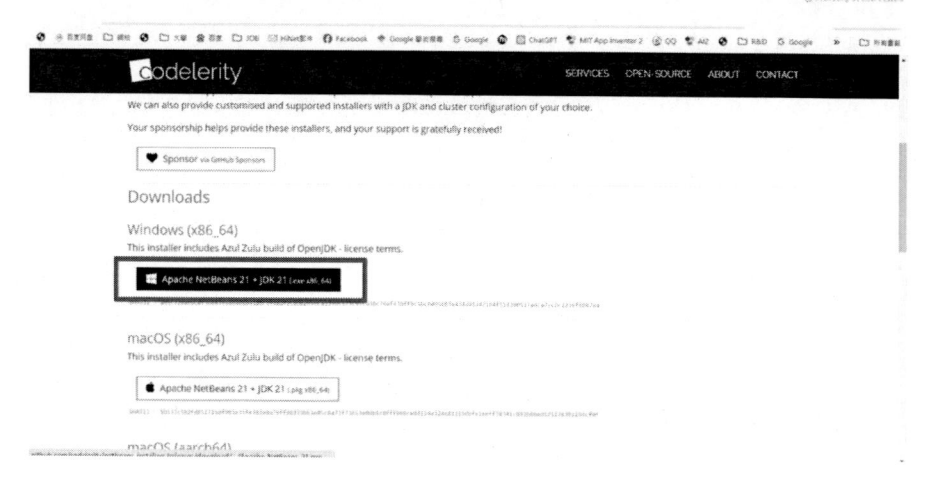

圖 274 下載 NetBeans

如下圖所示，因上圖點選下載 netbean 的 IDE 安裝包後，進行下載後，會出現請使用者選取下載資料夾的對話視窗，通常是預設在該作業系統之下載資料夾。

圖 275 選擇下載路徑

接下來完成下載 netbean 的 IDE 安裝包如後，下圖所示，筆者開啟作業系統之下載資料夾，看到 Apache-NetBeans-21.exe 這個 netbean 的 IDE 安裝包。

~ 192 ~

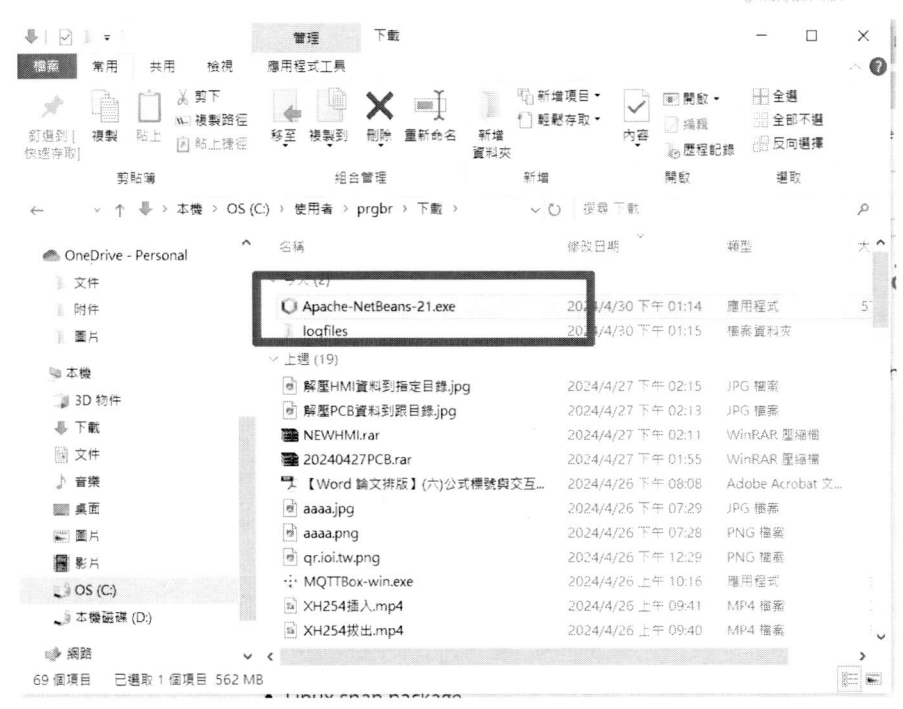

圖 276 開啟下載路徑資料夾

如下圖所示，筆者點選 Apache-NetBeans-21.exe netbean 的 IDE 安裝包後，按下滑鼠右鍵，出現快捷選單，點選 開啟(O) 這個選項，進行 netbean 的 IDE 安裝包的安裝。

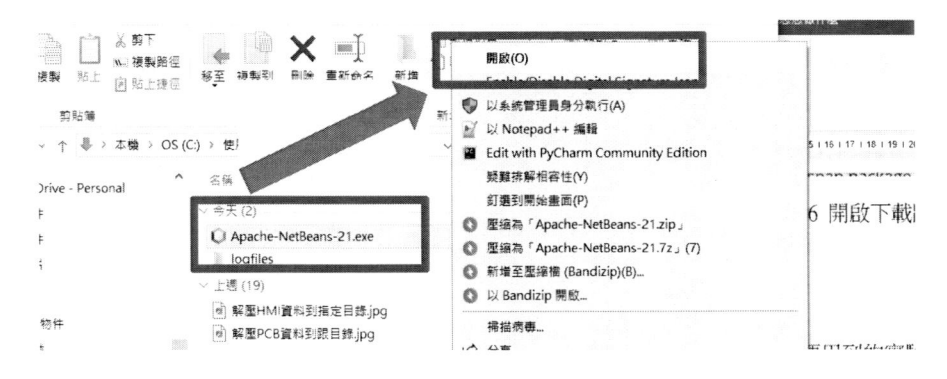

圖 277 開啟下載檔案

~ 193 ~

如下圖所示，進行 netbean 的 IDE 安裝包安裝後，出現 netbean 的 IDE 安裝包的安裝進程畫面。

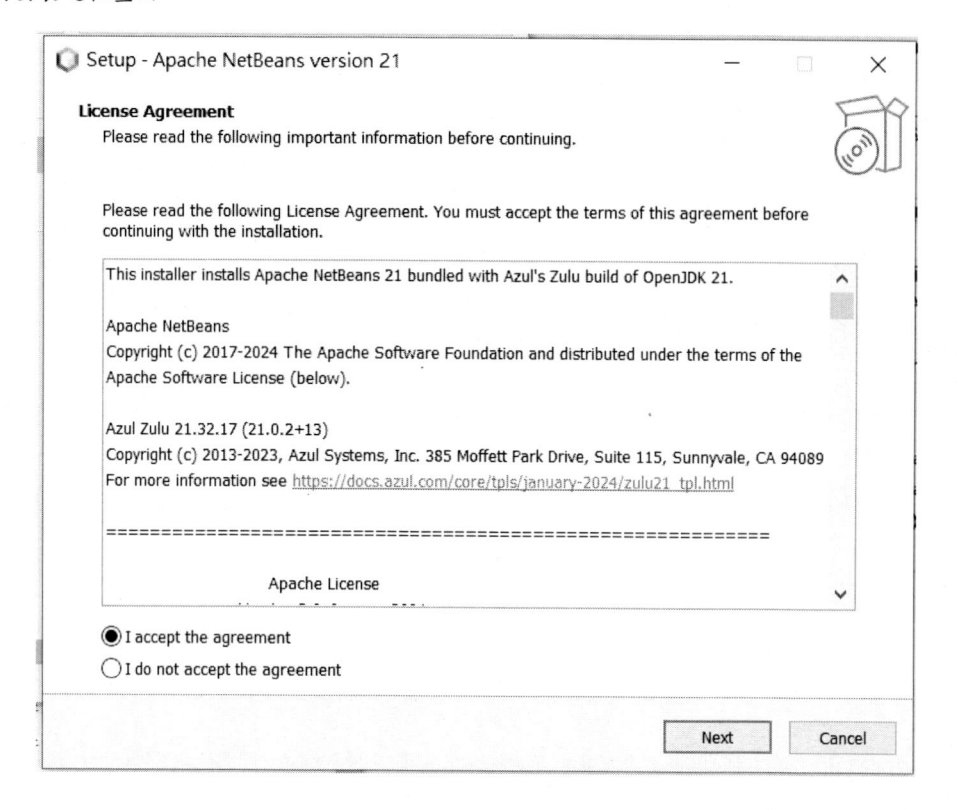

圖 278 開啟安裝

如下圖所示，第一個 netbean 的 IDE 安裝包安裝畫面是要求安裝使用者同意 Apache NetBeans 官網的協議，請點選下圖紅框所示，請點選同意後，再點選 Next 圖示，進行下一步。

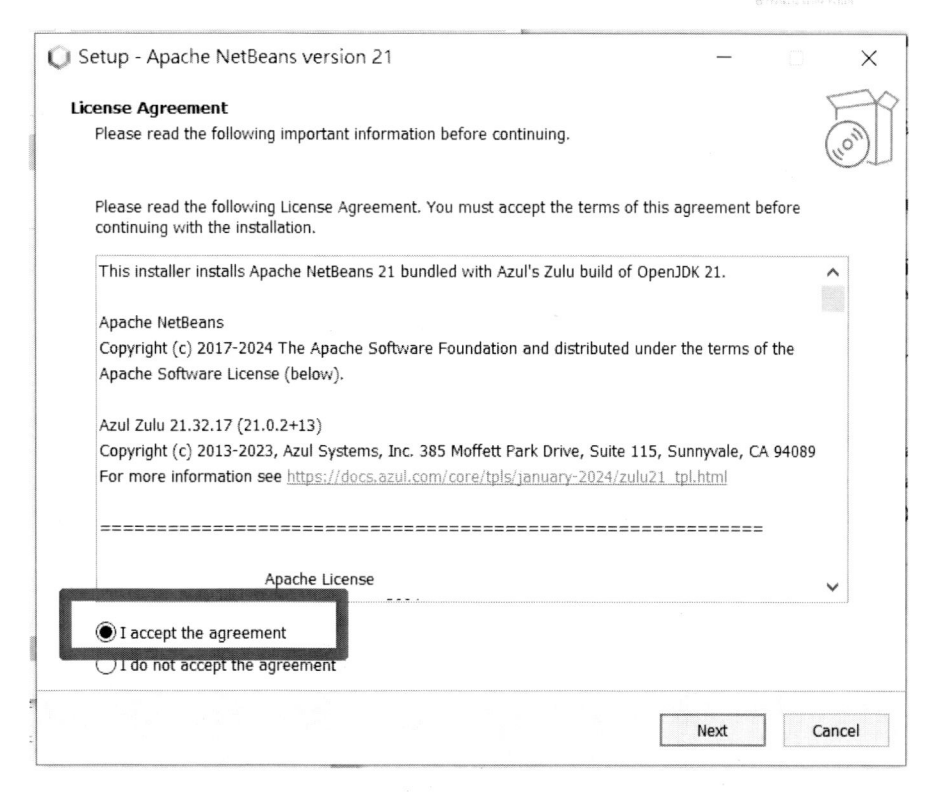

圖 279 同意安裝協議

　　如下圖所示，會出現安裝 Apache NetBeans 的安裝路徑，預設路徑：C:\Program Files\Apache NetBeans，筆者選擇預設路徑：C:\Program Files\Apache NetBeans，不做變更，讀者有需要變更者，請自行變更。

　　完成後載再點選 Next 圖示，進行下一步。

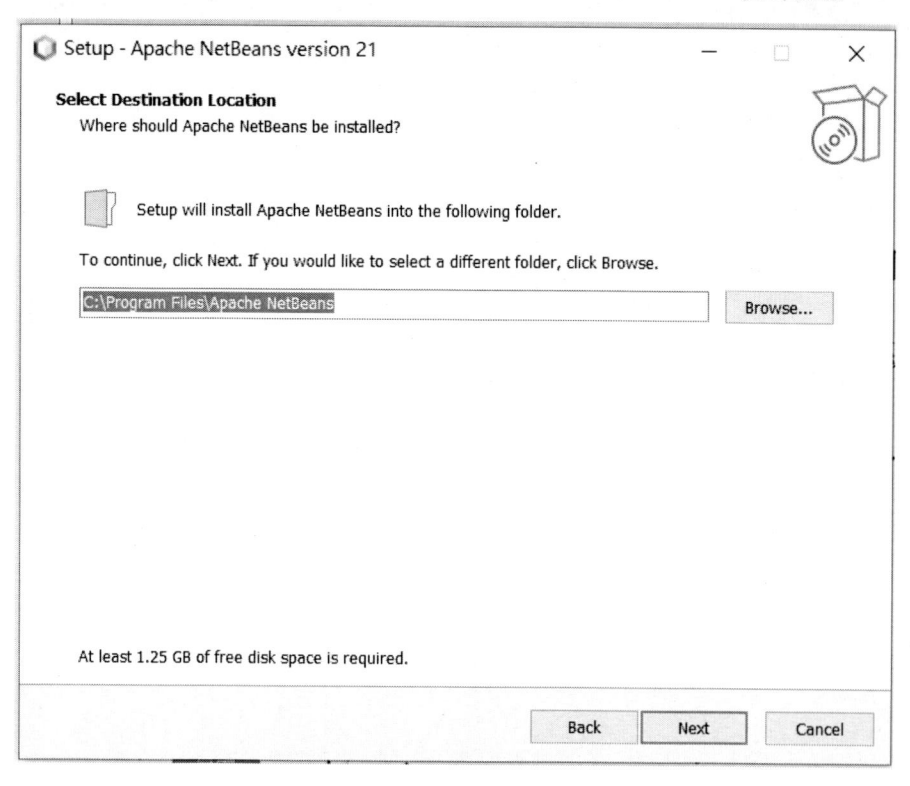

圖 280 設定安裝路徑

如下圖所示，安裝步驟詢問安裝者，是否要增加桌面捷徑

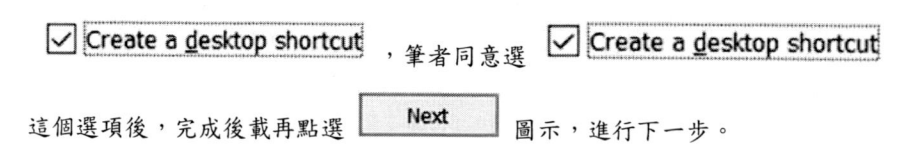

☑ Create a desktop shortcut ，筆者同意選 ☑ Create a desktop shortcut

這個選項後，完成後載再點選 Next 圖示，進行下一步。

~ 196 ~

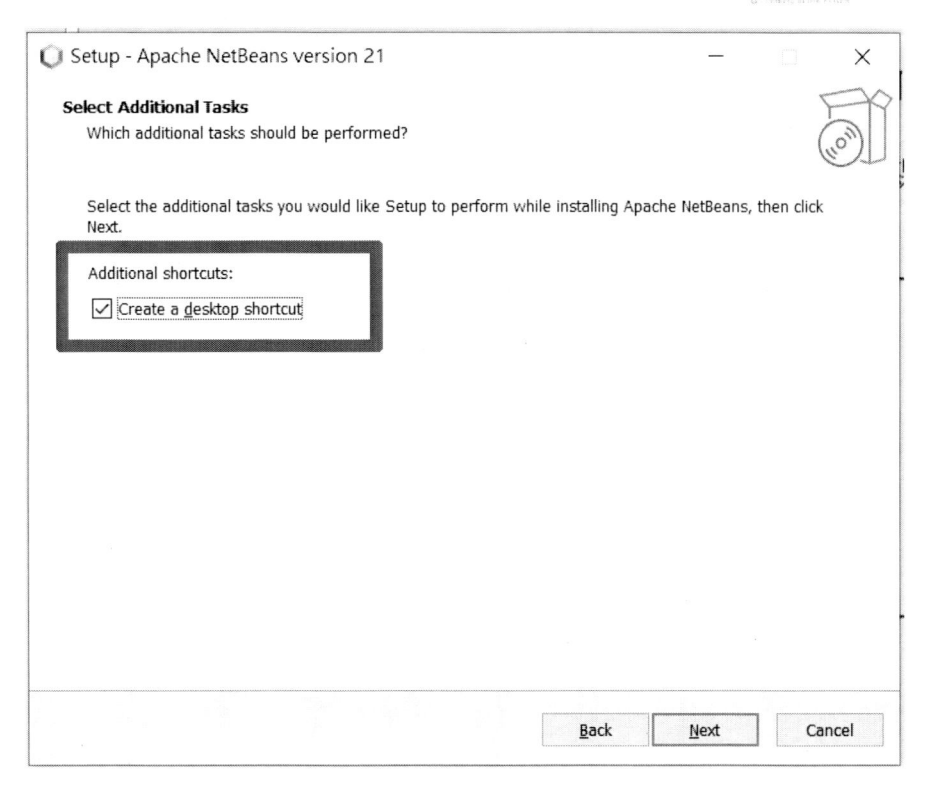

圖 281 同意建立桌面捷徑

　　如下圖所示，安裝進程會進入開始安裝步驟，並且會出現安裝進程的百分比進度條。

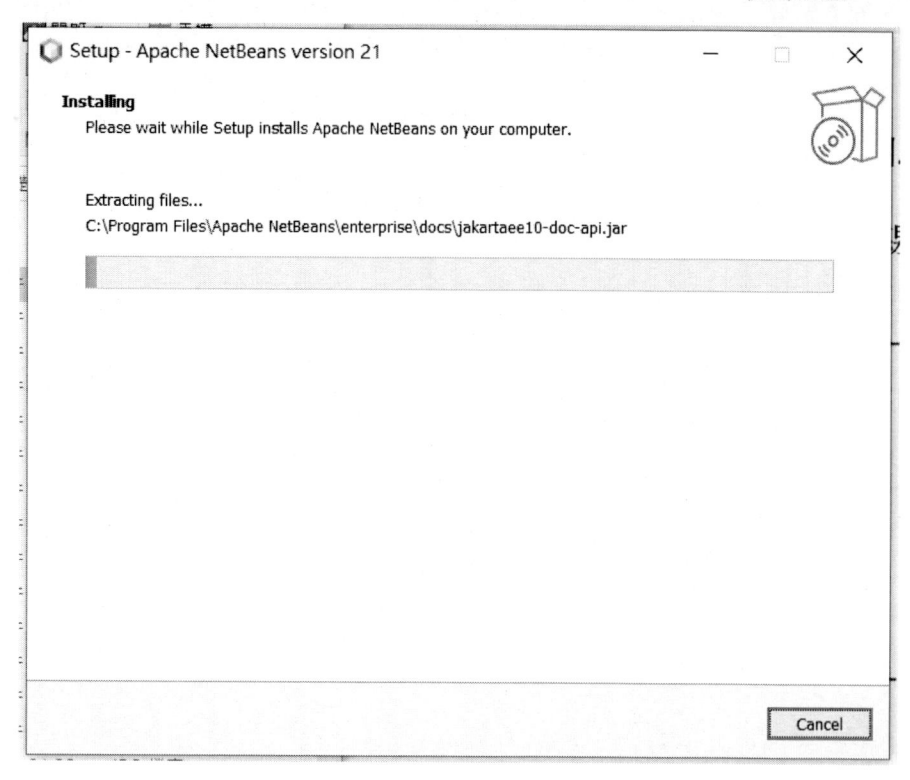

圖 282 開始安裝

如下圖所示，Apache NetBeans ide 安裝完成後，會出現安裝完成的畫面，筆者選擇 Finish 圖示，完成 Apache NetBeans 的安裝步驟。

圖 283 安裝完成

開啟 Apache NetBeans

如下圖所示，筆者執行 Apache NetBeans 後，出現 Apache NetBeans IDE 的 logo 畫面。

圖 284 啟始 Apache NetBeans 的畫面 logo

如下圖所示，我們進入 Apache NetBeans IDE 的主畫面。

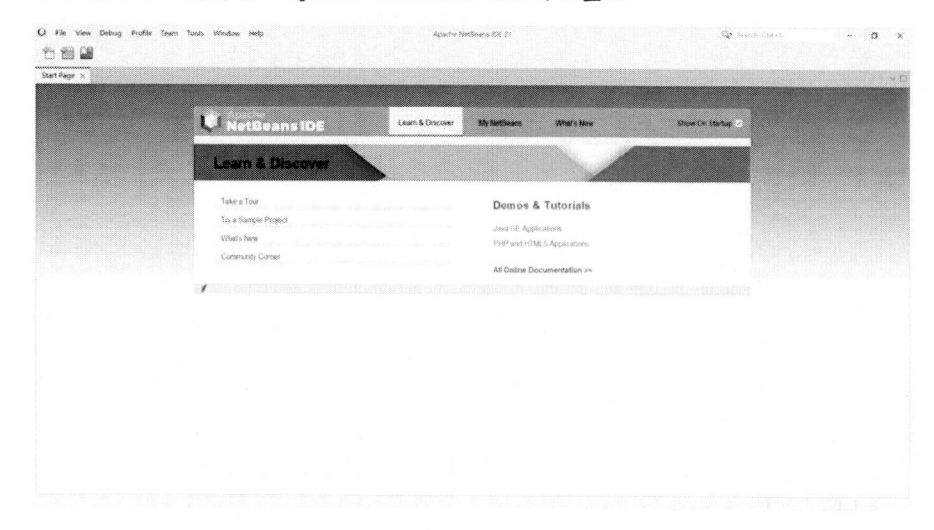

圖 285 Apache NetBeans 初始化畫面

啟動 Apache 伺服器與 MySQL 伺服器

如下圖所示，筆者回到'XAMPP 主控台的控制畫面。

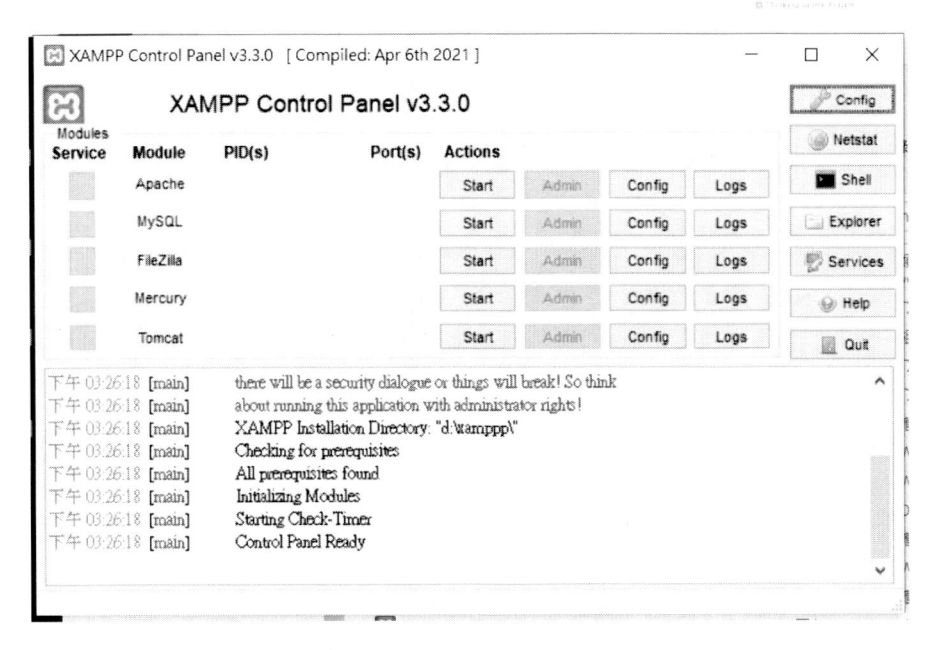

圖 286 回到 XAMPP 主控台

　　如下圖所示，為 Apache 網站伺服器與 MySQL 資料庫伺服器的狀態，其 Apache 與 MySQL 伺服器後面都有 Start 按鈕，只要按下 Start 按鈕，就可以啟動 Start 前方的伺服器服務。

圖 287 選到 APACHE 啟動選項區

　　如下圖所示，為 XAMPP 主控台畫面，如果看到 Apache 網站伺服器與 MySQL 資

料庫伺服器後方 有出現數字，並且本身 的內部字樣也都被綠色底色環繞，代表 Apache 網站伺服器與 MySQL 資料庫伺服器都已啟動，並開已運作。

圖 288 XAMPP 主要服務正確啟動

開啟新專案

如下圖紅框所示，可以先選 FILE(檔案)後，出現選單後，在選 New Project… 這個選項。

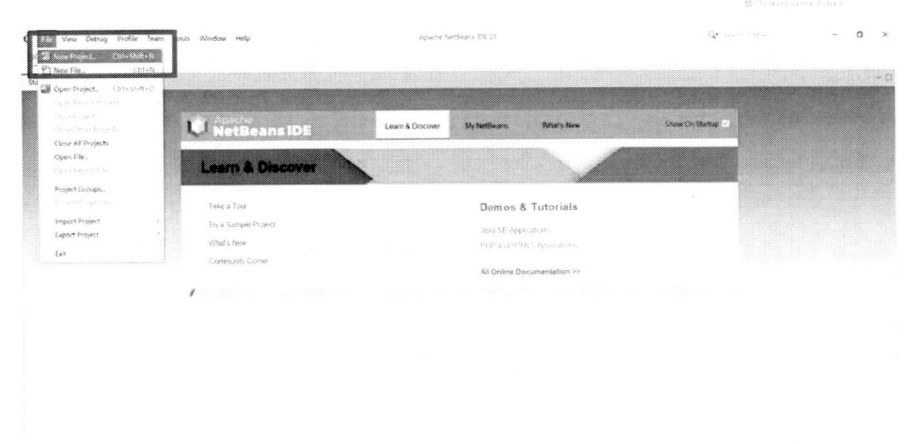

圖 289 開啟新專案

如下圖所示，會出現 New Project 視窗。

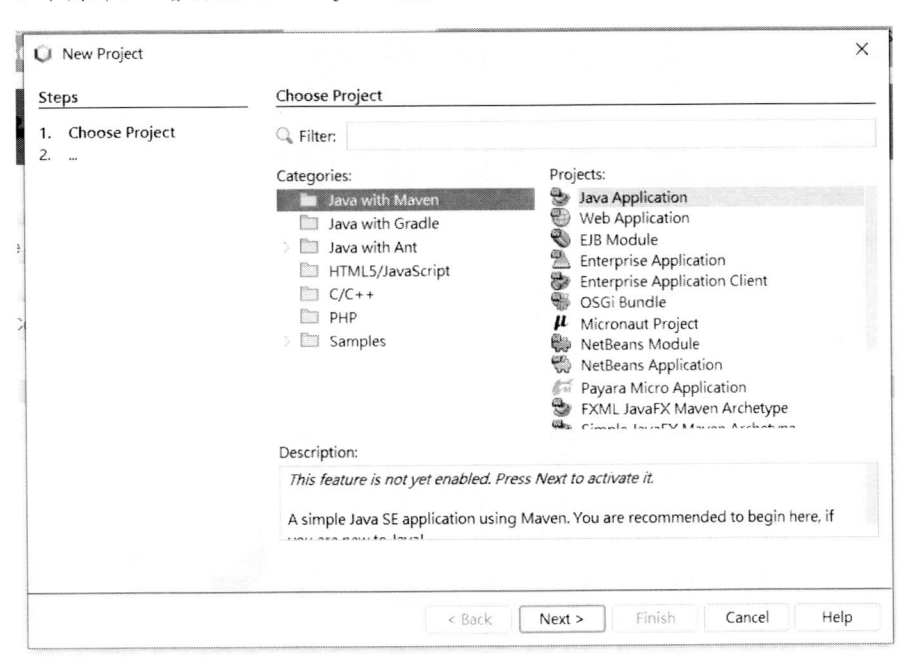

圖 290 新專案畫面

如下圖所示，先選 PHP1 號紅框選項 PHP 後，會出現三個選項，因為上面已有設定好網頁資料夾，筆者在選 2 號，先選 PHP Application with Existing Sources　PHP Application with Existing Sources　，接下來選 3 號 Next　Next > 圖示。

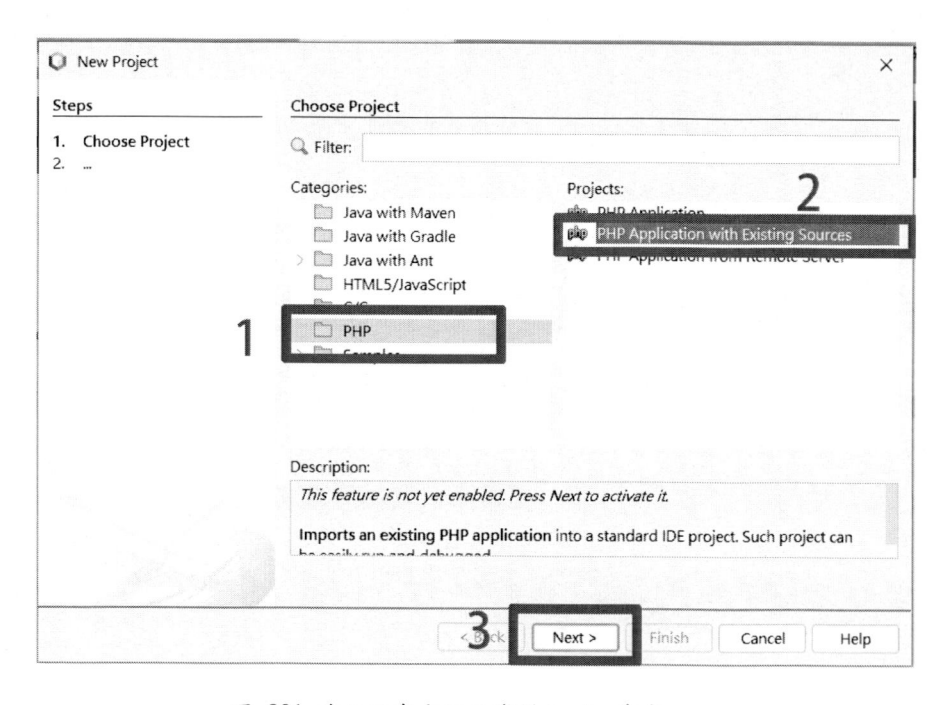

圖 291 建立已存在網站資料之 php 專案

如下圖所示，因為讓 Apache NetBeans IDE 選定 PHP 開發，會先初始化 PHP 開發設定。

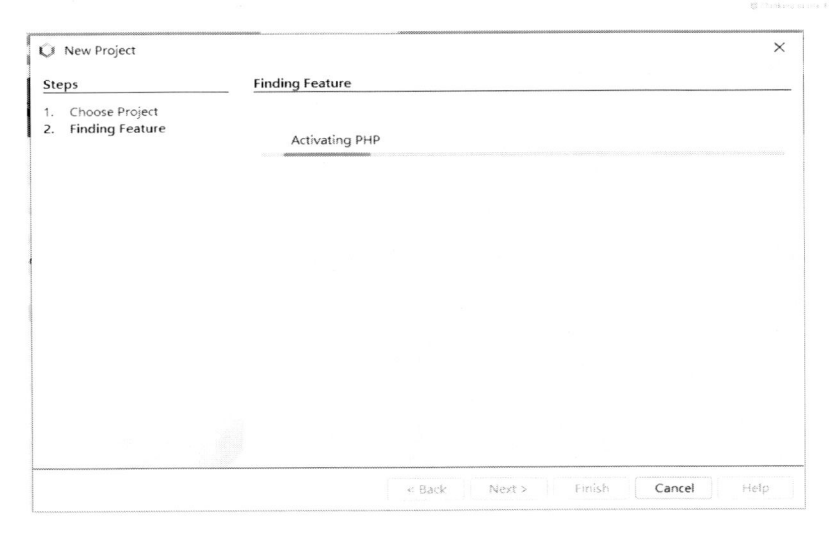

圖 292 初始化 PHP 開發設定

　　如下圖所示，因為讓 Apache NetBeans IDE 選定 PHP 開發，會先初始化 PHP 開發設定，所以會出現 PHP Application with Existing Sources

PHP Application with Existing Sources 的設定畫面選項。

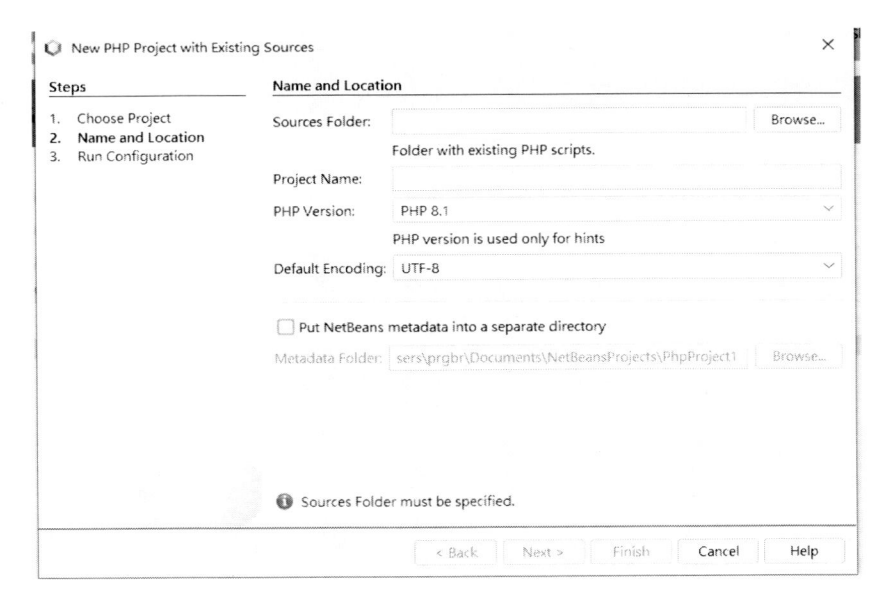

圖 293 開啟 PHP 專案資訊設定畫面

~ 205 ~

如下圖所示，先選下圖紅框處選項，先點 Browse... 選擇瀏覽資料夾，來設定原始檔目錄。

圖 294 選擇原始碼資料夾

如下圖所示，筆者先選 1 號目錄資料夾(D:\xampp\htdocs\bigdata)後，在選 2 號 開啟 圖示。

圖 295 選擇 XAMPP 下的 PHP 原始碼資料夾

如下圖所示，筆者先讓

Sources Folder: _____ ，填入

D:\xampp\htdocs\bigdata 之原始碼資料夾，）後，在選 Next > 圖示。

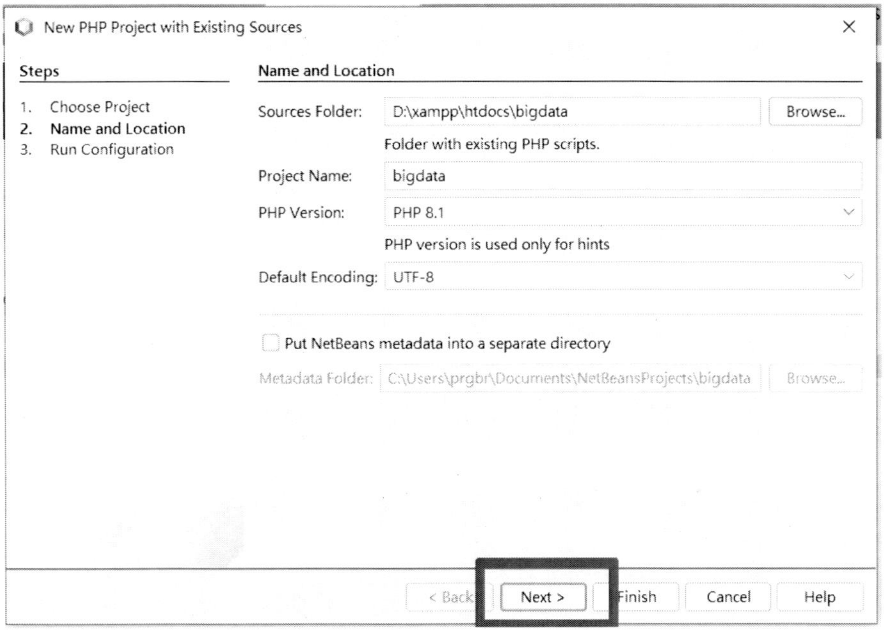

圖 296 填好專案資訊後下一步

如下圖所示，完成 PHP Application with Existing Sources PHP Application with Existing Sources 的設定畫面選項，在選擇

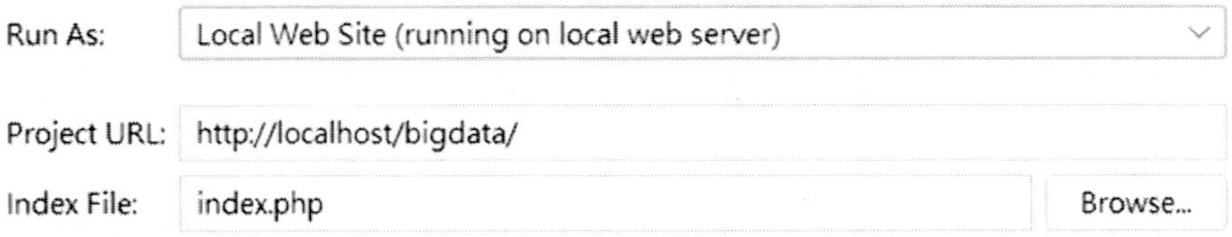

Run As: Local Web Site (running on local web server)
Project URL: http://localhost/bigdata/
Index File: index.php

圖示選項，完成 PHP Application with Existing Sources PHP Application with Existing Sources 的設定。

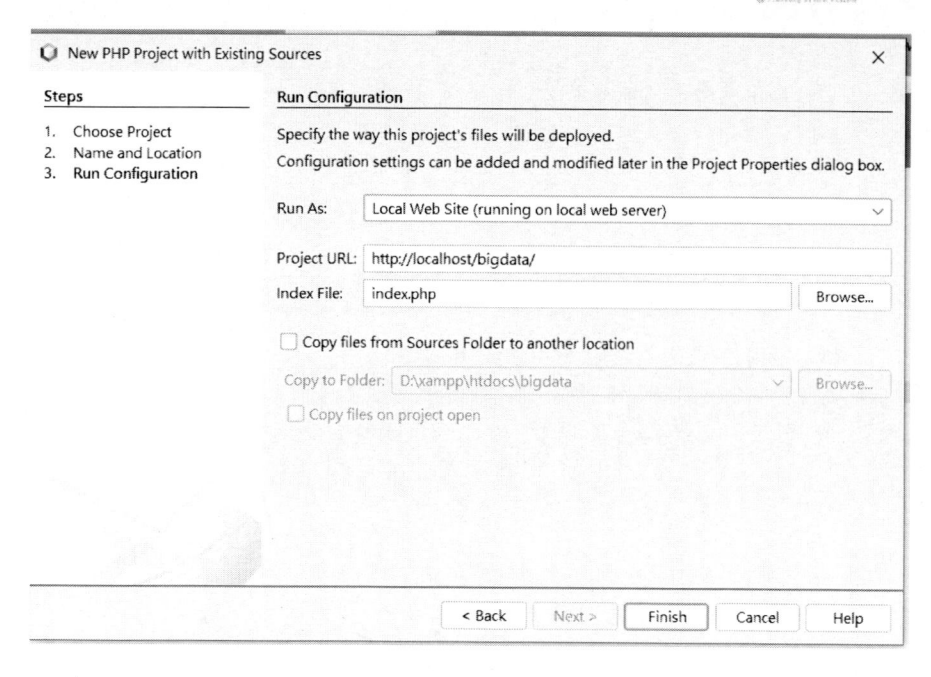

圖 297 編修 APACHE 網站資訊

如下圖所示，完成 PHP Application with Existing Sources PHP Application with Existing Sources 的設定畫面選項(原始碼資料夾：http://localhost:8888/bigdata/)，在選擇 Finish 圖示選項，完成 PHP Application with Existing Sources PHP Application with Existing Sources 的設定。

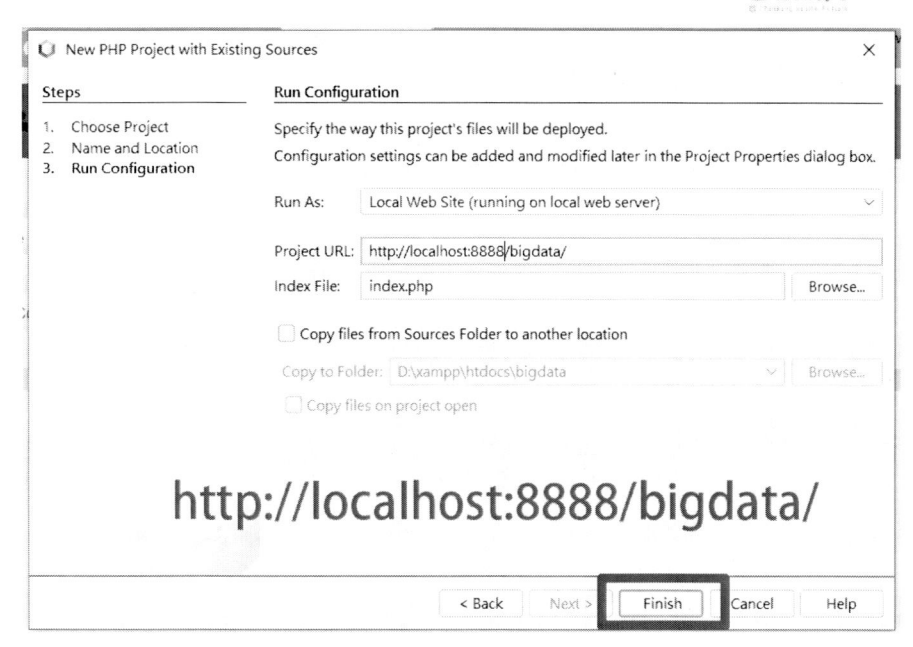

圖 298 修正 APACHE 網站資訊為目前開發環境

如下圖所示，我們進入進入編輯 PHP 編修的主畫面。

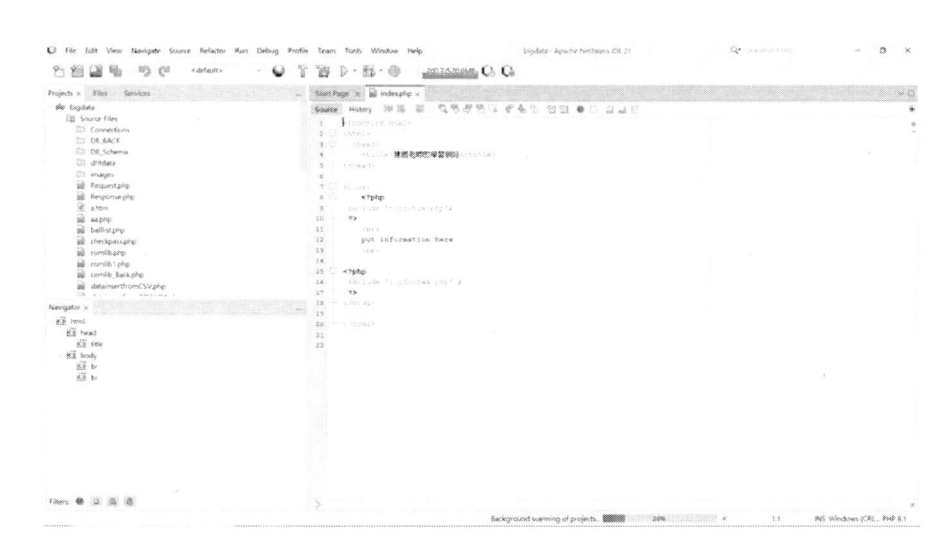

圖 299 進入 PHP 專案編修主畫面

~ 209 ~

主頁編修

如下圖所示，大部分都是雲端主頁面，大部分主頁面都是由：

1. http:// :這是網頁的通訊協定的基本語法，目前許多瀏覽器，如 Chrome 瀏覽器，會在網址列隱蔽『http://』的資訊，下圖所示的 Chrome 瀏覽器的主頁就是如此。

2. localhost 或 127.0.0.1：網頁伺服器的網址，也可以是如 www.hinet.net 的網域名稱，不過大部分網域名稱會透過網域名稱伺服器(DNS Server)進行網域與 IP Address 的轉換。

3. / ：網址或網域名稱後的『/』，但表抓取該網站伺服器的首頁，如『/』後面沒有任何的檔名，則網站伺服器的首頁會自動抓取下列檔名的程式進行解析：

    ■ 網頁或子網頁主程式
       ◆ default.htm
       ◆ default.html
       ◆ index.htm
       ◆ index.html

    ■ 有裝 php 模組(擴充模組)
       ◆ default.php
       ◆ index.php

4. /bigdata/ ：網址或網域名稱後的『/』的非檔案名稱，類似目錄名稱，但是以『/』分開下一階的目錄名稱，下一階的目錄名稱不一定只有一個，可以為很多個，此為網站伺服器之子網頁或子網頁/子網頁/子網頁…. 等之網頁。

   但是最後的『/』後面沒有任何的檔名，則網站伺服器回參考第三項法則，自動會自動抓取下列檔名的程式進行解析：

甲、 網頁或子網頁主程式
  i. default.htm
  ii. default.html
  iii. index.htm
  iv. index.html
乙、 有裝 php 模組(擴充模組)
  i. default.php
  ii. index.php

圖 300 bigdata 的子網頁主頁面

如下圖所示，http://localhost:8888/bigdata/index.php 為本書研究之主頁面。

~ 211 ~

圖 301 有檔名之雲端網站主頁

如下圖所示，我們將 index.php 程式填入下列內容。

表 11 雲端網站主頁程式

```
雲端網站主頁(index.php)
<!DOCTYPE html>
<html>
  <head>
    <!-- 設定網頁的標題 -->
    <title>建國老師的學習網站</title>
  </head>

  <body>
    <!-- 包含外部的 PHP 文件 'toptitle.php'，通常包含網頁的頂部設計元素
-->
    <?php
    include 'toptitle.php';
    ?>

    <!-- 空格行，用於區分不同的網頁區塊 -->
    <br>

    <!-- 這裡可以放置主要內容 -->
```

~ 212 ~

```
    put information here

    <!-- 再次添加空格行,通常用來分隔內容與頁腳 -->
    <br>

    <!-- 包含外部的 PHP 文件 `topfooter.php`,通常包含網頁的底部設計元素
-->
    <?php
    include 'topfooter.php';
    ?>
  </body>
</html>
```

程式下載：https://github.com/brucetsao/CloudingDesign

所有會在 Apache 網頁系統，所有網頁內容，都是由『<html>』與『</html>』這兩個標籤(Tag)所包覆，這些都是網頁的主要內容。

```
<html>
????????
????????
????????
</htm>
```

網頁之中，網站的抬頭，網頁的編碼，等一些瑣碎的設定，包含 javascript 等等都會在這個區街，這是抬頭區，都是由『<head>』與『</head>』這兩個標籤(Tag)所包覆，這些都是網頁抬頭區的主要內容。

```
<head>
  <!-- 設定網頁的標題 -->
  <title>建國老師的學習網站</title>
</head>
```

如下圖所示，網頁都一定有網站的抬頭，如下表所示，都是由『< title >』

~ 213 ~

與『</title>』這兩個標籤(Tag)所包覆，這些都是網頁抬頭的主要內容。

```
建國老師的學習網站    ✕
```

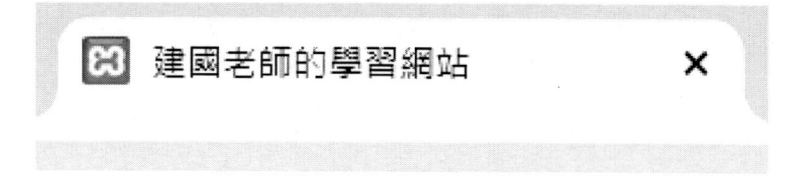

圖 302 網站的抬頭

```
<title>建國老師的學習網站</title>
```

所有會在 Apache 網頁系統，所有網頁內容主體，都是由『<body>』與『</body>』這兩個標籤(Tag)所包覆，這些都是網頁的頁面主要內容的 HTML 內容區。

```
<body>
????????
????????
????????
</body>
```

php 模組解譯程式區段

所有會在 Apache 網頁系統，被 php 模組認識且進行解譯之，第一是其檔案支附屬檔名必須為『php』為主，第二，php 模組會開啟這樣的檔案，開啟檔案內容後，會先掃描，是否有下表所示之『<?php』與『?>』這兩個標籤(Tag)所包覆，php 模組只會針對這兩個標籤內包刮的文字進行 php 程式解譯。

```
<?php
????????
????????
????????
?>
```

~ 214 ~

由於本主頁把頁面抬頭儲存在 toptitle.php 程式之中，所以本文用 <?php ………?>的 php 程式區包括起來，方能使用：include 'toptitle.php';的程式碼，把外部 toptitle.php 程式透過 include 的語法，將整個外部 php 程式至於目前位置的程式區。

```
<?php
include 'toptitle.php';
?>
```

主頁內容保留區

由於目前主頁內容只有『put information here』的簡單字句在網頁中央，主要目前沒有。

```
<br>

<!-- 這裡可以放置主要內容 -->
put information here

<!-- 再次添加空格行，通常用來分隔內容與頁腳 -->
<br>
```

預設網頁抬頭程式區

目前主頁的頁面抬頭，筆者使用『toptitle.php』的程式，崁入在 index.php 在內的『include 'toptitle.php';』語法之內，主要將『toptitle.php』的程式崁入在 index.php 主程式之中，並在<body>下第一列的位置，所以所有的抬頭頁面也會在頁面的上方呈現。。

~ 215 ~

抬頭程式(toptitle.php)
```
<!-- 創建一個寬度為 100%、無邊框的表格 -->
<table width="100%" border="0">
  <!-- 表格只有一行 -->
  <tr>
    <!-- 單個單元格占據 80% 的寬度 -->
    <td width="80%">
      <!-- 在單元格中對內容進行居中對齊 -->
      <div align="center">
        <!-- 在中間顯示圖片，指定寬度和高度 -->
        <img src="/bigdata/images/newtitlelogo.jpg" width="800" height="157" alt="Title Logo" />
      </div>
    </td>
  </tr>
</table>
```

程式下載：https://github.com/brucetsao/CloudingDesign

主要是透過<table>…..</ table>的 HTML 語法表現出無框線，並把如下圖所示之抬頭的圖(newtitlelogo.jpg)，崁入表格之中。

```
<table width="100%" border="0">
表格內容……
</table>
```

國立暨南國際大學
National Chi Nan University
運用物聯網架構之環境監控系統
An Environment Monitor System Based on Internet of Thing Infrastructure

圖 303 預設抬頭圖片

主要是透過<tr><td width="80%">…. 崁入表格如上圖所示之抬頭的圖(newtitlelogo.jpg) </td> </tr>，把圖片崁入表格的第一列第一欄之中。

~ 216 ~

```
<tr><td width="80%">
圖片的內容程式區…..
</td></tr>
```

由於崁入表格如上圖所示之抬頭的圖(newtitlelogo.jpg)需要對其中間，整體畫面表現會更佳，所以用 …崁入表格第一列第一欄如上圖所示之抬頭的圖.. </td></tr>，把圖片崁入表格的第一列第一欄之中後並對其中間。

```
<div align="center">
圖片的內容程式區…..
</div>
```

最後要將崁入表格如上圖所示之抬頭的圖(newtitlelogo.jpg)顯示出來，筆者使用<img src="圖片路徑+圖片全名" width="圖片寬度" height="圖片高度" alt="提示字句">的HTML語法，將如上圖所示之抬頭的圖顯示在第一列第一欄之中。

```
<img src="/bigdata/images/newtitlelogo.jpg" width="800" height="157" alt="Title Logo" />
```

預設網頁頁尾程式區

目前主頁的頁面頁尾，筆者使用『topfooter.php』的程式，崁入在index.php在內的『include 'topfooter.php';』語法之內，主要將『topfooter.php』的程式崁入在index.php主程式之中，並在</body>上一列的位置，所以所有的頁面頁尾也會在該頁面最下方呈現。

```
頁面頁尾程式(topfooter.php)
<!-- 建立一個表格，表格寬度為 98%，無邊框，位於中央對齊 -->
<table width="98%" border="0" align="center" cellpadding="0" cellspacing="0" class="footerBody">
    <!-- 表格只有一行 -->
    <tr>
        <!-- 第一列的唯一單元格 -->
        <!-- 寬度為 100%，左对齐 -->
        <td width="100%" align="left">
            <!-- 在單元格中顯示一个图片 -->
            <img src="/bigdata/images/newfooterlogo.jpg" alt="Footer Logo" />
        </td>
    </tr>
</table>
```

程式下載：https://github.com/brucetsao/CloudingDesign

主要是透過< table border="0" align="center">…..</ table>的 HTML 語法表現出無框線，並把如下圖所示之頁尾的圖(newtitlelogo.jpg)，崁入表格之中，border="0"代表表格沒有寬線顯示在頁面上，並且 align="center" 表示頁尾的表格，會居中於整體頁面的中央。

```
<table width="98%" border="0" align="center" ….>
表格內容……
</table>
```

圖 304 預設頁尾圖片

主要是透過<tr ><td width="100%" align="left">…. 崁入表格如上圖所示之頁尾圖片(newfooterlogo.jpg) </td> </tr>，把圖片崁入表格的第一列第一欄之中，並且透過 width="100%"設定欄位寬度為全部 100%的寬度，align="left" 代

~ 218 ~

表欄位向左靠齊。

```
<tr><td width="100%" align="left">
圖片的內容程式區……
</td></tr>
```

最後要將崁入表格如上圖所示之抬頭的圖(newfooterlogo.jpg)顯示出來，筆者使用<img src="圖片路徑+圖片全名" width="圖片寬度" height="圖片高度" alt="提示字句">的 HTML 語法，將如上圖所示之抬頭的圖顯示在第一列第一欄之中。

```
<img src="/bigdata/images/newfooterlogo.jpg" alt="Footer Logo" />
```

主頁快速變更

對於本章節介紹的主頁，因為簡單，頁頭是用『toptitle.php』，頁尾是用『topfooter.php』。或許只要變更頁頭圖片『newtitlelogo.jpg』，變更頁尾圖片『newfooterlogo.jpg』，就可以快速產生一個不一樣的主頁面。

如下圖所示，只要變更頁頭圖片『newtitlelogo.jpg』的內容，如下二圖所示，變更頁尾圖片『newfooterlogo.jpg』，就可以快速產生如下三圖所示一個不一樣的主頁面

國立暨南國際大學
National Chi Nan University
高雄大學學士專班期末報告系統名稱

圖 305 頁頭圖片

曹永忠 博士　Yung-Chung Tsao Ph.D

700, Kaohsiung University Rd.,
Nanzih District, Kaohsiung 811,
Taiwan, R.O.C.
811726 高雄市楠梓區高雄大學路700號

版權所有 © 2000~2024 All Rights Reserved

圖 306 頁尾圖片

圖 307 些許修改快速產生的新主頁

如上圖所示，新頁面再加上如下圖所示之圖面，在修改 index.php 原來頁中，原來的文字『put information here』，改成如下表所示的程式。

~ 220 ~

圖 308 頁中圖片

```
新頁中有圖片之程式(index.php)
    <div align="center">
    <!-- 這裡可以放置主要內容 -->
    <img src="/t0/images/main.jpg" width = "60%" height = "60%" alt="my Team" />

    <!-- 再次添加空格行，通常用來分隔內容與頁腳 -->
    </div>
```
程式下載：https://github.com/brucetsao/CloudingDesign

由於筆者將主頁面 index.php 拆成頁頭副程式『toptitle.php』、頁尾副程式『topfooter.php』，然透中間的程式只有先放一些文字而已。

只要把中間的程式，加上上表所示的內容，很快一個相似原主頁，但是內容不一樣的新主頁，如下圖所示的新主頁不用幾分鐘，就可以快速修正出來，這是筆者把主程式 index.php 模組化的技巧所致。

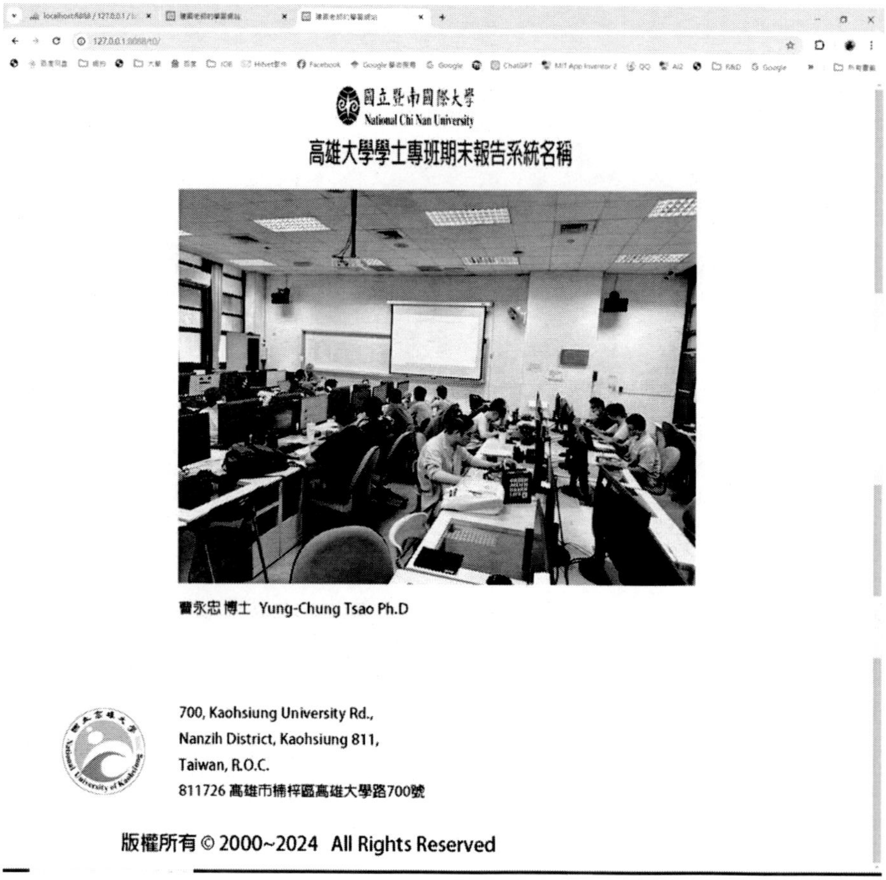

圖 309 快速產生的新主頁

主頁模組化介紹

頁首頁尾模組化介紹

對於本章節介紹的主頁，因為簡單，頁頭是用『toptitle.php』，頁尾是用『topfooter.php』。或許只要變更頁頭圖片『newtitlelogo.jpg』，變更頁尾圖片『newfooterlogo.jpg』，就可以快速產生一個不一樣的主頁面。

如下圖所示，只要變更頁頭圖片『newtitlelogo.jpg』的內容，如下二圖所示，變更頁尾圖片『newfooterlogo.jpg』，就可以快速產生如下三圖所示一個不一樣的主頁面

圖 310 頁頭圖片

圖 311 頁尾圖片

圖 312 模組化快速產生的新主頁

使用共用模組新函函式進行模組化

許多的網頁設計，對於主頁與子頁面，如下圖所示，其頁面抬頭名稱會有可能一致化的設計風格，由於只要在每頁頁面的<title>建國老師的學習網站</title>，其<title>標籤內的文字就可以改變下圖所示之頁面抬頭名稱，但是如果一致化，我們會使用函式的方式來統一標準化。

圖 313 原始網頁抬頭名稱

所以筆者在共用模組『comlib.php』程式中，加入『systemtitle()』的函式，如下表所示之 systemtitle()函式，用變數『$tt』來儲存抬頭名稱的內容：如"曹永忠老師的學習網站(New 教學網站)"，函式結束前，用『echo』的網頁回應指令，將變數『$tt』，亦是抬頭名稱的內容，回傳到網頁上，或許可以快速產生<title>建國老師的學習網站</title>裡面的文字內容。

```
共用模組(comlib.php)
//取得統一抬頭
function systemtitle()
{
    $tt = "曹永忠老師的學習網站(New 教學網站)" ;
    echo $tt ;
}
```

程式下載：https://github.com/brucetsao/CloudingDesign

修改主頁內容進行模組化

筆者在上節中已將共用模組『comlib.php』程式中，加入『systemtitle()』的函式，接下來就必須修正要應用 systemtitle()函式的程式，筆者用『index.php』解釋，如下表所示之 index.php，筆者加入了共用模組『comlib.php』程式的引用，並在<title>…網頁標題…</title>裡面的文字內容，加入 php 程式來使用 systemtitle()函式的程式。

```
共用模組(index.php)
<!DOCTYPE html>
<?php
    // 包含 'comlib.php' 文件,這個檔案包含了一些共用的 PHP 函數
    include("comlib.php");
?>
<html>
   <head>
     <!-- 設定網頁的標題,使用 'systemtitle' 函數動態生成標題 -->
     <title><?php systemtitle(); ?></title>
   </head>

   <body>
     <!-- 包含外部的 PHP 文件 'toptitle.php',通常包含網頁的頂部設計元素 -->
     <?php
     include 'toptitle.php';
     ?>

     <!-- 空格行,用於區分不同的網頁區塊 -->
     <br>
     <div align="center">
     <!-- 這裡可以放置主要內容,例如顯示圖片 -->
       <img src="/t0/images/main.jpg" width = "60%" height = "60%"
```

```
    alt="my Team" />

      <!-- 再次添加空格行,通常用來分隔內容與頁腳 -->
      </div>

      <!-- 包含外部的 PHP 文件 'topfooter.php',通常包含網頁的底部
設計元素 -->
      <?php
      include 'topfooter.php';
      ?>
   </body>
</html>
```
程式下載：https://github.com/brucetsao/CloudingDesign

如上表所示，筆者在 index.php，在<html>標籤之前，加入了下表所示之 php 程式標籤<?php …….?>將引用了共用模組『comlib.php』程式。

```
<?php
    include("comlib.php");
?>
```

如上表所示，筆者引用了共用模組『comlib.php』程式，就可以在下面所有 php 程式區使用『systemtitle();』來產生抬頭文字了。

但是要在<title>…網頁標題…</title>裡面的文字內容，加入 php 程式來使用 systemtitle()函式的程式，由於<title>…網頁標題…</title>並不是 php 的程式，所以無法使用 systemtitle()函式的程式，所以必須在<title>…網頁標題…</title>產生 php 程式標籤<?php …….?>，在程式標籤內，方能使用 systemtitle()函式的程式，所以筆者將<title>*修改成使用 php 程式語法區*</title>，如下表所示，修正為<title>*<?php systemtitle(); ?>*</title>，而 <?php systemtitle(); ?>就會在網頁上產生變數『$tt』來儲存抬頭名稱的內容：如"曹永忠老師的學習網站(New 教學網站)"的內容。

~ 226 ~

```
<head>
    <!-- 設定網頁的標題，使用 'systemtitle' 函數動態生成標題 -->
    <title><?php systemtitle(); ?></title>
</head>
```

如下圖所示，使用新程式 index.php 之後，其抬頭就變成曹永忠老師的學習網站(New 教學網站)。

圖 314 模組化程式後產生一致性網頁抬頭名稱

如下圖所示，筆者在下圖紅色圓框上按下滑鼠右鍵，呼叫出快速功能列表單，出現下圖所示紅色矩形框，可以看到『檢查網頁原始碼』，就可以查看 index.php 最後的 HTML 語法的網頁內容了。

圖 315 網頁查看原始碼

如上圖所示，筆者在下圖紅色圓框上按下滑鼠右鍵，呼叫出快速功能列表單，出現下圖所示紅色矩形框，可以看到『檢查網頁原始碼』，就可以再下圖所示之 index.php，查看 HTML 語法的網頁內容，我們可以看到原來的程式:『<title><?php systemtitle(); ?></title>』，已經被網頁的 php 模組，解譯之後變成:『<title>曹永忠老師的學習網站(New 教學網站)</title>』的內容了。

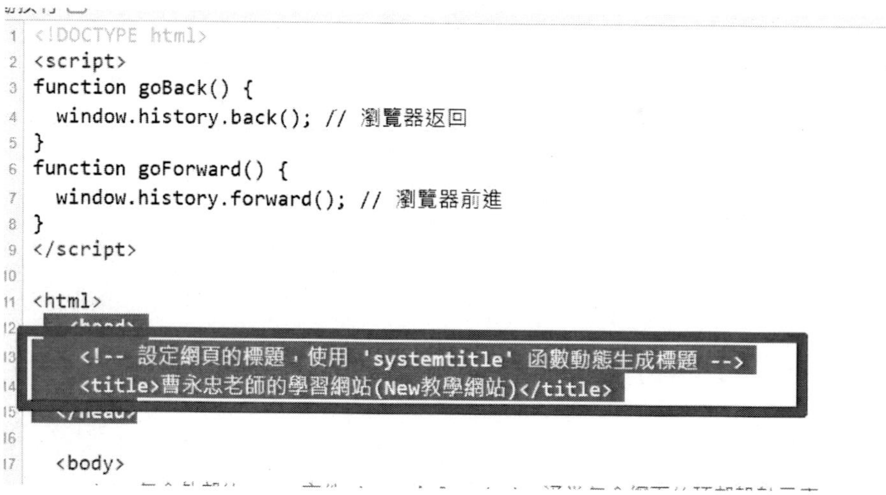

圖 316 使用函式產生之網頁抬頭文字

溫溼度裝置彙總表程式

如下圖所示，筆者為了設計出讓使用者可以了解，目前溫溼度感測資料大約有多少筆，多少裝置與每一個裝置有多少筆，由於每一個裝置是由 MAC 欄位所控制與辨識，所以筆者在『bigdata/dhtdata/dhtlist.php』設計一個『dhtlist.php』的 php 程式，來顯示目前有多少 MAC 裝置與筆數。

~ 228 ~

圖 317 溫溼度感測器群組化主頁

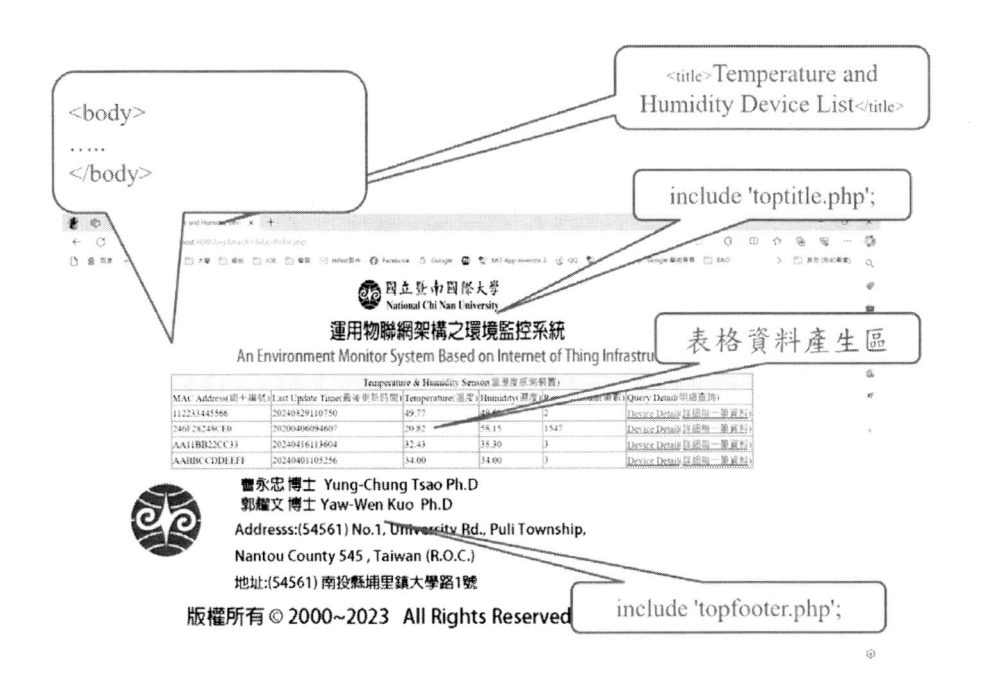

圖 318 溫溼度裝置彙總表程式畫面結構圖

如上圖所示，整體畫面結構如圖所示，轉成對應的細部程式，如下表所示，為溫溼度裝置彙總表程式，其程式位置在 bigdata/dhtdata/dhtlist.php，可

~ 229 ~

以看到該程式內容如下表所示。

溫溼度裝置彙總表程式(bigdata/dhtdata/dhtlist.php)
| ```php
<?php
/*
 這段程式碼顯示了一個頁面，列出了溫溼度感測器的 MAC 地址、溫度、濕度、最後更新時間等信息。
* SQL 查詢從 big.dhtdata 資料表中獲取數據，
* 然後在 HTML 表格中顯示這些信息。超連結提供了查看特定裝置詳細資料的途徑。
* 表格內含標題欄和資料行，並使用 PHP 的 sprintf 函數進行格式化。
*/
// 啟動 PHP 會話，確保在連線和查詢資料庫前正確初始化
session_start();

// 引入外部檔案，這些檔案包含資料庫連接和其他功能
include("../comlib.php");          // 通用函數庫
include("../Connections/iotcnn.php"); // 資料庫連接參數

// 建立與資料庫的連接
$link = Connection(); // Connection 是在 iotcnn.php 中定義的連接函數

// 格式化表格每一行的模板
$subrow = "<tr><td>%s</td><td>%s</td><td>%4.2f</td><td>%4.2f</td><td>%d</td><td>%s</td></tr>";

// 格式化超連結的模板，用於查詢特定 MAC 地址的詳細資料
$op1 = "<a href='listforMAC.php?MAC=%s'>Device Detail(詳細每一筆資料)</a>";

// SQL 查詢字串，用於按 MAC 地址分組並查詢溫溼度和其他資訊
$qrystr = "SELECT MAC, avg(temperature) as temperature, avg(humidity) as humidity, max(systime) as systime, count(*) as count FROM big.dhtdata WHERE 1 group by MAC order by MAC asc";
``` |
```

```php
// 建立空陣列，用於儲存查詢結果
$d01 = array();  // 用於儲存 MAC 地址
$d02 = array();  // 用於儲存最後更新時間
$d03 = array();  // 用於儲存溫度
$d04 = array();  // 用於儲存濕度
$d05 = array();  // 用於儲存記錄筆數

// 執行 SQL 查詢
$result = mysqli_query($link, $qrystr);

if ($result !== FALSE) {  // 如果查詢成功，開始處理結果
    // 逐行遍歷查詢結果
    while ($row = mysqli_fetch_array($result)) {
        // 將查詢結果添加到各個陣列中
        array_push($d01, $row["MAC"]);
        array_push($d02, $row["systime"]);
        array_push($d03, $row["temperature"]);
        array_push($d04, $row["humidity"]);
        array_push($d05, $row["count"]);
    }
}

// 釋放查詢結果
mysqli_free_result($result);

// 關閉資料庫連接
mysqli_close($link);
?>

<!DOCTYPE html PUBLIC "-//W3C//DTD XHTML 1.0 Frameset//EN"
 "http://www.w3.org/TR/xhtml1/DTD/xhtml1-frameset.dtd">
<html xmlns="http://www.w3.org/1999/xhtml">
<head>
    <meta http-equiv="Content-Type" content="text/html; charset=utf-8" />
    <title>Temperature and Humidity Device List</title>
    <link href="webcss.css" rel="stylesheet" type="text/css" />
<!-- 加載 CSS 樣式 -->
```

```php
</head>
<body>
    <!-- 包含網頁的標題內容 -->
    <?php include("../toptitle.php"); ?>

    <div align="center"> <!-- 居中對齊 -->
        <table border="1" align="center" cellspacing="1" cellpadding="1"> <!-- 建立表格 -->
            <tr bgcolor="#CFC"> <!-- 標題行，帶有背景色 -->
                <td colspan='6'><div align='center'>Temperature & Humidity Sensor(溫溼度感測裝置)</div></td> <!-- 合併六個單元格 -->
            </tr>
            <tr> <!-- 表格的標題欄 -->
                <td>MAC Address(網卡編號)</td>
                <td>Last Update Time(最後更新時間)</td>
                <td>Temperature(溫度)</td>
                <td>Humidity(濕度)</td>
                <td>Records Count(筆數)</td>
                <td>Query Detail(明細查詢)</td> <!-- 顯示細節的連結 -->
            </tr>

            <?php
            if (count($d01) > 0) { // 如果有數據
                // 使用 for 迴圈遍歷陣列
                for ($i = 0; $i < count($d01); $i++) {
                    $op1a = sprintf($op1, $d01[$i]); // 生成每行的詳細資料連結
                    echo sprintf($subrow, $d01[$i], $d02[$i], $d03[$i], $d04[$i], $d05[$i], $op1a);
                    // 使用格式化字串顯示每行的內容
                }
            }
            ?>
        </table>
    </div>
```

```
<!-- 包含網頁的頁尾內容 -->
<?php include("../topfooter.php"); ?>
</body>
</html>
```

程式下載：https://github.com/brucetsao/CloudingDesign

細部程式解說

　　如果在程式之中要使用 PHP session，就必須在操作之前以 session_start() 啟動頁面的 session 功能。

　　然而要注意的是，session_start()只能讓單隻的 php 程式可以運用，如果每隻 PHP 檔案要使用 session 功能，都要在每一隻程式開始之前加上 session_start()，才可以讓session 變數可以開始運作。

```
session_start();
```

包含共用函式

　　由於本程式會用到許多常用的函式，而這些函式筆者都是攥寫『comlib.php』的共用函式程式之中，所以必須要用『include("../comlib.php");』來將這些函式包含在程式之中。

```
// 引入外部檔案，這些檔案包含資料庫連接和其他功能
include("../comlib.php");         // 通用函數庫
```

　　由於所有的讀、寫、查詢等 php 程式，都必須要連接資料庫，所以筆者將連接資料庫設定一個 Connection() 的函式來提供所有程式，並存放在 Connections/iotcnn.php 下，所以我們使用 include("../Connections/iotcnn.php"); ，便可以將整隻資料庫連線程式包含進來。

而如何呼叫資料庫連線程式，筆者使用函數宣告，宣告一個 Connection() 的函式來提供所有連線資料庫的物件，而在宣告該函式，只要在『{』與『}』這兩個大括號符號內所包覆程式，皆是 Connection() 的函式該實際執行的內容。

```
include("../Connections/iotcnn.php");        //使用資料庫的呼叫
程式
```

建立連線資料庫

上面說到，我們使用 include("../Connections/iotcnn.php");，便可以將整隻資料庫連線程式包含進來，便可以使用函數宣告:Connection() 的函式來提供所有連線資料庫的物件。

所以筆者使用『$link=Connection();』用變數『$link』來呼叫 Connection() 的函式，取得資料庫連線。

```
$link=Connection();        //產生 mySQL 連線物件
```

表格資料變數準備區

由於本頁面資料呈現，主要透過表格方式來成呈現資料，筆者使用 sprintff 的格式化字串，sprintf 原來是 C 語言中的一個函數，目前 php 語言亦採用其強大的功能，用來格式化並將結果存儲在指定的字符串緩衝區中。格式化字串中的特定字符和符號會指示如何程式後續處理參數以及它們的顯示格式。

以下是一些關鍵點和常見的格式化指令：

- %d：整數（十進制）。
- %u：無符號整數（十進制）。
- %f：浮點數。

- %s：字符串。

- %c：單個字符。

- %x 或 %X：十六進制整數。

- %o：八進制整數。

- %p：指標或地址。

- %g：最簡潔的方式表現浮點數，可能是科學記數法或常規格式。

- %e 或 %E：科學記數法的浮點數。

- %%：百分比符號

如下圖所示，為顯示資料之每列格式，每列都有六個欄位，第一個欄位為文字(%s)，第二個欄位為文字(%s)，第三個欄位為浮點數(%4.2f)，第四個欄位為浮點數(%4.2f)，第五個欄位為整數(%d)，第六個欄位為文字(%s)。

112233445566	20240329110750	49.77	49.50	2	Device Detail(詳細每一筆資料)
246F28248CE0	20200406094607	20.82	58.15	1547	Device Detail(詳細每一筆資料)
AA11BB22CC33	20240416113604	32.43	38.30	3	Device Detail(詳細每一筆資料)
AABBCCDDEEFF	20240401105256	34.00	34.00	3	Device Detail(詳細每一筆資料)

圖 319 顯示資料列

由上圖與解說之中，每列都有六個欄位，第一個欄位為文字(%s)，第二個欄位為文字(%s)，第三個欄位為浮點數(%4.2f)，第四個欄位為浮點數(%4.2f)，第五個欄位為整數(%d)，第六個欄位為文字(%s)，所以先用<tr>…..</tr>將所有欄位包含在此列之中，在使用六個<td>…..</td>將六個欄位，包含在<tr>…..</tr>之中，所以透過上圖與解說，把各個欄位<td>…..</td>之間的格式化字串置入其中，為下表所示之格式化字串，並將此字串存入『$subrow』變數之中。

```
// 格式化表格每一行的模板
```

```
$subrow =
"<tr><td>%s</td><td>%s</td><td>%4.2f</td><td>%4.2f</td><td>%d</td><td>%s</td></tr>";
```

明細查詢超連結準備區

如下圖所示，第六個欄位為文字(%s)，並且顯示文字後，還會產生超連結，由每一列連結到明細顯示程式，但是該程式顯示不同的資料，乃透過 MAC(裝置網路卡編號)來查詢所有程式，所以必須在產生每一列資料時，會產生 MAC 欄位時，將 MAC 欄位的資料也帶入顯示文字與超連結程式的參數內容區。

Query Detail(明細查詢)
Device Detail(詳細每一筆資料)
Device Detail(詳細每一筆資料)
Device Detail(詳細每一筆資料)
Device Detail(詳細每一筆資料)

圖 320 明細超連結欄位區

由上圖與解說之中，我們使用<a href="超連結程式">顯示文字</a>的 HTML 標籤來設定，所以筆者寫了『listforMAC.php』來當為查詢細部資料的程式。

而為了『listforMAC.php』查詢細部資料的程式需要了解查詢哪一個裝置，必須傳入 MAC='裝置網路卡編號' 等資訊，所以使用『listforMAC.php?MAC=%s』，傳入『MAC』的參數，來提供後續『listforMAC.php』查詢資料的依據。

所以透過: "<a href='listforMAC.php?MAC=%s'>Device Detail(詳細每一筆資料)</a>" 的內容來取得傳入 MAC 欄位資料的格式化字串，並將此字串存入『$op1』變數之中。

```
$op1 = "<a href='listforMAC.php?MAC=%s'>Device Detail(詳細每一筆
```

資料)</a>";

資料庫資料準備區

由於必須針對 dhtdata 資料表進行彙總的查詢，所以使用『group by MAC』的 SQL 敘述，來針『MAC』欄位進行彙總型合併運算。

圖 321 產生彙總資料之ＳＱＬ敘述

如下圖所示，由於需要下圖的欄位，所以使用『SELECT MAC, avg(temperature) as temperature, avg(humidity) as humidity, max(systime) as systime, count(*) as count』的 SQL 敘述，來找出 MAC 欄位，並將相同的 MAC 欄位的 temperature 欄位進行平均值(avg)的彙總來取得 temperature 欄位。

接來對相同的 MAC 欄位的 humidity 欄位進行平均值(avg)的彙總來取得 humidity 欄位，再來相同的 MAC 欄位的 systime 欄位取其最大值(max)，來取得最後一筆資料的日期時間資料取得 systime 欄位，再來相同的 MAC 欄位的，透過 count(*)來計算相同 MAC 欄位的筆數，並將內容存到 count 欄位。。

由於必須針對 dhtdata 資料表進行彙總的查詢，所以使用『group by MAC』的

SQL 敘述，來針『MAC』欄位進行彙總型，還必須進行排序，所以用『order by MAC asc』將所有資料進行排序。

最後將 SQL 敘述："SELECT MAC, avg(temperature) as temperature, avg(humidity) as humidity, max(systime) as systime, count(*) as count FROM big.dhtdata WHERE 1 group by MAC order by MAC asc"，用標準的 SQL 語法表示後，並將此字串存入『$qrystr』變數之中。

```
$qrystr = "SELECT MAC, avg(temperature) as temperature,
avg(humidity) as humidity, max(systime) as systime, count(*) as
count FROM big.dhtdata WHERE 1 group by MAC order by MAC asc";
```

表格區資料內容儲存陣列變數區

由於上節的 SQL 敘述會產生五個欄位的資料，由於這些資料並非巨大(數千筆)，如下表所示，筆者使用$變數=array()的語法，來產生用來儲存五個欄位資料的空陣列：$d01、$d02、$d03、$d04、$d05。

```
// 建立空陣列，用於儲存查詢結果
$d01 = array(); // 用於儲存 MAC 地址
$d02 = array(); // 用於儲存最後更新時間
$d03 = array(); // 用於儲存溫度
$d04 = array(); // 用於儲存濕度
$d05 = array(); // 用於儲存記錄筆數
```

執行 SQL 查詢

由於上章節中，已經產生彙總資料的 SQL 敘述，並將內容存入『$qrystr』變數，所以使用『mysqli_query(資料庫連線物件,要執行之 SQL 敘述)』的命令，來查詢產生彙總資料的 SQL 敘述，並將查詢結果的資料集(RecordSet)儲存在『$result』變數之中。

```
$result = mysqli_query($link, $qrystr);
```

IF 判斷是否有資料可以顯示程式區

由於上節的 SQL 敘述會產生五個欄位的資料,並將查詢結果的資料集(RecordSet)儲存在『$result』變數之中。

如果查詢到的資料,並沒有任何資料符合或查詢到資料為空資料集,則『$result』變數會變成 False 的邏輯值,此時就不需要讀取任何資料,所以筆者用$result !== FALSE 輔以 if 判斷式來決定是否盡如讀取資料區。

```
if ($result !== FALSE)
{ // 如果查詢成功,開始處理結果

}
```

讀取資料程式迴圈判斷區

由於上節的查詢結果的資料集(RecordSet)儲存在『$result』變數,若『$result』變數有值(非 false),則就必須要透過迴圈來循序讀取資料,所以筆者用 while(判斷有讀入資料),來選擇如果讀入資料,則進入 while 迴圈內,進行讀取資料的程式區。

由於 while 迴圈的判斷條件,需要知道是否有獨到資料,所以本文用『mysqli_fetch_array($result)』來讀取資料,並將讀取每一列資料的欄位陣列,回傳到『$row』的欄位陣列之中,如果有讀到資料,『$row』的欄位陣列會得到非 false 的值,如果沒有讀到資料,『$row』的欄位陣列會得到 false 的值來跳出 while 迴圈。

由於筆者用循序方式處理資料,每讀一筆資料就馬上處理後,下次就在讀取下一列資料集,而『mysqli_fetch_array($result)』就可以達到這個效果,讀完資料集($result)的一列後,會把指標位置往下一列資料集前進,如果到最後,就是資料集($result)已經沒有資料可以讀取,則『mysqli_fetch_array($result)』

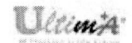

就會回傳 false 的值,並該 false 會讓 while 迴圈無法再進入處理資料區的程式,並結束 while 迴圈。

```
while ($row = mysqli_fetch_array($result))
{
    讀取資料程式區
}
```

讀取資料程式區

由於上面 while 迴圈,如正確讀取到有資料的那一列,我們就要將查詢結果添加到各個陣列中,所以用的 $row["欄位名稱"] 來取得『$row』的欄位陣列中哪一個欄位的實際資料,並透過『array_push(陣列變數, 內容』的指令,將讀到的欄位內容,放到對應的欄位陣列之中,如『array_push($d01, $row["MAC"]);』就是把得到『$row』的欄位陣列中『MAC』的欄位資料內容,放到『$d01』的陣列變數之中,其他欄位依法撰寫之。

```
array_push($d01, $row["MAC"]);
array_push($d02, $row["systime"]);
array_push($d03, $row["temperature"]);
array_push($d04, $row["humidity"]);
array_push($d05, $row["count"]);
```

釋放查詢資料集

由於上節的查詢結果的資料集(RecordSet)儲存在『$result』變數,若『$result』變數往往資料量都不是一兩筆資料,在讀完資料後,我們必須要將資料集(RecordSet)『$result』變數釋放回歸記憶體回到作業系統中,否則該程式多次執行後會讓網頁伺服器的記憶體耗光,產生無記憶體使用後,導致網頁伺服器可能當機或系統嚴重遲緩。

~ 240 ~

所以我們用『mysqli_free_result(資料集變數)』的指令，來釋放資料集(RecordSet)『$result』變數，來避免浪費不用到的記憶體空間。

```
mysqli_free_result($result);
```

關閉資料庫連接

接下來所有上述程式執行完畢後，由於資料庫連線物件會佔據資料庫資源很多，且會對資料庫系統的用戶與權限產生影響，因為資料庫系統的用戶連線數是受限於資料庫系統，且一旦資料庫連線物件產生一個，就會佔去一個資料庫系統一個用戶數，所以當程式結束後，因產生資料庫連線物件所佔去一個資料庫系統一個用戶數，必須予以關閉後，將佔去一個資料庫系統一個用戶數才得以返回。

所以筆者用『mysqli_close(連線物件);』命令來釋放$link 變數所佔去一個資料庫系統一個用戶數，如下列程式所示：

```
mysqli_close($link);
```

網頁主體頁面區

所有會在 Apache 網頁系統，所有網頁內容，都是由『<html>』與『</html>』這兩個標籤(Tag)所包覆，這些都是網頁的主要內容。

```
<html>
????????
????????
????????
</htm>
```

網頁之中，網站的抬頭，網頁的編碼，等一些瑣碎的設定，包含 javascript

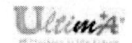

等等都會在這個區街,這是抬頭區,都是由『<head>』與『</head>』這兩個標籤(Tag)所包覆,這些都是網頁抬頭區的主要內容。

```
<head>
    <meta http-equiv="Content-Type" content="text/html; charset=utf-8" />
    <title>Temperature and Humidity Device List</title>
    <link href="webcss.css" rel="stylesheet" type="text/css" />
<!-- 加載 CSS 樣式 -->
</head>
```

由於網頁必須告知網頁的語言與字集,所以使用『meta』的語法,來告知『http-equiv="Content-Type" content="text/html; charset=utf-8"』。

這個『http-equiv="Content-Type"』的語法, 是一個屬於 HTML <meta> 標籤的屬性,用來指定 HTML 文件的字符編碼。這種屬性通常用於確保瀏覽器在解析 HTML 文檔時,正確處理文本的字符集。

這個『content="text/html; charset=utf-8"』的語法告訴瀏覽器這個 HTML 文件的內容類型為 text/html,並且字符編碼為 UTF-8。這是非常重要的,特別是當頁面包含多語言字符、特殊符號或者其他需要明確告知編碼的內容時所必須下達的指令。

```
<meta http-equiv="Content-Type" content="text/html; charset=utf-8" />
```

網頁都一定有網站的抬頭,都是由『< title >』與『</ title >』這兩個標籤(Tag)所包覆,這些都是網頁抬頭的主要內容,所以本頁面的抬頭為:Temperature and Humidity Device List。

```
<title>Temperature and Humidity Device List</title>
```

`<link href="webcss.css" rel="stylesheet" type="text/css" />` 是一個用來將外部 CSS 樣式表連接到 HTML 文件的標籤。在網頁開發中，這種方式通常用於引用一個外部的 CSS 文件，讓 HTML 文檔能夠使用該 CSS 文件中的樣式定義來控制網頁的外觀。

參數和屬性

href：指定外部 CSS 文件的路徑。在這個例子中，webcss.css 是該文件的名稱或相對路徑。

rel：指定鏈接的關係。在這種情況下，rel="stylesheet" 表示這個鏈接是連接到樣式表的。

type：指定資源的 MIME 類型，通常為 text/css。在 HTML5 中，這個屬性可以省略，因為 CSS 樣式表已經是默認的。

位置

通常，這種 `<link>` 標籤會放在 HTML 文件的 `<head>` 部分，這樣可以確保在頁面呈現之前就加載並應用 CSS 樣式。這樣網頁顯示時就會有正確的外觀，而不會在樣式載入後發生閃爍或頁面 Layout 變化。

```
<link href="webcss.css" rel="stylesheet" type="text/css" />
```

所有會在 Apache 網頁系統，所有網頁內容主體，都是由『＜body＞』與『＜/body＞』這兩個標籤(Tag)所包覆，這些都是網頁的頁面主要內容的 HTML 內容區。

```
<body>
????????
????????
????????
</body>
```

引用外部頁面抬頭程式

如下圖所示，由於本主頁把頁面抬頭儲存在 toptitle.php 程式之中，所以本文用<?php ………?>的 php 程式區包括起來，方能使用：include 'toptitle.php'; 的程式碼，把外部 toptitle.php 程式透過 include 的語法，將整個外部 php 程式至於目前位置的程式區。

```
<?php
include 'toptitle.php';
?>
```

圖 322 頁頭圖片

顯示內容居中

如下圖所示，由於本程式需要將顯示內容居中，所以先用<div align="center">…. </div>的 HTML 標籤來居中內部的資料與 HTML 內容。

~ 244 ~

圖 323 顯示內容居中

```
<div align="center"> <!-- 居中對齊 -->
顯示內容
顯示內容
顯示內容
</div>
```

頁面資料區表格定位區

下表所示，筆者用 HTML 標籤<table>…..</table>定義表格，來讓產生的資料可以固定於頁面該有的位置。

參數和屬性

- border：指定表格的邊框厚度。border="1" 表示使用單一像素的邊框。
- align：指定表格在父元素中的對齊方式。align="center" 使表格在父元素中居中。
- cellspacing：指定表格單元格之間的間距。cellspacing="1" 表示單元格之間留有 1 像素的空白。
- cellpadding：指定表格內部，單元格與其內容之間的填充。cellpadding="1" 表示單元格內部與內容之間留有 1 像素的填充。

```
<table border="1" align="center" cellspacing="1" cellpadding="1">
表格內容
</table>
```

資料內容表格區抬頭表格

如下圖所示，由於本程式之內容表格，需要告訴使用者這個表個的整體意義，所以會有這段 HTML 語法。

~ 245 ~

| Temperature & Humidity Sensor(溫溼度感測裝置) |

圖 324 彙總表之跨欄抬頭

下表所示之這段 HTML 代碼描述了一行表格，其中包含了一個 <td> 儲存格，該儲存格合併了六個列(td colspan='6')，並且設定了背景色。

- <tr bgcolor="#CFC">：<tr> 是表格中的行，意思是 表個內每一列"table row" 的意義。
- bgcolor="#CFC" 指定了該行的背景顏色。在這個例子中，"#CFC" 是一個十六進位顏色值，代表一種淺綠色。
- <td colspan='6'>：<td> 表示表格中的儲存格，意思是 "table data"。
- colspan='6' 指定了該儲存格跨越六個列。代表這一個儲存格合併了六個欄位(td colspan='6')，這意味著該儲存格佔據了整整六個欄位的位置。
- <div align='center'>：<div> 用於創建一個區塊，"div" 是 "division" 的縮寫，align='center' 指定了該區塊中的內容居中。
- Div 標籤之內容：該儲存格包含了一段文字："Temperature & Humidity Sensor(溫溼度感測裝置)"。

```
<tr bgcolor="#CFC"> <!-- 標題行，帶有背景色 -->
    <td colspan='6'><div align='center'>Temperature & Humidity Sensor(溫溼度感測裝置)</div></td> <!-- 合併六個單元格 -->
</tr>
```

資料內容表格區明細抬頭表格

如下圖所示，由於本程式之內容表格，除了需要顯示那一個 MAC Address(網卡編號)的資料，還需要告訴使用者每一個欄位的意義，所以會有這段 HTML 語法。

| MAC Address(網卡編號) | Last Update Time(最後更新時間) | Temperature(溫度) | Humidity(濕度) | Records Count(筆數) | Query Detail(明細查詢) |

~ 246 ~

圖 325 彙總表之明細抬頭

由於我們需要顯示：MAC Address(網卡編號)、Last Update Time(最後更新時間)、Temperature(溫度)、Humidity(濕度)、Records Count(筆數)、Query Detail(明細查詢)共六個欄位，所以在外部<tr>…</tr>內，將六個<td>….</td>都加入 MAC Address(網卡編號)、Last Update Time(最後更新時間)、Temperature(溫度)、Humidity(濕度)、Records Count(筆數)、Query Detail(明細查詢)共六個欄位，來顯示明細的資料的表格抬頭上。

```
<tr> <!-- 表格的標題欄 -->
    <td>MAC Address(網卡編號)</td>
    <td>Last Update Time(最後更新時間)</td>
    <td>Temperature(溫度)</td>
    <td>Humidity(濕度)</td>
    <td>Records Count(筆數)</td>
    <td>Query Detail(明細查詢)</td> <!-- 顯示細節的連結 -->
</tr>
```

主要顯示資料內區

下圖所示為我們需要顯示的內容主體，轉成程式後如下表所示，為主要把 $d01~$d05 的陣列變數，產生對應的內容，並透過格式化字串，將資料對齊於表格之內。

112233445566	20240510101416	65.10	76.00	42	Device Detail(詳細每一筆資料)
112233AABBCC	20240506163233	62.10	71.00	35	Device Detail(詳細每一筆資料)
246F28248CE0	20200406094607	20.82	58.15	1546	Device Detail(詳細每一筆資料)
30C6F7042B38	20240519200700	27.12	57.77	19	Device Detail(詳細每一筆資料)
30C6F70434FC	20240501170250	27.08	60.58	692	Device Detail(詳細每一筆資料)
30C6F7043F40	20240501163931	27.40	45.30	94	Device Detail(詳細每一筆資料)
30C6F70450A4	20240513164029	28.73	56.41	95	Device Detail(詳細每一筆資料)
4022D87515DC	20230407120603	41.92	26.23	61	Device Detail(詳細每一筆資料)
4022D8751E2C	20240516152135	59.25	73.99	53	Device Detail(詳細每一筆資料)
5566778899AA	20240519181044	62.74	73.55	42	Device Detail(詳細每一筆資料)
5566KK	20240519201231	62.10	71.00	5	Device Detail(詳細每一筆資料)
556885568888	20240501161412	62.10	71.00	3	Device Detail(詳細每一筆資料)
AA11BB22CC33	20240503200017	32.43	38.30	3	Device Detail(詳細每一筆資料)
AAAAAAAAAAAA	20230324114801	45.20	88.90	2	Device Detail(詳細每一筆資料)
AABBCCDDEEFF	20240524112005	33.91	34.32	117	Device Detail(詳細每一筆資料)

圖 326 主要顯示資料區內容

```php
<?php
if (count($d01) > 0) { // 如果有數據
    // 使用 for 迴圈遍歷陣列
    for ($i = 0; $i < count($d01); $i++) {
        $op1a = sprintf($op1, $d01[$i]); // 生成每行的詳細資料連結
        echo sprintf($subrow, $d01[$i], $d02[$i], $d03[$i], $d04[$i], $d05[$i], $op1a);
        // 使用格式化字串顯示每行的內容
    }
}
?>
```

判斷是否有資料需要顯示區

如上面所敘述，我們將讀出之五個欄位資料分別儲存在$d01、$d02、$d03、$d04、$d05 五的陣列變數之中，如果沒有資料，我們選$d01 陣列變數,用『count(陣列變數)』來計算該陣列變數是否有資料，有多少資料就回傳多少資料的個數，沒有資料就回傳 0。

如此一來，如果有資料，我們就用 if 判斷式，進入 if 判斷式內部，進行顯示

~ 248 ~

的程式區段。

```
if (count($d01) > 0)
{
內容顯示區
}
```

產生資料表格列顯示區

如下表所示，筆者用 for 迴圈，來一筆一筆取出每一列的資料，它以 $i 作為計數器變數，從 0 開始，反覆運算 count($d01) 次，就陣列資料的個數，用$i 來作陣列資料的索引值，來取得每一個陣列資料的值。

語法解釋

- for 是一個迴圈語句，用於重複執行一段代碼。
- ($i = 0; $i < count($d01); $i++) 是 for 迴圈的三個部分：
- 初始化部分：$i = 0，表示迴圈開始時，計數器 $i 從 0 開始。
- 條件部分：$i < count($d01)，這個條件決定迴圈是否繼續進行。它會在每次迴圈開始時進行評估，如果條件為真，迴圈繼續；如果為假，迴圈終止。count($d01) 返回陣列 $d01 的元素個數。
- 反覆運算部分：$i++，在每次迴圈結束時執行，增加 $i 的值，使其遞增 1。

```
for ($i = 0; $i < count($d01); $i++)
{
    顯示表格每一列內容區程式碼
}
```

產生資料表格列顯示區

如下表所示，先用 sprintf() 指令，把 "<a href='listforMAC.php?MAC=%s'>Device Detail(詳細每一筆資料)</a>" 的內容，把$d01[$i](每一筆)的 MAC 欄位的值，填入『MAC=填入內容值』，完成特定 MAC 網路卡編號的詳細資料頁面的超連結語法，並將完成的完整超連結文字，儲存在『$op1a』變數之中。

如下表所示，我們將 "<tr><td>%s</td><td>%s</td><td>%4.2f</td><td>%4.2f</td><td>%d</td><td>%s</td></tr>" 的格式化字串，透過 sprintf()指令，將$d01, $d02, $d03, $d04, $d05, $op1a 等共六個變數，填入上面格式化字串內六個<td>…. </td>的內容內。

最後透過『echo』的網頁列印指令，將完整的每一列表格的完整 HTML 語法，如：
<tr><td>112233445566</td><td>20240329110750</td><td>49.77</td><td>49.50</td><td>2</td><td><a href='listforMAC.php?MAC=112233445566'>Device Detail(詳細每一筆資料)</a></td></tr>，將每一列中充滿每一欄位的資料的 HTML 語法，列印到網頁上。

```
$op1a = sprintf($op1, $d01[$i]); // 生成每行的詳細資料連結
echo sprintf($subrow, $d01[$i], $d02[$i], $d03[$i], $d04[$i], $d05[$i], $op1a);
```

將頁尾頁面程式含入

如下圖所示，目前主頁的頁面頁尾，筆者使用『topfooter.php』的程式，崁入在目前 HTML 語法之內，主要將『<?php …….. ?>』的程式崁入目前程式之中，並在</body>上一列的位置，所以所有的頁面頁尾也會在該頁面最下方呈現。

```
<?php include("../topfooter.php"); ?>
```

曹永忠 博士 Yung-Chung Tsao Ph.D

700, Kaohsiung University Rd.,
Nanzih District, Kaohsiung 811,
Taiwan, R.O.C.
811726 高雄市楠梓區高雄大學路700號

版權所有 © 2000~2024 All Rights Reserved

圖 327 頁尾圖片

溫溼度裝置明細表程式

　　如下圖所示，筆者為了設計出讓使用者可以了解，目前溫溼度感測資料大約有多少筆，多少裝置與每一個裝置有多少筆，由於每一個裝置是由 MAC 欄位所控制與辨識，所以筆者在『bigdata/dhtdata/dhtlist.php』設計一個『dhtlist.php』的 php 程式，來顯示目前有多少 MAC 裝置與筆數。

　　如下圖紅框處所示，筆者設計在最右邊欄位之中，建立一個以最左邊 MAC Address(網卡編號)的資料，查詢該 MAC Address(網卡編號)之裝置之溫溼度明細資料。

~ 251 ~

圖 328 單一溫溼度感測器明細資料主頁

如下圖所示，可以見到最右邊欄位之中，在每一筆資料每列中，有『Device Detail(詳細每一筆資料)』的文字會有超聯結的現象可以點選連進程式。

圖 329 明細超連結欄位區

~ 252 ~

如上上圖紅框處所示，若使用者在最右邊欄位之中，查詢該 MAC Address(網卡編號)之裝置之溫溼度明細資料，則可以在新網頁分頁之中看到下圖所示之。

如下表所示，為單一溫溼度感測器明細資料，其程式位置在 bigdata/dhtdata/listforMAC.php，可以看到該程式內容如下表所示。

Temperature & Humidity Sensor for MAC ABCDEF112233(溫溼度感測裝置)

圖 330 單一溫溼度感測器明細資料主頁

如下表所示，為單一溫溼度感測器明細資料程式，其程式位置在 bigdata/dhtdata/ listforMAC.php，可以看到該程式內容如下表所示。

```
單一溫溼度感測器明細資料(bigdata/dhtdata/ listforMAC.php)
<?php
// 引入資料庫連接和通用函數
include("../comlib.php");          // 通用函數庫
include("../Connections/iotcnn.php"); // 資料庫連接參數

// 建立與資料庫的連接
$link = Connection(); // Connection 是在 iotcnn.php 中定義的連接函數

// 確保 GET 參數中存在 "MAC"，如果沒有，則終止程式
if (!isset($_GET["MAC"])) {
    echo "MAC address lost <br>";
    die(); // 終止程式
}

// 獲取 MAC 地址參數，並移除首尾空格
$temp0 = trim($_GET["MAC"]);

// 如果 MAC 地址為空，則終止程式
```

```php
if ($temp0 == "") {
    echo "MAC Address is empty string <br>";
    die(); // 終止程式
}


// 表格標題，包含 MAC 地址
$tstr = "Temperature & Humidity Sensor for MAC %s(溫溼度感測裝置)";

// 定義表格行的模板，用於顯示資料
$subrow =
"<tr><td>%s</td><td>%s</td><td>%s</td><td>%4.2f</td><td>%4.2f</td></tr>";


// SQL 查詢字串，使用給定的 MAC 地址
$str = "SELECT MAC, temperature, humidity, systime, IP FROM big.dhtdata WHERE MAC = '%s' order by IP, systime asc";

// 格式化查詢字串，替換占位符
$qrystr = sprintf($str, $temp0);


// 建立空陣列，用於儲存查詢結果
$d01 = array(); // MAC 地址
$d02 = array(); // IP 地址
$d03 = array(); // 更新時間
$d04 = array(); // 溫度
$d05 = array(); // 濕度


// 執行 SQL 查詢，將結果存入 $result
$result = mysqli_query($link, $qrystr);

// 如果查詢成功，開始處理資料
if ($result !== FALSE) {
    // 逐行讀取資料，並將其存入對應的陣列
    while ($row = mysqli_fetch_array($result)) {
        array_push($d01, $row["MAC"]);         // MAC 地址
        array_push($d02, $row["IP"]);          // IP 地址
        array_push($d03, $row["systime"]);     // 更新時間
        array_push($d04, $row["temperature"]); // 溫度
```

```php
            array_push($d05, $row["humidity"]); // 濕度
    }
}

// 釋放查詢結果資源
mysqli_free_result($result);

// 關閉資料庫連接
mysqli_close($link);
?>
```

```html
<!DOCTYPE html PUBLIC "-//W3C//DTD XHTML 1.0 Frameset//EN"
"http://www.w3.org/TR/xhtml1/DTD/xhtml1-frameset.dtd">
<html xmlns="http://www.w3.org/1999/xhtml">
<head>
    <!-- 設定網頁的標題和元數據 -->
    <meta http-equiv="Content-Type" content="text/html; charset=utf-8" />
    <title>Temperature and Humidity List for MAC Address</title>
    <link href="../webcss.css" rel="stylesheet" type="text/css" /> <!-- 加載 CSS 樣式 -->
</head>
<body>
    <!-- 包含標題內容 -->
    <?php include("../toptitle.php"); ?>

    <!-- 建立居中對齊的表格 -->
    <div align="center">
        <table border="1" align="center" cellspacing="1" cellpadding="1">
            <!-- 表格標題行 -->
            <tr bgcolor="#CFC">
                <td colspan="6">
                    <div align="center">
                        <?php echo sprintf($tstr, $temp0); ?> <!-- 表格標題，包含 MAC 地址 -->
                    </div>
                </td>
```

```
            </tr>
            <!-- 表格列標題 -->
            <tr>
                <td>MAC Address(網卡編號)</td>
                <td>IP Address(用戶端 IP)</td>
                <td>Update Time(更新時間)</td>
                <td>Temperature(溫度)</td>
                <td>Humidity(濕度)</td>
            </tr>

            <!-- 使用 PHP 迴圈生成表格內容 -->
            <?php
            if (count($d01) > 0) { // 如果有資料
                for ($i = 0; $i < count($d01); $i++) { // 逐行顯示
                    // 使用 $subrow 模板和 sprintf 生成表格行
                    echo sprintf($subrow, $d01[$i], $d02[$i], $d03[$i], $d04[$i], $d05[$i]);
                }
            }
            ?>
        </table>
    </div>

    <!-- 包含頁腳內容 -->
    <?php include("../topfooter.php"); ?>
</body>
</html>
```

程式下載：https://github.com/brucetsao/CloudingDesign

細部程式解說

包含共用函式

由於本程式會用到許多常用的函式，而這些函式筆者都是攥寫『comlib.php』的共用函式程式之中，所以必須要用『include("../comlib.php");』來將這些函式包含在程式之中。

```
// 引入外部檔案,這些檔案包含資料庫連接和其他功能
include("../comlib.php");         // 通用函數庫
```

由於所有的讀、寫、查詢等 php 程式,都必須要連接資料庫,所以筆者將連接資料庫設定一個 Connection() 的函式來提供所有程式,並存放在 Connections/iotcnn.php 下,所以我們使用 include("../Connections/iotcnn.php");,便可以將整隻資料庫連線程式包含進來。

而如何呼叫資料庫連線程式,筆者使用函數宣告,宣告一個 Connection() 的函式來提供所有連線資料庫的物件,而在宣告該函式,只要在『{』與『}』這兩個大括號符號內所包覆程式,皆是 Connection() 的函式該實際執行的內容。

```
include("../Connections/iotcnn.php");        //使用資料庫的呼叫程式
```

建立連線資料庫

上面說到,我們使用 include("../Connections/iotcnn.php");,便可以將整隻資料庫連線程式包含進來,便可以使用函數宣告:Connection() 的函式來提供所有連線資料庫的物件。

所以筆者使用『$link=Connection();』用變數『$link』來呼叫 Connection() 的函式,取得資料庫連線。

```
$link=Connection();      //產生 mySQL 連線物件
```

檢核 MAC 參數是否存在 GET 變數中

由於上章節中,由於本程式需要知道 MAC Address(網卡編號)的資料,所以是否執行:listforMAC.php 時,是否有透過 http GET 方式將『MAC』變數傳入 listforMAC.php,如果沒有將『MAC』變數傳入,所有資料的查詢必須依靠 MAC Address(網卡編號)的資料,所以必須嚴格要求是否『MAC』變數傳入 listforMAC.php 內。

所以筆者使用『isset(變數)』的命令,來查詢某個變數是否存在,而透過 http GET 方式將『MAC』變數傳入 listforMAC.php,則依賴『$_GET["MAC"]』來取得外部『MAC』變數傳入的內容,如果外部『MAC』變數沒有傳入,則 isset($_GET["MAC"]) 會產生 false,如果外部『MAC』變數有傳入,則 isset($_GET["MAC"]) 會產生 true。

所以筆者用『if(!isset($_GET["MAC"]))』的判斷式來判斷外部『MAC』變數沒有傳入,若沒有傳入,則回應『"MAC address lost
"』的內容後,使用『die();』指令,終止整個 PHP 程式運行。

```
if (!isset($_GET["MAC"])) {
    echo "MAC address lost <br>";
    die(); // 終止程式
}
```

讀取外部 MAC 參數區

由上面解說之中,我們使用<a href="超連結程式">顯示文字</a>的 HTML 標籤來設定,所以筆者寫了『listforMAC.php?MAC=%s』,傳入『MAC』的參數,來提供後續『listforMAC.php』查詢資料的依據。

所以透過『$_GET["MAC"]』來得外部傳入之傳入『MAC』的參數,並透過『trim(變數)』將傳入的『$_GET["MAC"]』左右兩邊的空白字元去除,取得完整的資料。

然後將去除左右兩邊的空白字元的傳入之『$_GET["MAC"]』變數，儲存到『$temp0』變數之中。

```
$temp0 = trim($_GET["MAC"]);
```

判斷外部 MAC 參數是否為空值

我們透過『$_GET["MAC"]』來得外部傳入之傳入『MAC』的參數，並透過『trim(變數)]』將傳入的『$_GET["MAC"]』左右兩邊的空白字元去除，取得完整的資料。

然後將去除左右兩邊的空白字元的傳入之『$_GET["MAC"]』變數，儲存到『$temp0』變數之中。然而雖然 MAC 變數有傳入，但是有可能傳入資料為空值或一大堆空白字元，然而空白字元與空字元都是不合法的空值

所以筆者用『if ($temp0 == "")』的判斷式來判斷外部『MAC』變數傳入後儲存的『$temp0』變數，是否是空白或一堆空白字元等，若是空白或一堆空白字元，則回應『"MAC Address is empty string
"』的內容後，使用『die();』指令，終止整個 PHP 程式運行。

```
if ($temp0 == "")
{
    echo "MAC Address is empty string <br>";
    die(); // 終止程式
}
```

產生表格頭之含 MAC 參數之格式化字串

如下圖所示，筆者希望可以在網頁內資料表格抬頭可以顯示，資料明細處使用

表格來顯示，但是筆者希望可以在表格第一列，除了的我們透過『"Temperature & Humidity Sensor for MAC %s(溫溼度感測裝置)"』的格式化字串，可以將外部傳入之傳入『MAC』的參數，填入上方的格式化字串內，成為完整的表格抬頭文字，並將其格式化字串先存入『$tstr』變數之中。

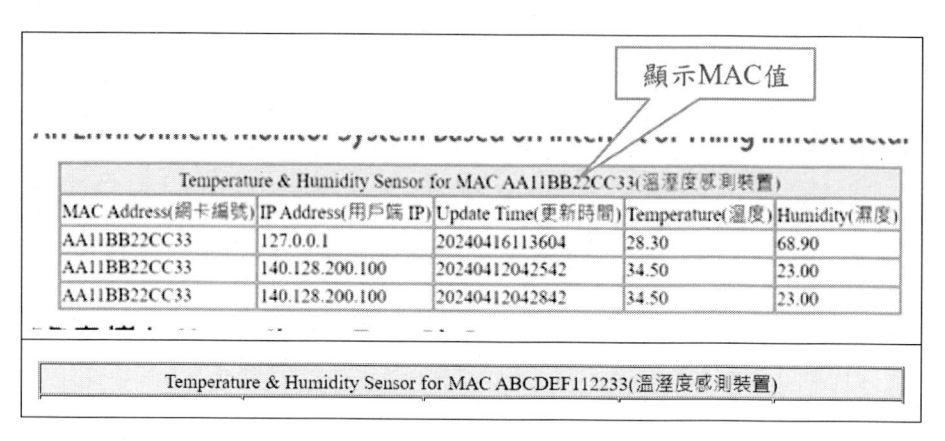

圖 331 含有 MAC 之表格抬頭

所以下表使用格式化字串，在程式中填入取得的 MAC 值後，顯示出來

$tstr = "Temperature & Humidity Sensor for MAC %s(溫溼度感測裝置)";

表格資料變數準備區

由於本頁面資料呈現，主要透過表格方式來成呈現資料，筆者使用 sprintff 的格式化字串，sprintf 原來是 C 語言中的一個函數，目前 php 語言亦採用其強大的功能，用來格式化並將結果存儲在指定的字符串緩衝區中。格式化字串中的特定字符和符號會指示如何程式後續處理參數以及它們的顯示格式。

以下是一些關鍵點和常見的格式化指令：

- %d：整數（十進制）。
- %u：無符號整數（十進制）。
- %f：浮點數。

- %s：字符串。
- %c：單個字符。
- %x 或 %X：十六進制整數。
- %o：八進制整數。
- %p：指標或地址。
- %g：最簡潔的方式表現浮點數，可能是科學記數法或常規格式。
- %e 或 %E：科學記數法的浮點數。
- %%：百分比符號

如下圖所示，為顯示資料之每列格式，每列都有五個欄位，第一個欄位為文字(%s)，第二個欄位為文字(%s)，，第三個欄位為文字(%s)。第四個欄位為浮點數(%4.2f)，第五個欄位為浮點數(%4.2f)。

Temperature & Humidity Sensor for MAC ABCDEF112233(溫溼度感測裝置)				
MAC Address(網卡編號)	IP Address(用戶端 IP)	Update Time(更新時間)	Temperature(溫度)	Humidity(濕度)
ABCDEF112233	192.168.88.108	20240513100244	62.10	71.00
ABCDEF112233	192.168.88.108	20240513101641	62.10	71.00
ABCDEF112233	192.168.88.108	20240513101643	62.10	71.00
ABCDEF112233	192.168.88.108	20240513101649	62.10	88.00

圖 332 明細資料顯示列

由上圖與解說之中，每列都有五個欄位，第一個欄位為文字(%s)，第二個欄位為文字(%s)，，第三個欄位為文字(%s)。第四個欄位為浮點數(%4.2f)，第五個欄位為浮點數(%4.2f)，所以先用<tr>…..</tr>將所有欄位包含在此列之中，在使用五個<td>…..</td>將六個欄位，包含在<tr>…..</tr>之中，所以透過上圖與解說，把各個欄位<td>…..</td>之間的格式化字串置入其中，為下表所示之格式化字串，並將此字串存入『$subrow』變數之中。

```
$subrow =
"<tr><td>%s</td><td>%s</td><td>%s</td><td>%4.2f</td><td>%4.2f</td></tr>";
```

資料庫資料準備區

如下圖所示,由於必須針對 dhtdata 資料表進行資料的查詢,所以使用『WHERE MAC = '%s'』的 SQL 敘述,來針『MAC』欄位進行條件比對查詢。

舉例來說,我們使用『MAC』欄位為『AA11BB22CC33』內容,產生『SELECT MAC, temperature, humidity, systime, IP FROM big.dhtdata WHERE MAC = 'AA11BB22CC33' order by IP, systime asc』之 SQL 敘述,執行於 phpMyAdmin 資料庫管理程式中,產生下圖之資料。

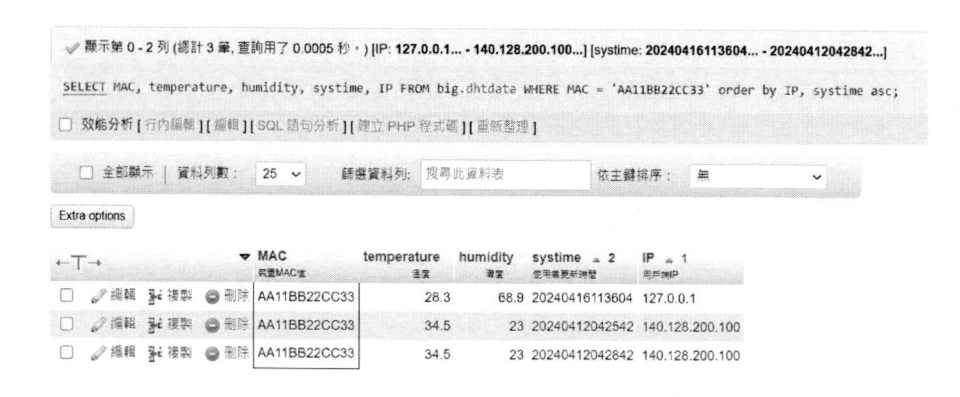

圖 333 產生特定 MAC 明細資料之ＳＱＬ敘述

如下圖所示,由於需要下圖的欄位,所以使用『SELECT MAC, temperature, humidity, systime, IP FROM big.dhtdata WHERE MAC = 'AA11BB22CC33' order by IP, systime asc』的 SQL 敘述,來找出 MAC、temperature、humidity、systime、IP 等五個欄位

由於我們是針對特定所以使用『WHERE MAC = '%s'』的 SQL 敘述，來針『MAC』欄位進行條件比對查詢，所以將 MAC Address(網卡編號)的資料轉成格式化字串『%s』來取代，在後面會透過傳入的 MAC Address(網卡編號)的資料填入格式化字串後，完成正確可以執行的 SQL 敘述。

```
$str = "SELECT MAC, temperature, humidity, systime, IP FROM big.dhtdata WHERE MAC = '%s' order by IP, systime asc";
```

完整 SQL 敘述產生區

我們透過『$_GET["MAC"]』來得外部傳入之傳入『MAC』的參數，並透過『trim(變數)』將傳入的『$_GET["MAC"]』左右兩邊的空白字元去除，取得完整的資料儲存到『$temp0』變數之中。

所以筆者用『sprintf(格式化字串，依序傳入之變數列示)』來填入完整的格式化字串『SELECT MAC, temperature, humidity, systime, IP FROM big.dhtdata WHERE MAC = '%s' order by IP, systime asc』，使『$temp0』變數填入前方格式化字串之『'%s'』，轉換成正確的 SQL 敘述後，回傳 SQL 敘述儲存到『$qrystr』變數中後，在透國執行後可以產生如下圖所示之資料集。

```
$qrystr = sprintf($str, $temp0);
```

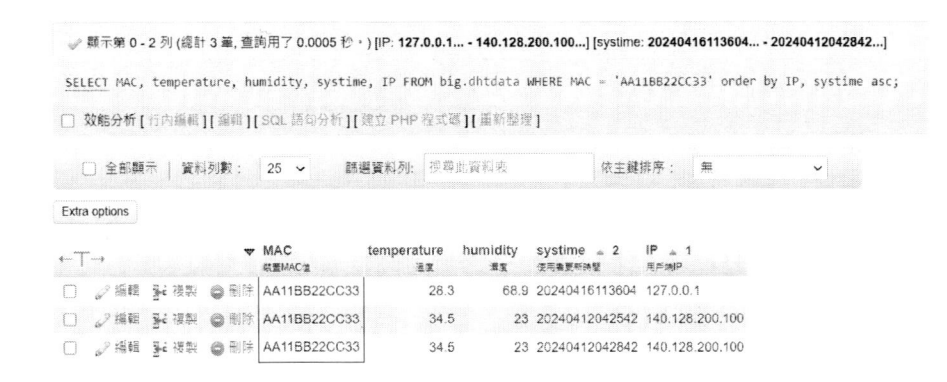

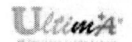

圖 334 產生特定MAC明細資料之SQL敘述

表格區資料內容儲存陣列變數區

由於上節的SQL敘述會產生五個欄位的資料，由於這些資料並非巨大（樹鉛筆或更大），如下表所示，筆者使用$變數=array()的語法，來產生用來儲存五個欄位資料的空陣列：$d01、$d02、$d03、$d04、$d05，如下圖所示，其顯示欄位與對應陣列的資料對照表。

```
// 建立空陣列，用於儲存查詢結果
$d01 = array();   // MAC 地址
$d02 = array();   // IP 地址
$d03 = array();   // 更新時間
$d04 = array();   // 溫度
$d05 = array();   // 濕度
```

$d01	$d02	$d03	$d04	$d05
Temperature & Humidity Sensor for MAC ABCDEF112233(溫濕度感測裝置)					
MAC Address(網卡編號)	IP Address(用戶端 IP)	Update Time(更新時間)	Temperature(溫度)	Humidity(濕度)
ABCDEF112233	192.168.88.108	20240513100244	62.10	71.00
ABCDEF112233	192.168.88.108	20240513101641	62.10	71.00
ABCDEF112233	192.168.88.108	20240513101643	62.10	71.00
ABCDEF112233	192.168.88.108	20240513101649	62.10	88.00

圖 335 資料蘭與陣列對照集

執行 SQL 查詢

由於上章節中，已經產生特定MAC資料之明細資料的SQL敘述，並將內容存入『$qrystr』變數，所以使用『mysqli_query(資料庫連線物件,要執行之SQL敘述)』的命令，來查詢產生彙總資料的SQL敘述，並將查詢結果的資料集(RecordSet)儲存在『$result』變數之中，如下圖所示，會產生如下列所示圖之資料結果。

```
$result = mysqli_query($link, $qrystr);
```

圖 336 執行 SQL 查詢產生之明細資料

IF 判斷是否有資料可以顯示程式區

由於上節的 SQL 敘述會產生五個欄位的資料，並將查詢結果的資料集(RecordSet)儲存在『$result』變數之中。

如果查詢到的資料，並沒有任何資料符合或查詢到資料為空資料集，則『$result』變數會變成False的邏輯值，此時就不需要讀取任何資料，所以筆者用$result !== FALSE 輔以 if 判斷式來決定是否盡如讀取資料區。

```
if ($result !== FALSE)
{ // 如果查詢成功，開始處理結果

}
```

讀取資料程式迴圈判斷區

由於上節的查詢結果的資料集(RecordSet)儲存在『$result』變數，若『$result』變數有值(非 false)，則就必須要透過迴圈來循序讀取資料，所以筆者用 while(判斷有讀入資料)，來選擇如果讀入資料，則進入 while 迴圈內，進行

~ 265 ~

讀取資料的程式區。

由於 while 迴圈的判斷條件,需要知道是否有讀到資料,所以本文用『mysqli_fetch_array($result)』來讀取資料,並將讀取每一列資料的欄位陣列,回傳到『$row』的欄位陣列之中,如果有讀到資料,『$row』的欄位陣列會得到非 false 的值,如果沒有讀到資料,『$row』的欄位陣列會得到 false 的值來跳出 while 迴圈。

由於筆者用循序方式處理資料,每讀一筆資料就馬上處理後,下次就在讀取下一列資料集,而『mysqli_fetch_array($result)』就可以達到這個效果,讀完資料集($result)的一列後,會把指標位置往下一列資料集前進,如果到最後,就是資料集($result)已經沒有資料可以讀取,則『mysqli_fetch_array($result)』就會回傳 false 的值,並該 false 會讓 while 迴圈無法再進入處理資料區的程式,並結束 while 迴圈。

```
while ($row = mysqli_fetch_array($result))
{
    讀取資料程式區
}
```

讀取資料程式區

由於上面 while 迴圈,如正確讀取到有資料的那一列,我們就要將查詢結果添加到各個陣列中,所以用的$row["欄位名稱"]來取得『$row』的欄位陣列中哪一個欄位的實際資料,並透過『array_push(陣列變數,內容)』的指令,將讀到的欄位內容,放到對應的欄位陣列之中,如『array_push($d01, $row["MAC"]);』就是把得到『$row』的欄位陣列中『MAC』的欄位資料內容,放到『$d01』的陣列變數之中,其他欄位依法撰寫之。

```
array_push($d01, $row["MAC"]);         // MAC 地址
array_push($d02, $row["IP"]);          // IP 地址
array_push($d03, $row["systime"]);     // 更新時間
array_push($d04, $row["temperature"]); // 溫度
array_push($d05, $row["humidity"]);    // 濕度
```

釋放查詢資料集

由於上節的查詢結果的資料集(RecordSet)儲存在『$result』變數，若『$result』變數往往資料量都不是一兩筆資料，在讀完資料後，我們必須要將資料集(RecordSet)『$result』變數釋放回歸記憶體回到作業系統中，否則該程式多次執行後會讓網頁伺服器的記憶體耗光，產生無記憶體使用後，導致網頁伺服器可能當機或系統嚴重遲緩。

所以我們用『mysqli_free_result(資料集變數)』的指令，來釋放資料集(RecordSet)『$result』變數，來避免浪費不用到的記憶體空間。

```
mysqli_free_result($result);
```

關閉資料庫連接

接下來所有上述程式執行完畢後，由於資料庫連線物件會佔據資料庫資源很多，且會對資料庫系統的用戶與權限產生影響，因為資料庫系統的用戶連線數是受限於資料庫系統，且一旦資料庫連線物件產生一個，就會佔去一個資料庫系統一個用戶數，所以當程式結束後，因產生資料庫連線物件所佔去一個資料庫系統一個用戶數，必須予以關閉後，將佔去一個資料庫系統一個用戶數才得以返回。

所以筆者用『mysqli_close(連線物件);』命令來釋放$link 變數所佔去一個資料庫系統一個用戶數，如下列程式所示：

```
mysqli_close($link);
```

資料明細網頁主體頁面區

所有會在 Apache 網頁系統，所有網頁內容，都是由『<html>』與『</html>』這兩個標籤(Tag)所包覆，這些都是網頁的主要內容。

```
<html>
????????
????????
????????
</htm>
```

網頁之中，網站的抬頭，網頁的編碼，等一些瑣碎的設定，包含 javascript 等等都會在這個區街，這是抬頭區，都是由『<head>』與『</head>』這兩個標籤(Tag)所包覆，這些都是網頁抬頭區的主要內容。

```
<head>
    <!-- 設定網頁的標題和元數據 -->
    <meta http-equiv="Content-Type" content="text/html; char-
set=utf-8" />
    <title>Temperature and Humidity List for MAC Address</title>
    <link href="webcss.css" rel="stylesheet" type="text/css" />
<!-- 加載 CSS 樣式 -->
</head>
```

由於網頁必須告知網頁的語言與字集，所以使用『meta』的語法，來告知『http-equiv="Content-Type" content="text/html; charset=utf-8" 』。

這個『http-equiv="Content-Type"』的語法，是一個屬於 HTML <meta> 標籤的屬性，用來指定 HTML 文件的字符編碼。這種屬性通常用於確保瀏覽器在解析 HTML 文檔時，正確處理文本的字符集。

這個『content="text/html; charset=utf-8"』的語法告訴瀏覽器這個 HTML 文件的內容類型為 text/html，並且字符編碼為 UTF-8。這是非常重要的，特別是當頁面包含多語言字符、特殊符號或者其他需要明確告知編碼的內容時所必須下達的指令。

```
<meta http-equiv="Content-Type" content="text/html; charset=utf-8" />
```

網頁都一定友網站的抬頭，都是由『< title >』與『</ title >』這兩個標籤(Tag)所包覆，這些都是網頁抬頭的主要內容，所以本頁面的抬頭為：Temperature and Humidity Device List。

```
<title>Temperature and Humidity List for MAC Address</title>
```

<link href="webcss.css" rel="stylesheet" type="text/css" /> 是一個用來將外部 CSS 樣式表連接到 HTML 文件的標籤。在網頁開發中，這種方式通常用於引用一個外部的 CSS 文件，讓 HTML 文檔能夠使用該 CSS 文件中的樣式定義來控制網頁的外觀。

參數和屬性

href：指定外部 CSS 文件的路徑。在這個例子中，webcss.css 是該文件的名稱或相對路徑。

rel：指定鏈接的關係。在這種情況下，rel="stylesheet" 表示這個鏈接是連接到樣式表的。

type：指定資源的 MIME 類型，通常為 text/css。在 HTML5 中，這個屬性可以省略，因為 CSS 樣式表已經是默认的。

位置

通常，這種 <link> 標籤會放在 HTML 文件的 <head> 部分，這樣可以確保在頁面呈現之前就加載並應用 CSS 樣式。這樣網頁顯示時就會有正確的外觀,而不會在樣式載入後發生閃爍或頁面 Layout 變化。

```
<link href="webcss.css" rel="stylesheet" type="text/css" />
```

所有會在 Apache 網頁系統,所有網頁內容主體,都是由『<body>』與『</body>』這兩個標籤(Tag)所包覆,這些都是網頁的頁面主要內容的 HTML 內容區。

```
<body>
????????
????????
????????
</body>
```

引用外部頁面抬頭程式

由於本主頁把頁面抬頭儲存在 toptitle.php 程式之中,所以本文用 <?php ………?>的 php 程式區包括起來,方能使用:include 'toptitle.php';的程式碼,把外部 toptitle.php 程式透過 include 的語法,將整個外部 php 程式至於目前位置的程式區,執行後可以看到如下圖所示的結果。

```
<?php
include 'toptitle.php';
?>
```

~ 270 ~

圖 337 頁抬頭部分

顯示內容居中

由於本程式需要將顯示內容居中，所以先用<div align="center">…</div>的 HTML 標籤來居中內部的資料與 HTML 內容，在中間之內，會顯示如下圖所示之內容。

```
<div align="center"> <!-- 居中對齊 -->
顯示內容
</div>
```

Temperature & Humidity Sensor for MAC ABCDEF112233(溫溼度感測裝置)				
MAC Address(網卡編號)	IP Address(用戶端 IP)	Update Time(更新時間)	Temperature(溫度)	Humidity(濕度)
ABCDEF112233	192.168.88.108	20240513100244	62.10	71.00
ABCDEF112233	192.168.88.108	20240513101641	62.10	71.00
ABCDEF112233	192.168.88.108	20240513101643	62.10	71.00
ABCDEF112233	192.168.88.108	20240513101649	62.10	88.00

圖 338 明細資料顯示列

頁面資料區表格定位區

下表所示，筆者用 HTML 標籤<table>…..</table>定義表格，來讓產生的資料可以固定於頁面該有的位置。

參數和屬性

- border：指定表格的邊框厚度。border="1" 表示使用單一像素的邊框。
- align：指定表格在父元素中的對齊方式。align="center" 使表格在父元素中居中。
- cellspacing：指定表格單元格之間的間距。cellspacing="1" 表示單元格之間留有 1 像素的空白。

- cellpadding：指定表格內部，單元格與其內容之間的填充。cellpadding="1" 表示單元格內部與內容之間留有 1 像素的填充。

```
<table border="1" align="center" cellspacing="1" cellpadding="1">
表格內容
</table>
```

資料內容表格區抬頭表格

如下圖所示，由於本程式之內容表格，需要告訴使用者這個表個的整體意義，所以會有這段 HTML 語法。

Temperature & Humidity Sensor for MAC AA11BB22CC33(溫溼度感測裝置)

圖 339 明細表之跨欄抬頭

下表所示之這段 HTML 代碼描述了一行表格，可以產生如下圖所示之合併標題列內容。

其中包含了一個 <td> 儲存格，該儲存格合併了五個列(td colspan='5')，並且設定了背景色。

- <tr bgcolor="#CFC">：<tr> 是表格中的行，意思是 表個內每一列"table row" 的意義。
- bgcolor="#CFC" 指定了該行的背景顏色。在這個例子中，"#CFC" 是一個十六進位顏色值，代表一種淺綠色。
- <td colspan='5'>：<td> 表示表格中的儲存格，意思是 "table data"。
- colspan='5' 指定了該儲存格跨越五個列。代表這一個儲存格合併了五個欄位(td colspan='5')，這意味著該儲存格佔據了整整五個欄位的位置。
- <div align='center'>：<div> 用於創建一個區塊，"div" 是 "division"

的縮寫，align='center' 指定了該區塊中的內容居中。

- Div 標籤之內容：該儲存格包含了一段文字："Temperature & Humidity Sensor(溫溼度感測裝置)"。

- <?php echo sprintf($tstr, $temp0); ?>：由於表格內第一列，我們需要告訴使用者是哪一個 MAC Address(網卡編號)的資料，所以透過 sprintf()將外部傳入 MAC 參數儲存的變數『$temp0』，產生再具有 MAC Address(網卡編號)的資料的表格抬頭上。

```
<!-- 表格標題行 -->
<tr bgcolor="#CFC">
    <td colspan="5">
        <div align="center">
            <?php echo sprintf($tstr, $temp0); ?> <!-- 表格標題，包含 MAC 地址 -->
        </div>
    </td>
</tr>
<!-- 表格列標題 -->
```

Temperature & Humidity Sensor for MAC ABCDEF112233(溫溼度感測裝置)

圖 340 合併標題列

資料內容表格區明細抬頭表格

　　如下圖所示，由於本程式之內容表格，除了需要顯示那一個 MAC Address(網卡編號)的資料，還需要告訴使用者每一個欄位的意義，所以會有這段 HTML 語法。

MAC Address(網卡編號)	IP Address(用戶端 IP)	Update Time(更新時間)	Temperature(溫度)	Humidity(濕度)

~ 273 ~

圖 341 明細抬頭

由於我們需要顯示：MAC Address(網卡編號)、IP Address(用戶端 IP)、Update Time(更新時間)、Temperature(溫度)、Humidity(濕度)共五個欄位，所以在外部 <tr>...</tr>內，將五個<td>….</td>都加入 MAC Address(網卡編號)、IP Address(用戶端 IP)、Update Time(更新時間)、Temperature(溫度)、Humidity(濕度)共五個欄位，來顯示明細的資料的表格抬頭上。

```
<tr>
    <td>MAC Address(網卡編號)</td>
    <td>IP Address(用戶端 IP)</td>
    <td>Update Time(更新時間)</td>
    <td>Temperature(溫度)</td>
    <td>Humidity(濕度)</td>
</tr>
```

主要顯示資料內區

下表所示為主要把$d01~$d05 的陣列變數，產生對應的內容，並透過格式化字串，將資料對齊於表格之內，可以產生如下圖所示之內容。

```
<!-- 使用 PHP 迴圈生成表格內容 -->
<?php
if (count($d01) > 0) { // 如果有資料
    for ($i = 0; $i < count($d01); $i++) { // 逐行顯示
        // 使用 $subrow 模板和 sprintf 生成表格行
        echo sprintf($subrow, $d01[$i], $d02[$i], $d03[$i], $d04[$i], $d05[$i]);
    }
}
?>
```

ABCDEF112233	192.168.88.108	20240513100244	62.10	71.00
ABCDEF112233	192.168.88.108	20240513101641	62.10	71.00
ABCDEF112233	192.168.88.108	20240513101643	62.10	71.00
ABCDEF112233	192.168.88.108	20240513101649	62.10	88.00

圖 342 明細資料列

判斷是否有資料需要顯示區

　　如上面所敘述，我們將讀出之五個欄位資料分別儲存在$d01、$d02、$d03、$d04、$d05 五的陣列變數之中，如果沒有資料，我們選$d01 陣列變數，用『count(陣列變數)』來計算該陣列變數是否有資料，有多少資料就回傳多少資料的個數，沒有資料就回傳 0。

　　如此一來，如果有資料，我們就用 if 判斷式，進入 if 判斷式內部，進行顯示的程式區段，在內容顯示區則會產生下圖所示之內容。

```
if (count($d01) > 0)
{
內容顯示區
}
```

ABCDEF112233	192.168.88.108	20240513100244	62.10	71.00
ABCDEF112233	192.168.88.108	20240513101641	62.10	71.00
ABCDEF112233	192.168.88.108	20240513101643	62.10	71.00
ABCDEF112233	192.168.88.108	20240513101649	62.10	88.00

圖 343 明細資料列

產生資料表格列顯示區

　　如下表所示，筆者用 for 迴圈，來一筆一筆取出每一列的資料，它以 $i 作為計數器變數,從 0 開始,反覆運算 count($d01) 次,就陣列資料的個數,用$i 來作陣列資料的索引值,來取得每一個陣列資料的值。

語法解釋

- for 是一個迴圈語句,用於重複執行一段代碼。
- ($i = 0; $i < count($d01); $i++) 是 for 迴圈的三個部分:
- 初始化部分:$i = 0,表示迴圈開始時,計數器 $i 從 0 開始。
- 條件部分:$i < count($d01),這個條件決定迴圈是否繼續進行。它會在每次迴圈開始時進行評估,如果條件為真,迴圈繼續;如果為假,迴圈終止。count($d01) 返回陣列 $d01 的元素個數。
- 反覆運算部分:$i++,在每次迴圈結束時執行,增加 $i 的值,使其遞增 1。

```
for ($i = 0; $i < count($d01); $i++)
{
    顯示表格每一列內容區程式碼
}
```

上述程式『顯示表格每一列內容區程式碼』會產生如下圖所示之資料列

ABCDEF112233	192.168.88.108	20240513100244	62.10	71.00
ABCDEF112233	192.168.88.108	20240513101641	62.10	71.00
ABCDEF112233	192.168.88.108	20240513101643	62.10	71.00
ABCDEF112233	192.168.88.108	20240513101649	62.10	88.00

圖 344 明細資料列

產生資料表格列顯示區

如下表所示,我們將 " " <tr><td>%s</td><td>%s</td><td>%s</td><td>%4.2f</td><td>%4.2f</td></tr> " 的格式化字串,透過 sprintf()指令,將$d01, $d02, $d03, $d04, $d05 等共五個變數,填入上面格式化字串內五個<td>….</td>的內容內。

最後透過『echo』的網頁列印指令,將完整的每一列表格的完整 HTML 語法,如   :

<tr><td>AA11BB22CC33</td><td>127.0.0.1</td><td>20240416113604</td><td>28.30</td><td>68.90</td></tr>,將每一列中充滿每一欄位的資料的 HTML 語法,列印到網頁上。

如下表所列內容,其『sprintf($subrow, $d01[$i], $d02[$i], $d03[$i], $d04[$i], $d05[$i])』會產生如下圖所示之表格內容之 HTML 表格列的 <tr>……</tr>的資料列內容,轉成在瀏覽器上,會產生下圖所示之內容。

```
echo sprintf($subrow, $d01[$i], $d02[$i], $d03[$i], $d04[$i], $d05[$i]);
```

ABCDEF112233	192.168.88.108	20240513100244	62.10	71.00
ABCDEF112233	192.168.88.108	20240513101641	62.10	71.00
ABCDEF112233	192.168.88.108	20240513101643	62.10	71.00
ABCDEF112233	192.168.88.108	20240513101649	62.10	88.00

圖 345 明細資料列

將頁尾頁面程式含入

目前主頁的頁面頁尾,筆者使用『topfooter.php』的程式,崁入在目前 HTML 語法之內,主要將『<?php …….. ?>』的程式崁入目前程式之中,並在</body>上一列的位置,所以所有的頁面頁尾也會在該頁面最下方呈現,會產生如下圖所示之內容。

```
<?php include("../topfooter.php"); ?>
```

~ 277 ~

曹永忠 博士 Yung-Chung Tsao Ph.D

700, Kaohsiung University Rd.,
Nanzih District, Kaohsiung 811,
Taiwan, R.O.C.
811726 高雄市楠梓區高雄大學路700號

圖 346 頁尾頁面內容

章節小結

　　本章主要介紹物聯網之雲端平台，將前章節溫溼度感測器之資料收集器上傳到雲端平台的資料，透過兩隻程式，一支是彙總同裝置之資料視覺化顯示網頁，另外一隻是整合再上隻程式內，每一個 MAC 裝置的明細查詢程式之明細資料視覺化顯示網頁，相信透過本章一步一步的教學，讀者已經可以了解如何將單一的感測器資料在雲端平台上予以視覺化的顯示與明細顯示。

　　當然，雖然感測器的多樣化，太多種類的感測器開發設計之資料收集器都有所不同，但是資料而言，大多數都是大同小異，相信透過本章手把手的教學，讀者在未來新的感測器裝置開發的資料收集器有可以快速開發出對應的雲端平台之應用視覺化顯示系統。

4
CHAPTER

開發視覺化雲端平台

  本章主要介紹讀者如何整合 Apache WebServer(網頁伺服器)，搭配 Php 互動式程式設計與 mySQL 資料庫，在進行 Chart 圖表視覺化的網頁開發。

  為了達到本書可以輕易開發視覺化的功能，筆者採用 Highcharts.Inc.（網址：https://www.highcharts.com/）開發的 Highcharts 產品。該產品是一個流行的 JavaScript 圖表函式庫，可輕易的用於在網頁上建立互動性強且視覺效果優秀的圖表。許多開發者用這個產品，搭配雲端開發的伺服器技術與動態網頁設計語言來快速構建動態圖表和資料視覺化應用，一般而言，Highcharts 函式庫提供各種圖表類型，如折線圖、長條圖、圓餅圖、散點圖、面積圖、雷達圖等。

以下為 Highcharts 的特點：

- 豐富的圖表類型：Highcharts 支援多種圖表類型，包括折線圖、長條圖、圓餅圖、散點圖、面積圖、雷達圖、儀錶圖、地圖等，並允許開發者在圖表中進行自定義附加的功能與介面。

- 互動性：Highcharts 的圖表具備豐富的互動性，例如工具提示、滑鼠懸停、點擊事件、拖放等，為使用者用戶提供更直觀的使用體驗。

- 跨平台性：Highcharts 可以在多種瀏覽器和開發與使用裝置上正常運作，確保跨平台的兼容性。

- 易於使用性：Highcharts 提供直觀且簡單的 API，使開發人員可以輕鬆建立圖表並進行自定義附加的功能與介面。

- 高度客自化功能性：Highcharts 允許開發者通過設定配置選項，自行定義圖表的各個顯示界面，如顏色、標題、軸、圖例、標記、動畫等。

- 廣泛的文件和範例：Highcharts 提供詳細的文件、教程和範例，幫助開發人員快速上手。
- 活躍的社群：Highcharts 擁有一個活躍的社群和論壇，用戶可以在這裡尋求幫助並分享經驗。

開發者對於 Highcharts 的應用領域列舉如下：
- 資料視覺化：Highcharts 常用於資料視覺化，幫助使用者用戶直觀理解系統產生的資料和提供快速分析數據介面。
- 商業報告：Highcharts 可以用於生成商業報告、銷售分析和其他商業應用中的圖表。
- 數位儀表盤：Highcharts 可以用於構建數位儀表盤，展示即時資料和監控結果。
- 教育和教學：Highcharts 也適用於教育領域，幫助學生和教師更好地理解資料。

目前 Highcharts 提供下列元件部分，不過目前筆者只有使用 Highcharts 部分：
- Highcharts：主要的圖表庫，用於建立不同類型的圖表。
- Highstock：專為金融和股票資料設計的套件，提供高效處理大量資料的能力。
- Highmaps：用於建立互動地圖和地理視覺化。
- Highcharts Gantt：用於建立甘特圖和項目管理圖表。

目前開發者高效使用 Highcharts 的方式大約如下：
- 設定選項：使用配置選項來自定義圖表的外觀和行為。
- 響應式設計：確保圖表在不同螢幕尺寸和裝置上能夠自適應。
- 資料源：Highcharts 支援從多種來源（如 JSON、CSV 等）導入資料，確保資料的靈活性。

- 事件處理：Highcharts 提供多種事件處理方法，用於處理用戶互動，例如點擊、懸停、拖放等。

總而言之，Highcharts 是一個強大且靈活的 JavaScript 圖表函式庫，適用於多種場景，並且在資料視覺化、商業應用、教育和數位儀表盤等方面都具有廣泛應用。

開發工具安裝

如下圖所示，請讀這使用瀏覽進，進入網路，這裡筆者使用的是 Chrome 瀏覽器。

圖 347 開啟瀏覽器

如下圖所示，請進入網址：https://www.google.com.tw/，進入 Google 搜尋引擎主頁。

~ 282 ~

圖 348 進入 google 搜尋引擎

如下圖所示,請在進入 Google 搜尋引擎主頁的關鍵字欄位,輸入『high chart』的關鍵字。

圖 349 輸入搜尋關鍵字

如下圖所示,在 Google 搜尋引擎主頁,搜尋『high chart』的關鍵字後,可以看到許多相關『high chart』的關鍵字的網頁被找到,可以看到下圖中,有

~ 283 ~

『Highcharts – Interactive Charting Library for Developers』的字，點選這個頁面，就可以進入 Highcharts – Interactive Charting Library for Developers 的官網。

圖 350 找到 Highcharts 網站

如下圖所示，我們進到網址：https://www.highcharts.com/，出現 Highcharts 的官網。

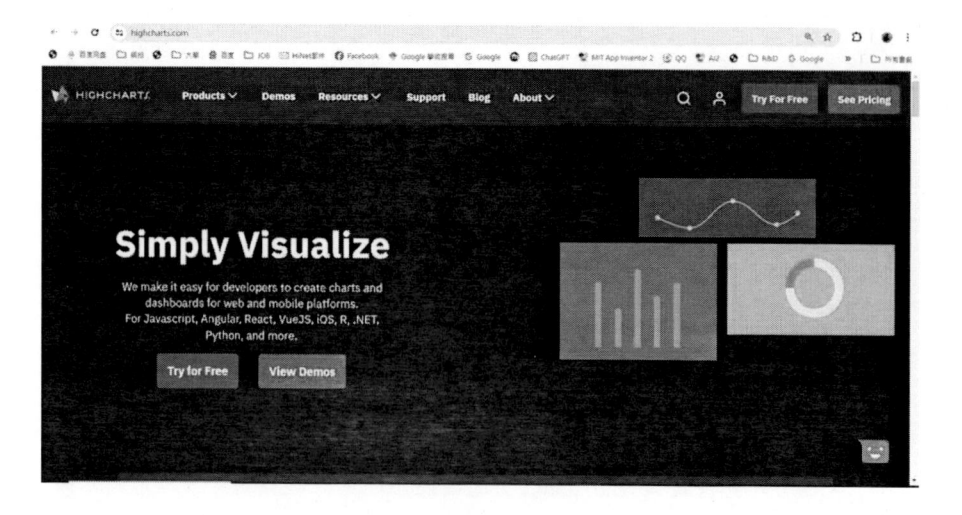

圖 351 Highcharts - Interactive Charting Library for Developers 官網

如下圖所示，在主頁選擇 Try For Free 圖是，進入軟體試用畫面。

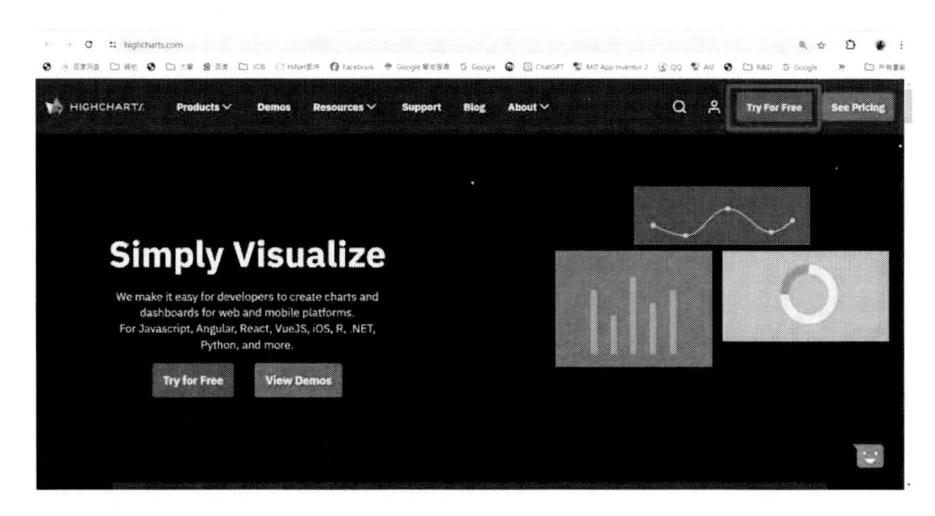

圖 352 點選試用網頁

如下圖所示，我們進入 Highcharts - Interactive Charting Library for Developers 的試用畫面。

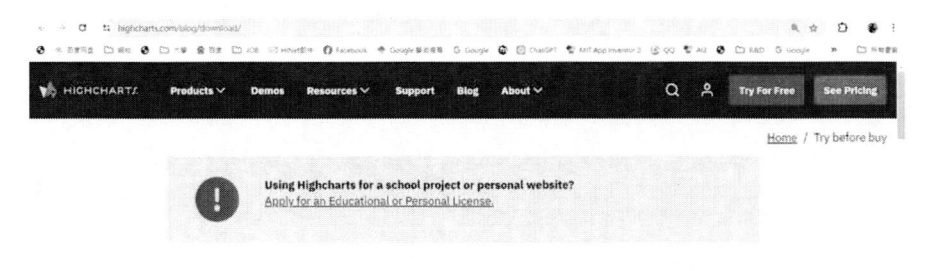

~ 285 ~

圖 353 試用網頁

如下圖所示，我們進入網頁：https://www.highcharts.com/blog/download/，進入 Highcharts - Interactive Charting Library for Developers 的試用畫面，在使用滑鼠選軸往下網頁。

往下之後可以看到 Highcharts Core 等字眼的超連結的網站。

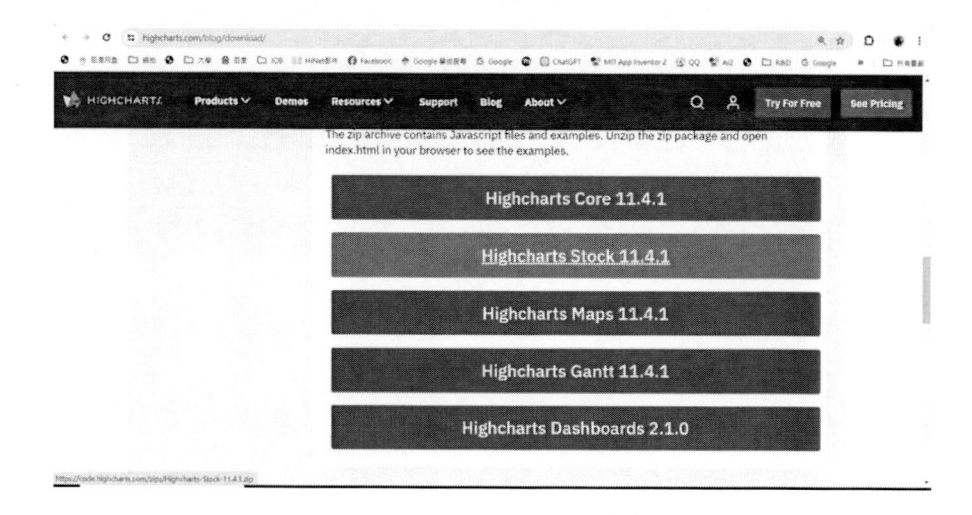

圖 354 下載元件畫面

如下圖紅框處所示，筆者點選 HighChart Core 11.4.1 這個 Highcharts Core 11.4.1 圖示，讀者安裝時，其實 HighChart Core XXX.XX.XX 的『XXX.XX.XX』或許版本數字會不同，但是不管不同版本數字，點選最新的版本數字下載就可以了。

~ 286 ~

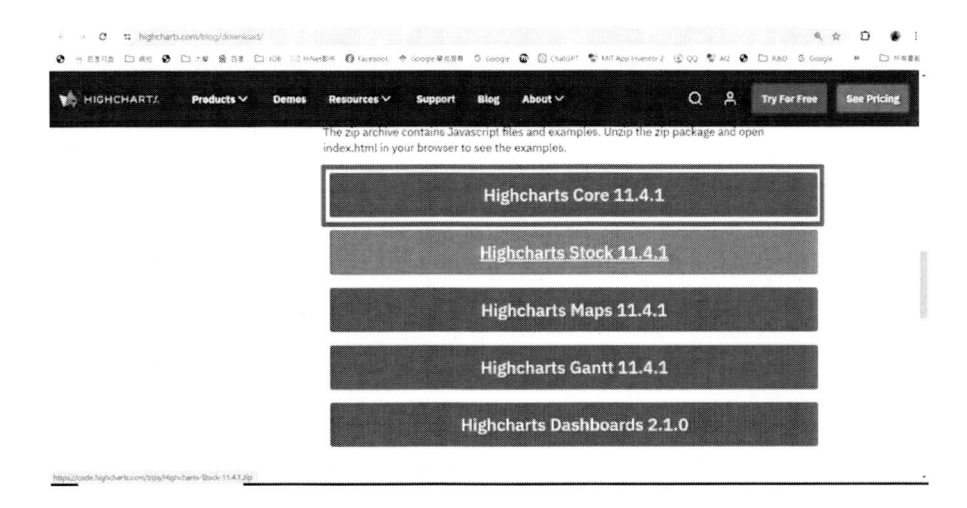

圖 355 點選 HighChart Core

　　如下圖所示，再點選下載 HighChart Core XXX.XX.XX 的的元件後，會出現在系統下載資料夾下載 Highcharts 元件的選擇資料夾的對話窗

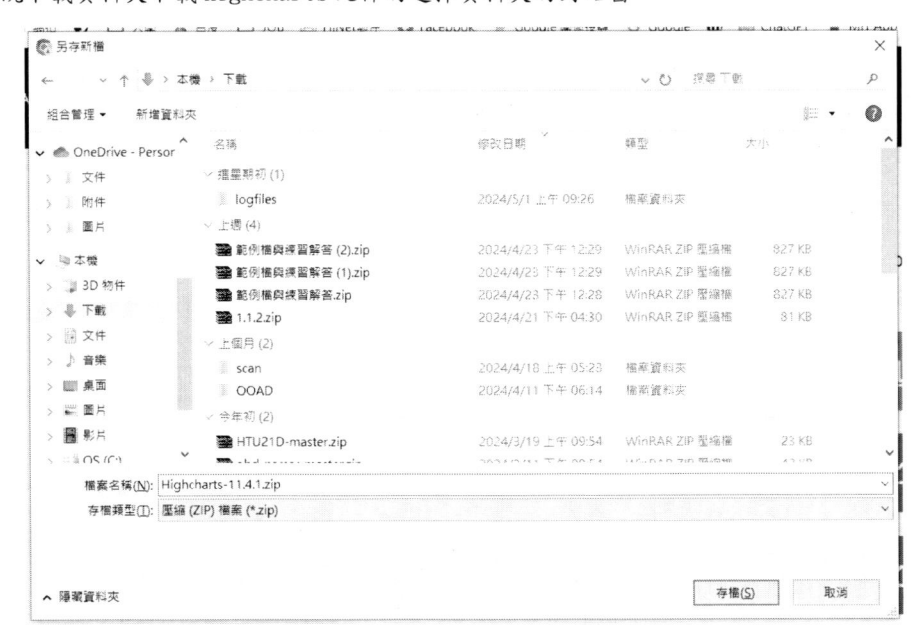

圖 356 在系統下載資料夾下載 Highcharts 元件對話窗

如下圖所示，筆者用檔案總管：開啟作業系統下載資料夾，出現開啟作業系統下載資料夾的畫面。

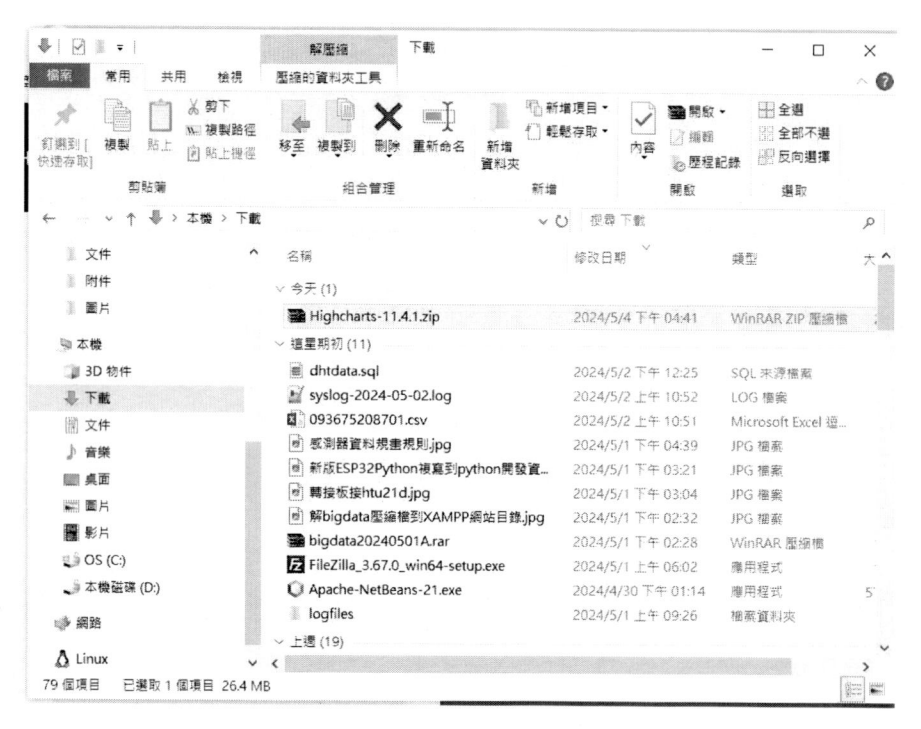

圖 357 下載完成後開啟作業系統下載資料夾

如下圖所示，在作業系統下載資料夾下，參考下圖 1 號所示，選取 Highcharts 元件(目前為：Highcharts-11.4.1.zip)，用滑鼠點選後，按下滑鼠右鍵，參考下圖 2 號開起解壓縮軟體(筆者使用 WinRAR)，用 WinRAR 解壓縮軟體開啟 ighcharts 元件(目前為：Highcharts-11.4.1.zip)。

~ 288 ~

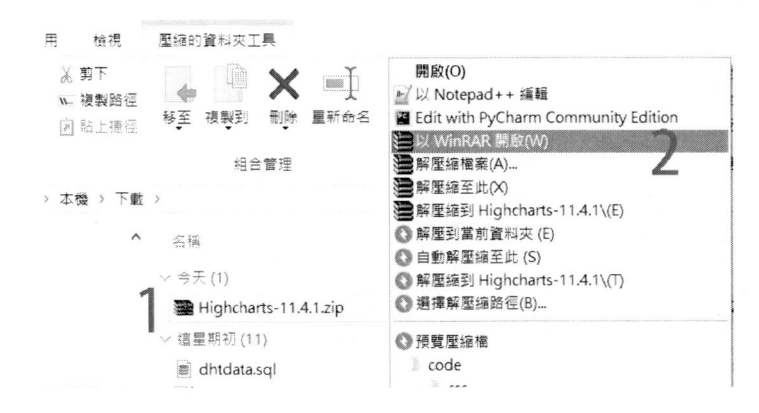

圖 358 用解壓縮軟體開起下載元件

如下圖所示，用 WinRAR 解壓縮軟體開啟 Highcharts 元件(目前為: Highcharts-11.4.1.zip)後，出現Highcharts元件之解壓縮軟體畫面。

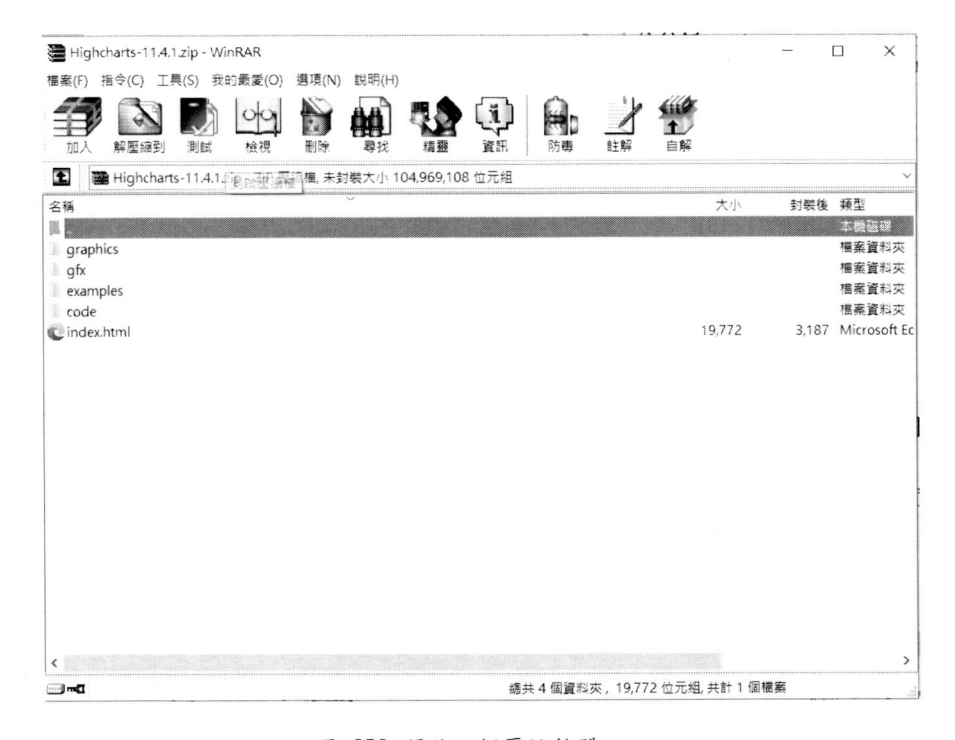

圖 359 開啟之解壓縮軟體

~ 289 ~

如下圖所示，在 WinRAR 解壓縮軟體內，選取 code 資料夾。

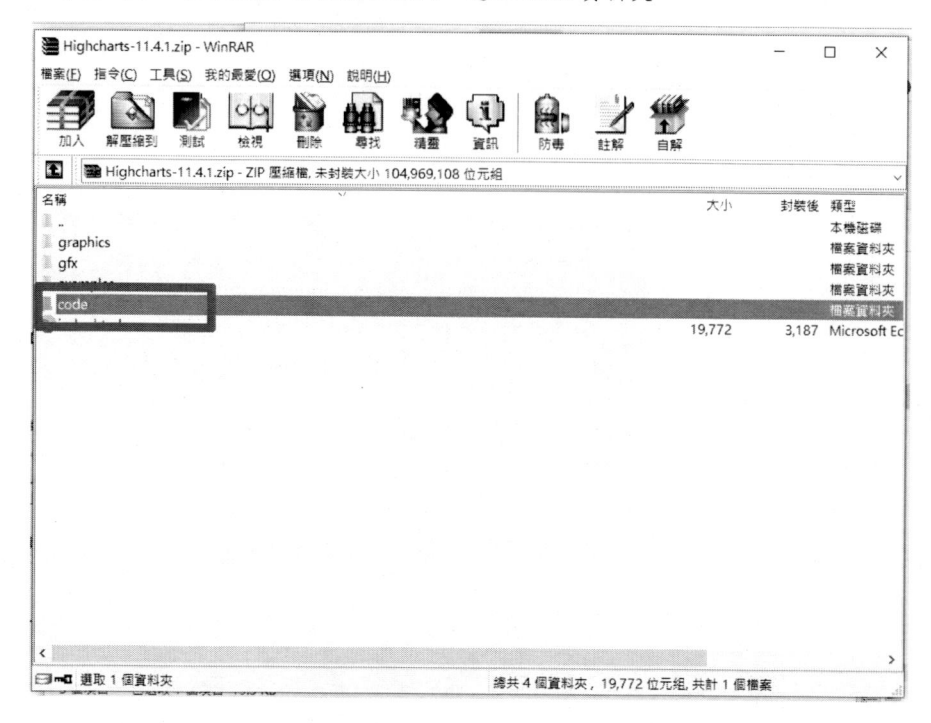

圖 360 選取 code 資料夾

如下圖所示，筆者用 WinRAR 解壓縮軟體開啟 Highcharts 元件(目前為：Highcharts-11.4.1.zip)後，出現 Highcharts 元件之解壓縮軟體畫面，先選取『code』資料夾，解壓縮到『D:\xampp\htdocs\bigdata』這個資料夾。

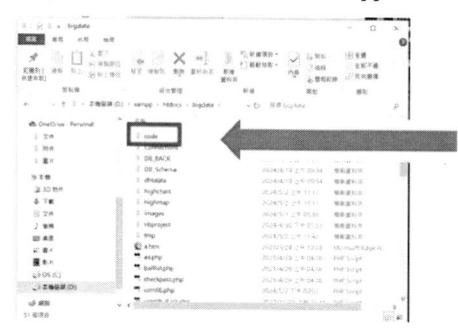

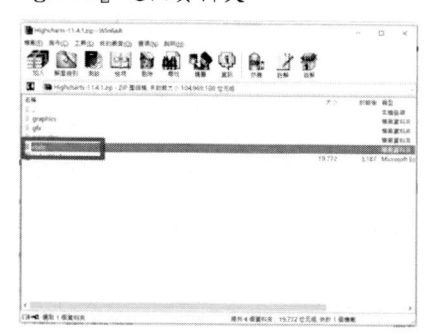

圖 361 解 code 資料夾到 bigdata 資料夾下

　　如下圖所示，安裝 HighChart 元件後，就可以看到 HighChart 元件可以整合在 PHP 網頁程式，產生下圖所示之線性圖表。

圖 362 簡單的 chart 圖表畫面

建立簡單的資料列示的網頁

　　接下來我們要使用 PHP 網頁技術，透過建立的網頁伺服器，建立網頁程式，將我們建立的溫溼度資料，將它顯示出來，並透過表格列示方式，將溫溼度的資料顯示出來。

溫溼度裝置彙總表程式

　　如下圖所示，筆者為了設計出讓使用者可以了解，目前溫溼度感測資料大約有多少筆，多少裝置與每一個裝置有多少筆，由於每一個裝置是由 MAC 欄位所控制與辨識，所以筆者在『bigdata/dhtdata/ ShowChart.php』設計一個『ShowChart.php』

的 php 程式，來顯示目前有多少 MAC 裝置與筆數與最後更新時間。

MAC Address	Record Counts	Last Update	Curve Chart Display
AABBCCDDEEFF	3	20240401105256	Curve Chart Display(曲線表顯示)
AA11BB22CC33	3	20240416113604	Curve Chart Display(曲線表顯示)
246F28248CE0	1547	20200406094607	Curve Chart Display(曲線表顯示)
112233445566	2	20240329110750	Curve Chart Display(曲線表顯示)

圖 363 溫溼度感測器群組化主頁

如下表所示，為溫溼度裝置彙總表程式，其程式位置在 bigdata/dhtdata/ShowChart.php，可以看到該程式內容如下表所示。

```
溫溼度裝置彙總表程式(bigdata/dhtdata/ ShowChart.php)
<?php
/*
這段程式碼顯示了一個頁面，列出了溫溼度感測器的 MAC 地址、溫度、濕度、最後更新時間等信息。
* SQL 查詢從 big.dhtdata 資料表中獲取數據。
* 然後在 HTML 表格中顯示這些信息。超連結提供了查看特定裝置詳細資料的途徑。
* 表格內含標題欄和資料行，並使用 PHP 的 sprintf 函數進行格式化。
*/


// 開啟 PHP 會話
```

~ 292 ~

```php
session_start();   // 開啟或繼續 PHP 會話,用於保存用戶的會話資料

// 會話是一種在多個頁面之間保存用戶資料的方法。
// 通過 session,可以在使用者瀏覽網站時保持他們的狀態和資料。
// session_start() 用於初始化或恢復會話。
// 必須在任何會話資料讀取或寫入之前調用這個函數。
// 它通常放在每個 PHP 檔案的開頭,這樣才能確保會話資料可用。

    // 包含共用資料庫函式庫和連線設置
    include("../comlib.php");   // 通用的資料庫函式庫
    include("../Connections/iotcnn.php");   // 資料庫連線設定

    // 建立到 MySQL 資料庫的連線
    $link = Connection();   // 取得一個 MySQL 連線物件

    // 格式化表格每一行的模板
    $subrow = "<tr><td>%s</td><td>%d</td><td>%s</td><td>%s</td></tr>";

    // 格式化超連結的模板,用於查詢特定 MAC 地址的詳細資料
    $op1 = "<a href='ShowChartlist.php?MAC=%s'>Curve Chart Display(曲線表顯示)</a>";

    // 定義 SQL 查詢語句,用於獲取設備的 MAC 地址、記錄總數以及最後更新時間
    $qrystr = "SELECT MAC, count(MAC) as tt, max(systime) as systime FROM big.dhtdata WHERE 1 GROUP BY MAC ORDER BY MAC";

    // 初始化空陣列以儲存 MAC 地址、記錄數量和最後更新時間
    $d00 = array();   // 儲存 MAC 地址
    $d01 = array();   // 儲存記錄總數
    $d02 = array();   // 儲存最後更新時間

    // 執行 SQL 查詢
    $result = mysqli_query($link, $qrystr);   // 執行查詢並將結果存入 $result
    if ($result !== FALSE)
    {   // 檢查查詢是否成功
```

```php
        // 遍歷查詢結果,將數據加入對應的陣列中
        while ($row = mysqli_fetch_array($result))
        {   // 迭代查詢結果
            array_push($d00, $row["MAC"]);    // 將 MAC 地址加入陣列
            array_push($d01, $row["tt"]);    // 將記錄數量加入陣列
            array_push($d02, $row["systime"]);   // 將最後更新時間加入陣列
        }
    }

    // 釋放查詢結果資源
    mysqli_free_result($result);    // 釋放記憶體中分配的資源

    // 關閉資料庫連線
    mysqli_close($link);    // 關閉 MySQL 連線
?>

<!DOCTYPE html PUBLIC "-//W3C//DTD XHTML 1.0 Frameset//EN" "http://www.w3.org/TR/xhtml1/DTD/xhtml1-frameset.dtd">  <!-- XHTML DOCTYPE -->
<html xmlns="http://www.w3.org/1999/xhtml">  <!-- XHTML 命名空間 -->
<head>
<meta http-equiv="Content-Type" content="text/html; charset=utf-8" />  <!-- 頁面字符編碼 -->
<title>Query Temperature and Humidity Data by MAC</title>  <!-- 頁面標題 -->
<link href="../webcss.css" rel="stylesheet" type="text/css" />  <!-- 連結外部 CSS 檔案 -->
</head>

<body>
<?php
// 引入網頁頂部標題區域
include '../toptitle.php';    // 引入網頁頂部標題
?>
```

```php
    <div align="center">  <!-- 內容置中 -->
      <table border="1" align = "center" cellspacing="1" cellpadding="1">  <!-- 表格結構 -->
        <tr>  <!-- 表格標題列 -->
            <td>MAC Address</td>  <!-- MAC 地址欄 -->
            <td>Record Counts</td>  <!-- 記錄數量欄 -->
            <td>Last Update</td>  <!-- 最後更新時間欄 -->
            <td>Curve Chart Display</td>  <!-- 顯示詳細資料欄 -->
        </tr>

        <?php
            // 如果有 MAC 地址記錄
            if (count($d00) > 0) {
                // 逆序迭代，以顯示記錄
                for ($i = count($d00) - 1; $i >= 0; $i--)
                {
                    // 使用 echo 和 sprintf 建立表格行，並包含詳細資料的連結
                    echo sprintf($subrow,
                        $d00[$i],  // MAC 地址
                        $d01[$i],  // 記錄數量
                        $d02[$i],  // 最後更新時間
                        sprintf($op1,$d00[$i])  // 用於顯示詳細資料的 MAC 地址
                    );
                }
            }
        ?>

      </table>
    </div>  <!-- 結束置中內容區域 -->
</form>

<?php
// 包含網頁底部區域
include("../topfooter.php");  // 引入網頁底部
?>
```

```
</body>
</html>
```

程式下載：https://github.com/brucetsao/CloudingDesign

上表所示的程式之架構圖，如下圖所示，整體分成抬頭區、頁尾區與 body 的表格資料產生區。

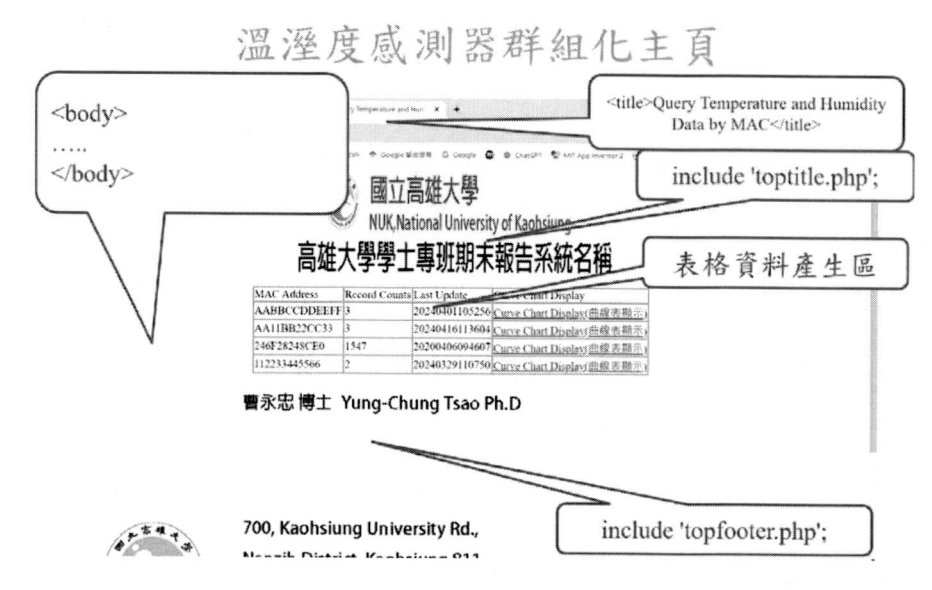

圖 364 溫溼度感測器群組化主頁架構

細部程式解說

如果在程式之中要使用 PHP session，就必須在操作之前以 session_start() 啟動頁面的 session 功能。

然而要注意的是，session_start()只能讓單隻的 php 程式可以運用，如果每隻 PHP 檔案要使用 session 功能，都要在每一隻程式開始之前加上 session_start()，才可以讓 session 變數可以開始運作。

```
session_start();
```

session_start() 必須要放在每個 PHP 檔案的開頭處，用於初始化或恢復會

~ 296 ~

話，會使在多個頁面之間保存用戶資料的常用的方法，通過 session，可以在使用者瀏覽網站時保持他們的狀態和資料，開發者必須在任何會話資料讀取或寫入之前初始化這個函數。

包含共用函式

由於本程式會用到許多常用的函式，而這些函式筆者都是攥寫『comlib.php』的共用函式程式之中，所以必須要用『include("../comlib.php");』來將這些函式包含在程式之中。

```
// 引入外部檔案，這些檔案包含資料庫連接和其他功能
include("../comlib.php");          // 通用函數庫
```

由於所有的讀、寫、查詢等 php 程式，都必須要連接資料庫，所以筆者將連接資料庫設定一個 Connection() 的函式來提供所有程式，並存放在 Connections/iotcnn.php 下，所以我們使用 include("../Connections/iotcnn.php");，便可以將整隻資料庫連線程式包含進來。

而如何呼叫資料庫連線程式，筆者使用函數宣告，宣告一個 Connection() 的函式來提供所有連線資料庫的物件，而在宣告該函式，只要在『{』與『}』這兩個大括號符號內所包覆程式，皆是 Connection() 的函式該實際執行的內容。

```
include("../Connections/iotcnn.php");          //使用資料庫的呼叫程式
```

建立連線資料庫

上面說到，我們使用 include("../Connections/iotcnn.php");，便可以將整隻資料庫連線程式包含進來，便可以使用函數宣告:Connection()的函式來提供所有連線資料庫的物件。

所以筆者使用『$link=Connection();』用變數『$link』來呼叫 Connection()的函式，取得資料庫連線。

```
$link=Connection();        //產生 mySQL 連線物件
```

表格資料變數準備區

由於本頁面資料呈現，主要透過表格方式來成呈現資料，筆者使用 sprintff 的格式化字串，sprintf 原來是 C 語言中的一個函數，目前 php 語言亦採用其強大的功能，用來格式化並將結果存儲在指定的字符串緩衝區中。格式化字串中的特定字符和符號會指示如何程式後續處理參數以及它們的顯示格式。

以下是一些關鍵點和常見的格式化指令：

- %d：整數（十進制）。
- %u：無符號整數（十進制）。
- %f：浮點數。
- %s：字符串。
- %c：單個字符。
- %x 或 %X：十六進制整數。
- %o：八進制整數。
- %p：指標或地址。
- %g：最簡潔的方式表現浮點數，可能是科學記數法或常規格式。

- %e 或 %E：科學記數法的浮點數。
- %%：百分比符號

　　如下圖所示，為顯示資料之每列格式，每列都有四個欄位，第一個欄位為文字(%s)，第二個欄位為文字(%s)，第三個欄位為文字(%s)，第四個欄位為文字(%s)。

MAC Address	Record Counts	Last Update	Display Detail
AABBCCDDEEFF	3	20240401105256	Curve Chart Display
AA11BB22CC33	3	20240416113604	Curve Chart Display
246F28248CE0	1547	20200406094607	Curve Chart Display
112233445566	2	20240329110750	Curve Chart Display

圖 365 顯示資料列

　　由上圖與解說之中，每列都有四個欄位，第一個欄位為文字(%s)，第二個欄位為文字(%s)，第三個欄位為文字(%s)，第四個欄位為文字(%s)，所以先用<tr>…..</tr>將所有欄位包含在此列之中，在使用四個<td>…..</td>將六個欄位，包含在<tr>…..</tr>之中，所以透過上圖與解說，把各個欄位<td>…..</td>之間的格式化字串置入其中，為下表所示之格式化字串，並將此字串存入『$subrow』變數之中。

```
// 格式化表格每一行的模板
$subrow = "<tr><td>%s</td><td>%d</td><td>%s</td><td><a href='ShowChartlist.php?MAC=%s'>Curve Chart Display</a></td></tr>" ;;
```

明細查詢超連結準備區

　　如下圖所示，第四個欄位為文字(%s)，並且顯示文字後，還會產生超連結，由每一列連結到明細顯示程式，但是該程式顯示不同的資料，乃透過 MAC(裝置網路卡編號)來查詢所有程式，所以必須在產生每一列資料時，會產生 MAC 欄位時，將 MAC 欄位的資料也帶入顯示 Curve Chart Display 程式的參數內容區。

Curve Chart Display
Curve Chart Display(曲線表顯示)
Curve Chart Display(曲線表顯示)
Curve Chart Display(曲線表顯示)
Curve Chart Display(曲線表顯示)

圖 366 曲線圖超連結欄位區

由上圖與解說之中，我們使用<a href="超連結程式">顯示文字</a>的 HTML 標籤來設定，所以筆者寫了『ShowChartlist.php』來當為查詢 Curve Chart Display 的程式。

而為了『ShowChartlist.php』查詢細部資料的程式需要了解查詢哪一個裝置，必須傳入 MAC='裝置網路卡編號' 等資訊，所以使用『ShowChartlist.php?MAC=%s』，傳入『MAC』的參數，來提供後續『ShowChartlist.php』查詢資料的依據。

所以透過："<a href= ShowChartlist.php?MAC=%s'> Curve Chart Display </a>"的內容來取得傳入 MAC 欄位資料的格式化字串。

資料庫資料準備區

由於必須針對 dhtdata 資料表進行彙總的查詢，所以使用『group by MAC』的 SQL 敘述，來針『MAC』欄位進行彙總型合併運算。

```
SELECT MAC, count(MAC) as tt, max(systime) as systime FROM big.dhtData WHERE 1 GROUP BY mac ORDER BY MAC;
```

	MAC	tt	systime
	112233445566	2	20240329110750
	246F28248CE0	1547	20200406094607
	AA11BB22CC33	3	20240416113604
	AABBCCDDEEFF	3	20240401105256

圖 367 產生彙總資料之ＳＱＬ敘述

如下圖所示，由於需要下圖的欄位，所以使用『SELECT MAC, count(MAC) as tt, max(systime) as systime』的 SQL 敘述，來找出 MAC 欄位。

再來相同的 MAC 欄位的，透過 count(*) 來計算相同 MAC 欄位的筆數，並將內容存到 count 欄位，並且改欄位名稱為『tt』的欄位名稱。

再來相同的 MAC 欄位的 systime 欄位取其最大值(max)，來取得最後一筆資料的日期時間資料取得 systime 欄位，。。

由於必須針對 dhtdata 資料表進行彙總的查詢，所以使用『group by MAC』的 SQL 敘述，來針『MAC』欄位進行彙總型，還必須進行排序，所以用『order by MAC asc』將所有資料進行排序。

最後將 SQL 敘述："SELECT MAC, count(MAC) as tt, max(systime) as systime FROM big.dhtData WHERE 1 GROUP BY MAC ORDER BY MAC"；用標準的 SQL 語法表示後，並將此字串存入『$qrystr』變數之中。

```
$qrystr = "SELECT MAC, count(MAC) as tt, max(systime) as systime FROM big.dhtData WHERE 1 GROUP BY MAC ORDER BY MAC";
```

表格區資料內容儲存陣列變數區

由於上節的 SQL 敘述會產生五個欄位的資料,由於這些資料並非巨大(數千筆或更大),如下表所示,筆者使用$變數=array()的語法,來產生用來儲存五個欄位資料的空陣列:$d00、$d01、$d02。

```
// 初始化空陣列以儲存 MAC 地址、記錄數量和最後更新時間
$d00 = array();   // 儲存 MAC 地址
$d01 = array();   // 儲存記錄總數
$d02 = array();   // 儲存最後更新時間
```

執行 SQL 查詢

由於上章節中,已經產生彙總資料的 SQL 敘述,並將內容存入『$qrystr』變數,所以使用『mysqli_query(資料庫連線物件, 要執行之 SQL 敘述)』的命令,來查詢產生彙總資料的 SQL 敘述,並將查詢結果的資料集(RecordSet)儲存在『$result』變數之中。

```
$result = mysqli_query($link, $qrystr);
```

IF 判斷是否有資料可以顯示程式區

由於上節的 SQL 敘述會產生五個欄位的資料,並將查詢結果的資料集(RecordSet)儲存在『$result』變數之中。

如果查詢到的資料,並沒有任何資料符合或查詢到資料為空資料集,則『$result』變數會變成 False 的邏輯值,此時就不需要讀取任何資料,所以筆者用$result !== FALSE 輔以 if 判斷式來決定是否盡如讀取資料區。

```
if ($result !== FALSE)
{ // 如果查詢成功,開始處理結果
```

~ 302 ~

```
}
```

讀取資料程式迴圈判斷區

　　由於上節的查詢結果的資料集(RecordSet)儲存在『$result』變數，若『$result』變數有值(非 false)，則就必須要透過迴圈來循序讀取資料，所以筆者用 while(判斷有讀入資料)，來選擇如果讀入資料，則進入 while 迴圈內，進行讀取資料的程式區。

　　由於 while 迴圈的判斷條件，需要知道是否有獨到資料，所以本文用『mysqli_fetch_array($result)』來讀取資料，並將讀取每一列資料的欄位陣列，回傳到『$row』的欄位陣列之中，如果有讀到資料，『$row』的欄位陣列會得到非 false 的值，如果沒有讀到資料,『$row』的欄位陣列會得到 false 的值來跳出 while 迴圈。

　　由於筆者用循序方式處理資料，每讀一筆資料就馬上處理後，下次就在讀取下一列資料集，而『mysqli_fetch_array($result)』就可以達到這個效果，讀完資料集($result)的一列後，會把指標位置往下一列資料集前進，如果到最後，就是資料集($result)已經沒有資料可以讀取，則『mysqli_fetch_array($result)』就會回傳 false 的值，並該 false 會讓 while 迴圈無法再進入處理資料區的程式，並結束 while 迴圈。

```
while ($row = mysqli_fetch_array($result))
{
    讀取資料程式區
}
```

讀取資料程式區

　　由於上面 while 迴圈，如正確讀取到有資料的那一列，我們就要將查詢結果添加到各個陣列中，所以用的$row["欄位名稱"]來取得『$row』的欄位陣列中哪一個欄位的實際資料，並透過『array_push(陣列變數,內容)』的指令，將讀到的欄位內容，放到對應的欄位陣列之中，如『array_push($d00, $row["MAC"]);』就是把得到『$row』的欄位陣列中『MAC』的欄位資料內容，放到『$d00』的陣列變數之中，其他欄位依法攥寫之。

```
array_push($d00, $row["MAC"]);     // 將 MAC 地址加入陣列
array_push($d01, $row["tt"]);      // 將記錄數量加入陣列
array_push($d02, $row["systime"]); // 將最後更新時間加入陣列 y
```

釋放查詢資料集

由於上節的查詢結果的資料集(RecordSet)儲存在『$result』變數，若『$result』變數往往資料量都不是一兩筆資料，在讀完資料後，我們必須要將資料集(RecordSet)『$result』變數釋放回歸記憶體回到作業系統中，否則該程式多次執行後會讓網頁伺服器的記憶體耗光，產生無記憶體使用後，導致網頁伺服器可能當機或系統嚴重遲緩。

所以我們用『mysqli_free_result(資料集變數)』的指令，來釋放資料集(RecordSet)『$result』變數，來避免浪費不用到的記憶體空間。

```
mysqli_free_result($result);
```

關閉資料庫連接

接下來所有上述程式執行完畢後，由於資料庫連線物件會佔據資料庫資源很多，且會對資料庫系統的用戶與權限產生影響，因為資料庫系統的用戶連線數是受限於資料庫系統，且一旦資料庫連線物件產生一個，就會佔去一個資料庫系統一個

用戶數,所以當程式結束後,因產生資料庫連線物件所佔去一個資料庫系統一個用戶數,必須予以關閉後,將佔去一個資料庫系統一個用戶數才得以返回。

所以筆者用『mysqli_close(連線物件);』命令來釋放$link 變數所佔去一個資料庫系統一個用戶數,如下列程式所示:

```
mysqli_close($link);
```

網頁主體頁面區

如下圖所示,所有網頁都是由『<html>』與『</html>』這兩個標籤(Tag)所包覆,所以在 Apache 網頁系統,所有網頁內容,都是由『<html>』與『</html>』這兩個標籤(Tag)所包覆,這些都是網頁的主要內容。

```
<html>
????????
????????
????????
</htm;>
```

國立高雄大學
NUK,National University of Kaohsiung
高雄大學學士專班期末報告系統名稱

MAC Address	Record Counts	Last Update	Curve Chart Display
AABBCCDDEEFF	3	20240401105256	Curve Chart Display(曲線表顯示)
AA11BB22CC33	3	20240416113604	Curve Chart Display(曲線表顯示)
246F28248CE0	1547	20200406094607	Curve Chart Display(曲線表顯示)
112233445566	2	20240329110750	Curve Chart Display(曲線表顯示)

曹永忠 博士 Yung-Chung Tsao Ph.D

700, Kaohsiung University Rd.,
Nanzih District, Kaohsiung 811

~ 305 ~

圖 368 溫溼度感測器群組化主頁

網頁之中，網站的抬頭，網頁的編碼，等一些瑣碎的設定，包含 javascript 等等都會在這個區街，這是抬頭區，都是由『<head>』與『</head>』這兩個標籤(Tag)所包覆，這些都是網頁抬頭區的主要內容。

```
<head>
<meta http-equiv="Content-Type" content="text/html; charset=utf-8" />
 <!-- 頁面字符編碼 -->
<title>Query Temperature and Humidity Data by MAC</title>
<!-- 頁面標題 -->
<link href="../webcss.css" rel="stylesheet" type="text/css" />
<!-- 連結外部 CSS 檔案 -->
</head>
```

由於網頁必須告知網頁的語言與字集，所以使用『meta』的語法，來告知『http-equiv="Content-Type" content="text/html; charset=utf-8"』。

這個『http-equiv="Content-Type"』的語法，是一個屬於 HTML <meta> 標籤的屬性，用來指定 HTML 文件的字符編碼。這種屬性通常用於確保瀏覽器在解析 HTML 文檔時，正確處理文本的字符集。

這個『content="text/html; charset=utf-8"』的語法告訴瀏覽器這個 HTML 文件的內容類型為 text/html，並且字符編碼為 UTF-8。這是非常重要的，特別是當頁面包含多語言字符、特殊符號或者其他需要明確告知編碼的內容時所必須下達的指令。

```
<meta http-equiv="Content-Type" content="text/html; charset=utf-8" />
```

網頁都一定友網站的抬頭，都是由『< title >』與『</ title >』這兩個標

~ 306 ~

籤(Tag)所包覆，這些都是網頁抬頭的主要內容，所以本頁面的抬頭為：Query Temperature and Humidity Data by MAC。

```
<title>Query Temperature and Humidity Data by MAC</title>
```

`<link href="../webcss.css" rel="stylesheet" type="text/css" />`是一個用來將外部 CSS 樣式表連接到 HTML 文件的標籤。在網頁開發中，這種方式通常用於引用一個外部的 CSS 文件，讓 HTML 文檔能夠使用該 CSS 文件中的樣式定義來控制網頁的外觀。

參數和屬性

href：指定外部 CSS 文件的路徑。在這個例子中，../webcss.css 是該文件的名稱或相對路徑。

rel：指定鏈接的關係。在這種情況下，rel="stylesheet" 表示這個鏈接是連接到樣式表的。

type：指定資源的 MIME 類型，通常為 text/css。在 HTML5 中，這個屬性可以省略，因為 CSS 樣式表已經是默认的。

位置

通常，這種 <link> 標籤會放在 HTML 文件的 <head> 部分，這樣可以確保在頁面呈現之前就加載並應用 CSS 樣式。這樣網頁顯示時就會有正確的外觀，而不會在樣式載入後發生閃爍或頁面 Layout 變化。

```
<link href="../webcss.css" rel="stylesheet" type="text/css" />
```

如下圖所示，網頁本體顯示區為下圖所示之內容為主體，所有會在 Apache 網頁系統，所有網頁內容主體，都是由『<body>』與『</body>』這兩個標籤(Tag)所包覆，這些都是網頁的頁面主要內容的 body 內容區。

```
<body>
????????
????????
????????
</body>
```

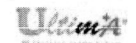

圖 369 網頁主體部分

引用外部頁面抬頭程式

由於本主頁把頁面抬頭儲存在 toptitle.php 程式之中，所以本文用 <?php ………?>的 php 程式區包括起來，方能使用：include '../toptitle.php'; 的程式碼，把外部 toptitle.php 程式透過 include 的語法，將整個外部 php 程式至於目前位置的程式區。

```
<?php
include '../toptitle.php';
```

圖 370 網頁抬頭

顯示內容居中

　　如下圖所示，由於本程式需要將顯示內容居中，所以先用<div align="center">….</div>的 HTML 標籤來居中內部的資料與 HTML 內容。

```
<div align="center"> <!-- 居中對齊 -->
顯示內容
</div>
```

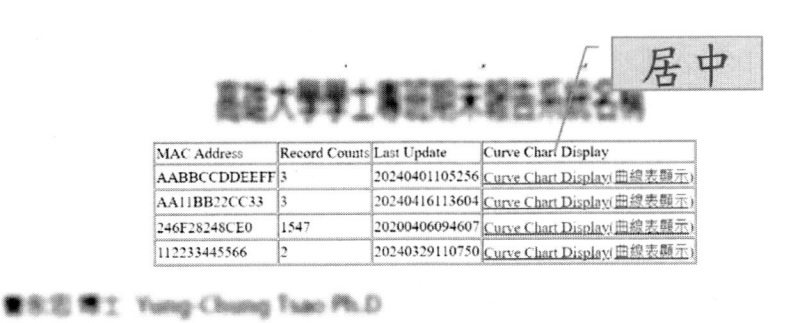

圖 371 顯示內容居中

頁面資料區表格定位區

　　下表所示，筆者用 HTML 標籤<table>…..</table>定義表格，來讓產生的資料可以固定於頁面該有的位置。

~ 309 ~

參數和屬性

- border：指定表格的邊框厚度。border="1" 表示使用單一像素的邊框。
- align：指定表格在父元素中的對齊方式。align="center" 使表格在父元素中居中。
- cellspacing：指定表格單元格之間的間距。cellspacing="1" 表示單元格之間留有 1 像素的空白。
- cellpadding：指定表格內部，單元格與其內容之間的填充。cellpadding="1" 表示單元格內部與內容之間留有 1 像素的填充。

如下圖所示，由於要表格內居中，所以<table 內有 align = "center" > 的內容在裡面。

```
<table border="1" align = "center" cellspacing="1" cellpadding="1">
表格內容
</table>
```

MAC Address	Record Counts	Last Update	Curve Chart Display
AABBCCDDEEFF	3	20240401105256	Curve Chart Display(曲線表顯示)
AA11BB22CC33	3	20240416113604	Curve Chart Display(曲線表顯示)
246F28248CE0	1547	20200406094607	Curve Chart Display(曲線表顯示)
112233445566	2	20240329110750	Curve Chart Display(曲線表顯示)

圖 372 表格內容居中

資料內容表格區明細抬頭表格

如下圖所示，由於本程式之內容表格，除了需要顯示那一個 MAC Address(網卡編號)的資料，還需要告訴使用者每一個欄位的意義，所以會有這段 HTML 語法。

| MAC Address | Record Counts | Last Update | Curve Chart Display |

圖 373 彙總表之明細抬頭

由於我們需要顯示：MAC Address(網卡編號)、Records Count(筆數)、Last Update Time(最後更新時間)、Display Detail (顯示明細)共四個欄位，所以在外部<tr>…</tr>內，將四個<td>….</td>都加入 MAC Address(網卡編號)、Records Count(筆數)、Last Update Time(最後更新時間)、Curve Chart Display (曲線圖顯示)共四個欄位，來顯示明細的資料的表格抬頭上。

```
<tr>    <!-- 表格標題列 -->
    <td>MAC Address</td>   <!-- MAC 地址欄 -->
    <td>Record Counts</td>   <!-- 記錄數量欄 -->
    <td>Last Update</td>   <!-- 最後更新時間欄 -->
    <td>Curve Chart Display</td>   <!-- 顯示詳細資料欄 -->
</tr>
```

主要顯示資料內區

如下圖所示，筆者為了呈現下列內容，撰寫如下表所示為主要把$d00~$d02 的陣列變數，產生對應的內容，並透過格式化字串，將資料對齊於表格之內。

```
<?php
    // 如果有 MAC 地址記錄
    if (count($d00) > 0) {
        // 逆序迭代，以顯示記錄
        for ($i = count($d00) - 1; $i >= 0; $i--)
        {
            // 使用 echo 和 sprintf 建立表格行,並包含詳細資料的連結
            echo sprintf($subrow,
                $d00[$i],    // MAC 地址
                $d01[$i],    // 記錄數量
                $d02[$i],    // 最後更新時間
                sprintf($op1,$d00[$i])  // 用於顯示詳細資料的 MAC 地址
```

```
            );
        }
    }
?>
```

AABBCCDDEEFF	3	20240401105256	Curve Chart Display(曲線表顯示)
AA11BB22CC33	3	20240416113604	Curve Chart Display(曲線表顯示)
246F28248CE0	1547	20200406094607	Curve Chart Display(曲線表顯示)
112233445566	2	20240329110750	Curve Chart Display(曲線表顯示)

圖 374 主要顯示資料內區

判斷是否有資料需要顯示區

　　如上面所敘述，我們將讀出之三個欄位資料分別儲存在$d00、$d01、$d02 等三個的陣列變數之中，如果沒有資料，我們選$d00 陣列變數，用『count(陣列變數)』來計算該陣列變數是否有資料，有多少資料就回傳多少資料的個數，沒有資料就回傳 0。

　　如下圖所示，可以顯示內容，但是要確定是否有資料，如此一來，如果有資料，我們就用 if 判斷式，進入 if 判斷式內部，進行顯示的程式區段。

```
if (count($d00) > 0)
{
    內容顯示區
}
```

AABBCCDDEEFF	3	20240401105256	Curve Chart Display(曲線表顯示)
AA11BB22CC33	3	20240416113604	Curve Chart Display(曲線表顯示)
246F28248CE0	1547	20200406094607	Curve Chart Display(曲線表顯示)
112233445566	2	20240329110750	Curve Chart Display(曲線表顯示)

圖 375 主要顯示資料內區

產生資料表格列顯示區

如下表所示,筆者用 for 迴圈,來一筆一筆取出每一列的資料,它以 $i 作為計數器變數,從 0 開始,反覆運算 count($d00) 次,就陣列資料的個數,用$i 來作陣列資料的索引值,來取得每一個陣列資料的值。

語法解釋

- for 是一個迴圈語句,用於重複執行一段代碼。
- ($i = 0; $i < count($d00); $i++) 是 for 迴圈的三個部分:
- 初始化部分:$i = 0,表示迴圈開始時,計數器 $i 從 0 開始。
- 條件部分:$i < count($d00),這個條件決定迴圈是否繼續進行。它會在每次迴圈開始時進行評估,如果條件為真,迴圈繼續;如果為假,迴圈終止。count($d00) 返回陣列 $d00 的元素個數。
- 反覆運算部分:$i++,在每次迴圈結束時執行,增加 $i 的值,使其遞增 1。

```
for ($i = count($d00) - 1; $i >= 0; $i--)
{
    顯示表格每一列內容區程式碼
}
```

如下圖所示,則會產生下列表格內容。

AABBCCDDEEFF	3	20240401105256	Curve Chart Display(曲線表顯示)
AA11BB22CC33	3	20240416113604	Curve Chart Display(曲線表顯示)
246F28248CE0	1547	20200406094607	Curve Chart Display(曲線表顯示)
112233445566	2	20240329110750	Curve Chart Display(曲線表顯示)

圖 376 主要顯示資料內區

產生資料表格列顯示區

如下表所示，先用 sprintf() 指令，把 "<tr><td>%s</td><td>%d</td><td>%s</td><td>%s</td></tr>" 的格式化字串，透過 sprintf()指令，將$d00, $d01, $d02, $op1a 等共四個變數，填入上面格式化字串內四個<td>….</td>的內容內。

如下表所示，而 $op1a 在用 sprintf() 指令，把 " <a href= 'ShowChartlist.php?MAC=%s' >Curve Chart Display(曲線表顯示)</a>" 的格式化字串，透過 sprintf($op1,$d00[$i])指令，將$d00 MAC 變數，填入上面格式化字串內。

最後透過『echo』的網頁列印指令，將完整的每一列表格的完整 HTML 語法，如   : <tr><td>AABBCCDDEEFF</td><td>3</td><td>20240401105256</td><td><a href='ShowChartlist.php?MAC=AABBCCDDEEFF'>Curve Chart Display(曲線表顯示)</a></td></tr>，將每一列中充滿每一欄位的資料的 HTML 語法，列印到網頁上。

```
echo sprintf($subrow,
    $d00[$i],    // MAC 地址
    $d01[$i],    // 記錄數量
    $d02[$i],    // 最後更新時間
    sprintf($op1,$d00[$i])   // 用於顯示詳細資料的 MAC 地址
```

將頁尾頁面程式含入

目前主頁的頁面頁尾，筆者使用『topfooter.php』的程式，崁入在目前 HTML 語法之內，主要將『<?php …….. ?>』的程式崁入目前程式之中，並在</body>上一列的位置，如下圖所示，所以所有的頁面頁尾也會在該頁面最下方呈現。

```
<?
```

~ 314 ~

```
include("../topfooter.php");
?>
```

700, Kaohsiung University Rd.,
Nanzih District, Kaohsiung 811,
Taiwan, R.O.C.
811726 高雄市楠梓區高雄大學路700號

版權所有 © 2000~2024 All Rights Reserved

圖 377 網頁頁尾

單一裝置之溫溼度線性圖表程式

圖 378 單一溫溼度感測器之曲線圖表圖

　　如下圖所示，筆者在溫溼度裝置彙總表程式主頁，可以在下圖所示之表格之中，在第四欄位之中，可以看到有『Curve Chart Display(曲線表顯示)』之超連結，點取之後就可以得到單一溫溼度感測器之曲線圖表圖。

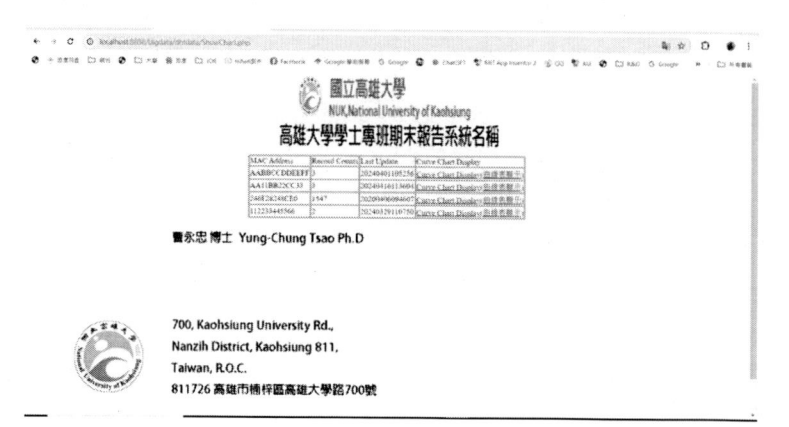

圖 379 溫溼度裝置彙總表程式開啟曲線圖子頁面

　　如上圖所示，筆者在溫溼度裝置彙總表程式主頁，可以在下圖所示之表格之中，在第四欄位之中，可以看到有『Curve Chart Display(曲線表顯示)』之超連結，按下滑鼠右鍵，可以出現快捷選單後，選取在新分頁中開啟連結後，就可以得到單一溫溼度感測器之曲線圖表圖。

~ 316 ~

圖 380 溫溼度裝置彙總表程式開啟曲線圖子頁面

如上圖所示，選取在新分頁中開啟連結後，如下圖所示，就可以得到單一溫溼度感測器之曲線圖表圖。

圖 381 單一裝置之溫溼度線性圖表主頁

如下圖所示，筆者設計在最左邊開始日期時間(YYYYMMDDHHMMSS)之欄位右邊的文字輸入框，會設定開始日期於目前日期時間之 3 天前的日期與時間。

而在最右邊結束日期時間(YYYYMMDDHHMMSS)之欄位右邊的文字輸入框，會設定結束日期於目前的日期時間。

圖 382 開始與結束之日期時間選擇

單一裝置之溫溼度線性圖表主頁操作介紹

透過如上圖所示之開始日期時間(YYYYMMDDHHMMSS)~結束日期時間

(YYYYMMDDHHMMSS)所輸入的資料區間，按下右上方 送出 按鈕，就可以用開始時間：20100501171303~結束時間：20240504171303 之間的限制，查詢溫溼度收集裝置(MAC= 246F28248CE0)這些資料。

筆者也設計右上方之 下載 超連結，可以下載開始時間：20100501171303~結束時間：20240504171303 之間的限制，查詢溫溼度收集裝置(MAC= 246F28248CE0)這些資料，轉成 CSV 的 EXCEL 溫溼度資料檔。

使用者在最右邊欄位之中，查詢該 MAC Address(網卡編號)之裝置之溫溼度明細資料，則可以在新網頁分頁之中看到下圖所示之。

圖 383 單一溫溼度資料收集裝置之日期時間區間之曲線圖

單一裝置之溫溼度線性圖表程式介紹

如下表所示，為單一溫溼度資料收集裝置之日期時間區間之曲線圖，其程式位置在 bigdata/dhtdata/ ShowChartlist.php，可以看到該程式內容如下表所示。

單一溫溼度資料收集裝置之日期時間區間之曲線圖(bigdata/dhtdata/ShowChartlist.php)

```php
<?php
    // 包含共用的資料庫和連線設置
    include("../comlib.php");   // 引入通用函數庫
    include("../Connections/iotcnn.php");   // 引入資料庫連線配置

    // 建立資料庫連線
    $link = Connection();   // 建立 MySQL 連線物件

    // 獲取 MAC 地址，從 GET 或 POST 請求中
    if (!isset($_GET["MAC"])) {   // 如果 GET 請求中沒有 MAC
        $mid = $_POST["MAC"];   // 從 POST 請求中獲取 MAC
    } else {
        $mid = $_GET["MAC"];   // 從 GET 請求中獲取 MAC
    }

    // 設定查詢的起始日期
    if (!isset($_POST["dt1"])) {   // 如果 POST 請求中沒有開始日期
        $sd1 = getshiftdataorder(-3 * 24);   // 設定預設開始日期 (3 天前)
        $dd1 = $sd1;   // 開始日期
    } else {
        $dd1 = $_POST["dt1"];   // 從 POST 請求中獲取開始日期
        $sd1 = $_POST["dt1"];   // 開始日期
```

```php
    }

    // 設定查詢的結束日期
    if (!isset($_POST["dt2"])) {  // 如果 POST 請求中沒有結束日期
        $sd2 = getdataorder();  // 設定預設結束日期（現在）
        $dd2 = $sd2;  // 結束日期
    } else {
        $dd2 = $_POST["dt2"];  // 從 POST 請求中獲取結束日期
        $sd2 = $_POST["dt2"];  // 結束日期
    }

    // 構建 SQL 查詢，用於獲取特定 MAC 地址在指定日期範圍內的資料
    $qry = "SELECT * FROM big.dhtdata WHERE MAC = '%s' AND systime >= '%s' AND systime <= '%s' ORDER BY systime ASC";
    $qrystr = sprintf($qry, $mid, $dd1, $dd2);  // 使用 sprintf 格式化查詢語句

    // 初始化空陣列，用於存儲查詢結果
    $d00 = array();  // 儲存時間戳記（格式化後）
    $d00a = array();  // 儲存原始時間戳記
    $d01 = array();  // 儲存溫度
    $d02 = array();  // 儲存濕度
    $d03 = array();  // 儲存 MAC 地址

    // 執行 SQL 查詢
    $result = mysqli_query($link, $qrystr);  // 執行查詢
    if ($result !== FALSE)
    {  // 如果查詢成功
        // 遍歷查詢結果，並將資料存入對應的陣列中
        while ($row = mysqli_fetch_array($result))
        {
            array_push($d00, trandatetime3($row["systime"]));  // 轉換後的時間戳記
            array_push($d00a, $row["systime"]);  // 原始時間戳記
            array_push($d01, (double)sprintf("%8.2f", (dou-
```

```php
ble)$row["temperature"]));   // 溫度
            array_push($d02, (double)sprintf("%8.2f", (double)$row["humidity"]));   // 濕度
            array_push($d03, $row["MAC"]);   // MAC 地址
        }
    }

    // 釋放查詢結果並關閉資料庫連線
    mysqli_free_result($result);   // 釋放結果集資源
    mysqli_close($link);   // 關閉資料庫連線

    // 建立 CSV 檔案，用於儲存查詢結果
    $myfile = fopen("../tmp/dhtdata.csv", "w");   // 打開 CSV 檔案以進行寫入
    $datah = "'%s', '%s', '%s'\n";   // CSV 標題
    $datar = "'%s', %10.3f, %5.2f\n";   // CSV 資料格式
    $datarow = sprintf($datah, "DateTime", "Temperature", "Humidity");   // 格式化 CSV 標題
    fwrite($myfile, $datarow);   // 寫入標題

    // 將查詢結果寫入 CSV 檔案
    for ($i = 0; $i < count($d00a); $i++) {   // 遍歷所有資料
        $datarow = sprintf($datar, $d00a[$i], $d01[$i], $d02[$i]);   // 格式化資料
        fwrite($myfile, $datarow);   // 寫入 CSV
    }

    // 關閉 CSV 檔案
    fclose($myfile);   // 關閉檔案
?>

<!DOCTYPE html PUBLIC "-//W3C//DTD XHTML 1.0 Frameset//EN" "http://www.w3.org/TR/xhtml1/DTD/xhtml1-frameset.dtd">   <!-- XHTML 文件類型宣告 -->
<html xmlns="http://www.w3.org/1999/xhtml">   <!-- XHTML 命名空間 -->
<head>
    <meta http-equiv="Content-Type" content="text/html; char-
```

```
set=utf-8" />  <!-- 設定字符編碼 -->
    <title>Display Temperature and Humidity Curve Chart by
MAC</title>  <!-- 頁面標題 -->
    <link href="../webcss.css" rel="stylesheet" type="text/css"
/>  <!-- 連結外部樣式表 -->

    <!-- 引入 Highcharts 的 JavaScript 模組,用於繪製圖表 -->
    <script src="../code/highcharts.js"></script>
    <script src="../code/highcharts-more.js"></script>
    <script src="../code/modules/exporting.js"></script>
    <script src="../code/modules/export-data.js"></script>
    <script src="../code/modules/accessibility.js"></script>
</head>

<body>
    <?php
        // 包含網頁頂部的共用內容
        include("../toptitle.php");   // 引入網頁頂部標題
    ?>


    <!-- 表單,用於設置查詢條件 -->
    <form id="form1" name="form1" method="post" action="">  <!--
表單開頭 -->
        <table width="100%" border="1">  <!-- 表格開頭 -->
            <tr>
                <td colspan='5'><div align='center'>Temperature
& Humidity Sensor(溫濕度感測裝置)</div></td>
            </tr>
            <tr>  <!-- 表格內的表單項目 -->
                <td width="220">開始日期時間
(YYYYMMDDHHMMSS)</td>  <!-- 開始日期時間 -->
                <td width="200">
                    <input name="MAC" type="hidden" id="MAC"
value="<?php echo $mid; ?>" />  <!-- 隱藏的 MAC 值 -->
                    <input type="text" name="dt1" id="dt1"
size="14" maxlength="14" value="<?php echo $sd1; ?>" />  <!-- 開
始日期的輸入框 -->
```

~ 322 ~

```html
                </td>
                <td width="220">結束日期時間(YYYYMMDDHHMMSS)</td>  <!-- 結束日期時間 -->
                <td width="200">
                    <input type="text" name="dt2" id="dt2" size="14" maxlength="14" value="<?php echo $sd2; ?>" />  <!-- 結束日期的輸入框 -->
                </td>
                <td width="200">
                    <input type="submit" name="button" id="button" value="送出" />  <!-- 送出按鈕 -->
                    <a href="/tmp/dhtdata.csv">下載</a>  <!-- CSV 檔案的下載連結 -->
                </td>
            </tr>
        </table>
    </form>  <!-- 表單結束 -->

    <!-- 容器，用於顯示 Highcharts 的溫度曲線圖 -->
    <div id="container1" style="min-width: 95%; height: 600px; margin: 0 auto"></div>

    <!-- 容器，用於顯示 Highcharts 的濕度曲線圖 -->
    <div id="container2" style="min-width: 95%; height: 600px; margin: 0 auto"></div>

    <!-- JavaScript，用於繪製圖表 -->
    <script type="text/javascript">
        // 溫度曲線圖的設定
        Highcharts.chart('container1', {
            chart: {
                zoomType: 'x'   // 允許 x 軸縮放
            },
            title: {
                text: 'Temperature °C by MAC:<?php echo $mid ?>'   // 圖表標題
            },
            xAxis: {
```

```
                categories: <?php echo json_encode($d00,
JSON_UNESCAPED_UNICODE); ?>   // x 軸標籤
        },
        yAxis: {
            title: {
                text: '˚C'   // y 軸標籤
            }
        },
        legend: {
            enabled: false   // 不顯示圖例
        },
        plotOptions: {
            area: {
                fillColor: {
                    linearGradient: {
                        x1: 0,
                        y1: 0,
                        x2: 0,
                        y2: 1
                    },
                },
                marker: {
                    radius: 2   // 標記點的半徑
                },
                lineWidth: 0.1,   // 線條寬度
                states: {
                    hover: {
                        lineWidth: 1   // 當滑鼠懸停時，增加線條寬度
                    }
                },
                threshold: null   // 沒有閾值
            }
        },
        series: [{
            name: 'Temperature',   // 數據系列名稱
            data: <?php echo json_encode($d01,
JSON_UNESCAPED_UNICODE); ?>   // 溫度數據
```

```php
        }]
    });

    // 濕度曲線圖的設定
    Highcharts.chart('container2', {
        chart: {
            zoomType: 'x'    // 允許 x 軸縮放
        },
        title: {
            text: 'Humidity Curve Chart by MAC:<?php echo $mid ?>'    // 圖表標題
        },
        xAxis: {
            categories: <?php echo json_encode($d00, JSON_UNESCAPED_UNICODE); ?>    // x 軸標籤
        },
        yAxis: {
            title: {
                text: 'Percent(%)'    // y 軸標籤
            }
        },
        legend: {
            enabled: false    // 不顯示圖例
        },
        plotOptions: {
            area: {
                fillColor: {
                    linearGradient: {
                        x1: 0,
                        y1: 0,
                        x2: 0,
                        y2: 1
                    },
                },
                marker: {
                    radius: 2    // 標記點的半徑
                },
                lineWidth: 0.1,    // 線條寬度
```

```
                    states: {
                        hover: {
                            lineWidth: 1    // 當滑鼠懸停時,增加
線條寬度
                        }
                    },
                    threshold: null     // 沒有閾值
                }
            },
            series: [{
                name: 'Percent(%)',      // 數據系列名稱
                data: <?php echo json_encode($d02,
JSON_UNESCAPED_UNICODE); ?>     // 濕度數據
            }]
        });
    </script>

    <?php
        // 包含頁面底部的共用內容
        include("../topfooter.php");    // 引入頁面底部
    ?>
</body>
</html>
```

程式下載:https://github.com/brucetsao/CloudingDesign

細部程式解說

包含共用函式

由於本程式會用到許多常用的函式,而這些函式筆者都是攥寫『comlib.php』的共用函式程式之中,所以必須要用『include("../comlib.php");』來將這些函式包含在程式之中。

```
// 引入外部檔案,這些檔案包含資料庫連接和其他功能
include("../comlib.php");           // 通用函數庫
```

由於所有的讀、寫、查詢等 php 程式，都必須要連接資料庫，所以筆者將連接資料庫設定一個 Connection() 的函式來提供所有程式，並存放在 Connections/iotcnn.php 下，所以我們使用 include("../Connections/iotcnn.php");，便可以將整隻資料庫連線程式包含進來。

而如何呼叫資料庫連線程式，筆者使用函數宣告，宣告一個 Connection() 的函式來提供所有連線資料庫的物件，而在宣告該函式，只要在『{』與『}』這兩個大括號符號內所包覆程式，皆是 Connection() 的函式該實際執行的內容。

```
include("../Connections/iotcnn.php");        //使用資料庫的呼叫
程式
```

建立連線資料庫

上面說到，我們使用 include("../Connections/iotcnn.php");，便可以將整隻資料庫連線程式包含進來，便可以使用函數宣告:Connection() 的函式來提供所有連線資料庫的物件。

所以筆者使用『$link=Connection();』用變數『$link』來呼叫 Connection() 的函式，取得資料庫連線。

```
$link=Connection();        //產生 mySQL 連線物件
```

檢核 MAC 參數是否存在 GET 變數中

由於上章節中，由於本程式需要知道 MAC Address(網卡編號)的資料，所以是否執行: ShowChartlist.php 時,是否有透過 http GET 方式將『MAC』變數傳入 ShowChartlist.php,如果沒有將『MAC』變數傳入,所有資料的查詢必須依靠 MAC Address(網卡編號)的資料,所以必須嚴格要求是否『MAC』變數傳入 ShowChartlist.php 內。

所以筆者使用『isset(變數)』的命令,來查詢某個變數是否存在,而透過 http GET 方式將『MAC』變數傳入 ShowChartlist.php,則依賴『$_GET["MAC"]』來取得外部『MAC』變數傳入的內容,如果外部『MAC』變數沒有傳入,則 isset($_GET["MAC"]) 會產生 false,如果外部『MAC』變數有傳入,則 isset($_GET["MAC"]) 會產生 true。

所以筆者用『if(!isset($_GET["MAC"]))』的判斷式來判斷外部『MAC』變數沒有傳入,若沒有傳入,則『$mid = $_POST["MAC"];』的內容後,讓變數『$mid』取得『$_POST["MAC"]』的資料,否則就取『$mid = $_GET["MAC"];』,讓變數『$mid』取得 $_GET["MAC"](使用 http GET 傳入)或 $_POST["MAC"](透過畫面 INPUT 的文字框內容)來取得『MAC』變數。

```
// 獲取 MAC 地址,從 GET 或 POST 請求中
if (!isset($_GET["MAC"])) {   // 如果 GET 請求中沒有 MAC
    $mid = $_POST["MAC"];   // 從 POST 請求中獲取 MAC
} else {
    $mid = $_GET["MAC"];   // 從 GET 請求中獲取 MAC
}
```

檢核 dt1 參數是否存在 GET 變數中

由於上章節中,由於本程式需要知道開始日期時間(YYYYMMDDHHMMSS)的 INPUT 文字框的資料輸入,所以筆者使用『isset(變數)』的命令,來查詢某個變數是否存在,而透過 http POST 方式將『dt1』變數傳入 ShowChartlist.php,則依賴『$_POST["dt1"]』來取得外部『dt1』變數傳入的內容,如果外部『dt1』變數沒有傳入,則 isset($_POST ["dt1"]) 會產生 false,如果外部『dt1』變數有傳入,則

isset($_POST ["dt1"])會產生 true。

　　所以筆者用『if(!isset($_POST ["dt1"]))』的判斷式來判斷外部『dt1』變數沒有傳入，若沒有傳入，則用『$sd1 = getshiftdataorder(-3 * 24);』與用『$dd1 = $sd1;』的內容後，讓變數『$sd1』與『$dd1』取得『$_POST["dt1"]』的資料，否則就取用『$dd1 = $_POST["dt1"];』與用『$sd1 = $_POST["dt1"];』的內容後，讓變數『$sd1』與『$dd1』取得『$_POST["dt1"]』的資料。

```
// 設定查詢的起始和結束日期
if (!isset($_POST["dt1"])) {    // 如果 POST 請求中沒有開始日期
    $sd1 = getshiftdataorder(-3 * 24);    // 設定預設開始日期（3 天前）
    $dd1 = $sd1;    // 開始日期
} else {
    $dd1 = $_POST["dt1"];    // 從 POST 請求中獲取開始日期
    $sd1 = $_POST["dt1"];    // 開始日期
}
```

檢核 dt2 參數是否存在 GET 變數中

　　由於上章節中，由於本程式需要知道結束日期時間(YYYYMMDDHHMMSS)的 INPUT 文字框的資料輸入，所以筆者使用『isset(變數)』的命令，來查詢某個變數是否存在，而透過 http POST 方式將『dt2』變數傳入 ShowChartlist.php，則依賴『$_POST["dt2"]』來取得外部『dt2』變數傳入的內容，如果外部『dt2』變數沒有傳入，則 isset($_POST ["dt2"])會產生 false，如果外部『d2』變數有傳入，則 isset($_POST ["dt2"])會產生 true。

　　所以筆者用『if(!isset($_POST ["dt2"]))』的判斷式來判斷外部『dt2』變數沒有傳入，若沒有傳入，則用『$sd2 = getdataorder();』與用『$dd2 = $sd2;』的內容後，讓變數『$sd2』與『$dd2』取得『$_POST["dt2"]』的資料，否則就取

用『$dd2 = $_POST["dt2"];』與用『$sd2 = $_POST["dt2"];』的內容後，讓變數『$sd2』與『$dd2』取得『$_POST["dt2"]』的資料。

```
// 設定查詢的結束日期
if (!isset($_POST["dt2"])) {  // 如果 POST 請求中沒有結束日期
    $sd2 = getdataorder();  // 設定預設結束日期（現在）
    $dd2 = $sd2;  // 結束日期
} else {
    $dd2 = $_POST["dt2"];  // 從 POST 請求中獲取結束日期
    $sd2 = $_POST["dt2"];  // 結束日期
}
```

如上面所敘述，因為要產生開始到結束的時間區間預設值，如下圖所示，會先取得開始日期時間之文字欄位(dt1)與結束日期時間之文字欄位(dt2)，兩個文字內容。

Temperature & Humidity Sensor(溫濕度感測裝置)			
開始日期時間(YYYYMMDDHHMMSS)	20240601121957	結束日期時間(YYYYMMDDHHMMSS)	20240604121957

圖 384 產生特定 MAC 與起訖日期時間之明細資料之 SQL 敘述

資料庫資料準備區

如下圖所示，由於必須針對 dhtdata 資料表進行資料的查詢，所以使用『SELECT * FROM big.dhtdata WHERE MAC = '%s' AND systime >= '%s' AND systime <= '%s' ORDER BY systime ASC』的 SQL 敘述，來針『MAC』欄位比對與『systime』欄位進行開始日期時間與結束日期時間之條件比對查詢。

舉例來說，我們使用『MAC』欄位為『246F28248CE0』內容、使用『dt1』欄位為『20100501171303』內容、使用『dt2』欄位為『20240504171303』內容，產生『SELECT * FROM big.dhtdata WHERE MAC = '246F28248CE0' AND systime >= '20100501171303' AND systime <= '20240504171303' ORDER BY systime ASC』

之 SQL 敘述，執行於 phpMyAdmin 資料庫管理程式中，產生下圖之資料。

完整 SQL 敘述產生區

如下表所示，運用上文『SELECT * FROM big.dhtdata WHERE MAC = '%s' AND systime >= '%s' AND systime <= '%s' ORDER BY systime ASC』的 SQL 敘述透過『sprintf(格式化字串，變數列表)』指令，將『MAC』、『dt1』、『dt2』三個外部傳入的變數，將此三變數暫存的變數『$mid』、『$dd1』、『$dd2』的變數內容填入後，可以產生『SELECT * FROM big.dhtdata WHERE MAC = '246F28248CE0' AND systime >= '20100501171303' AND systime <= '20240504171303' ORDER BY systime ASC』之 SQL 敘述，並將這些內容的資料，回傳資料到『$qrystr』的變數之中。

```
$qrystr = sprintf($qry, $mid, $dd1, $dd2);   // 使用 sprintf 格式化查詢語句
```

表格區資料內容儲存陣列變數區

由於上節的 SQL 敘述會產生五個欄位的資料，由於這些資料並非巨大(數千筆或更大)，如下表所示，筆者使用$變數=array()的語法，來產生用來儲存五個欄位資料的空陣列：$d00、$d00a、$d01、$d02、$d03。

```
// 初始化空陣列，用於存儲查詢結果
$d00  = array();   // 儲存時間戳記（格式化後）
$d00a = array();   // 儲存原始時間戳記
$d01  = array();   // 儲存溫度
$d02  = array();   // 儲存濕度
$d03  = array();   // 儲存 MAC 地址
```

筆者整合上圖之 SQL 敘述產生之資料與上表之變數，整合為下圖所示之特定區間產生之溫溼度資料與變數關係圖。

圖 385 特定區間產生之溫溼度資料與變數關係圖

執行 SQL 查詢

由於上章節中，已經產生特定 MAC 資料之明細資料的 SQL 敘述，並將內容存入『$qrystr』變數，所以使用『mysqli_query(資料庫連線物件,要執行之 SQL 敘述)』的命令，來查詢產生彙總資料的 SQL 敘述，並將查詢結果的資料集(RecordSet)儲存在『$result』變數之中。

```
$result = mysqli_query($link, $qrystr);   // 執行查詢
```

下圖為 SQL 敘述：
SELECT * FROM big.dhtdata WHERE MAC = '246F28248CE0' AND systime >= '20160601112210' AND systime <= '20240604112210' ORDER BY systime ASC;

所產生的資料，用來產生曲線圖形。

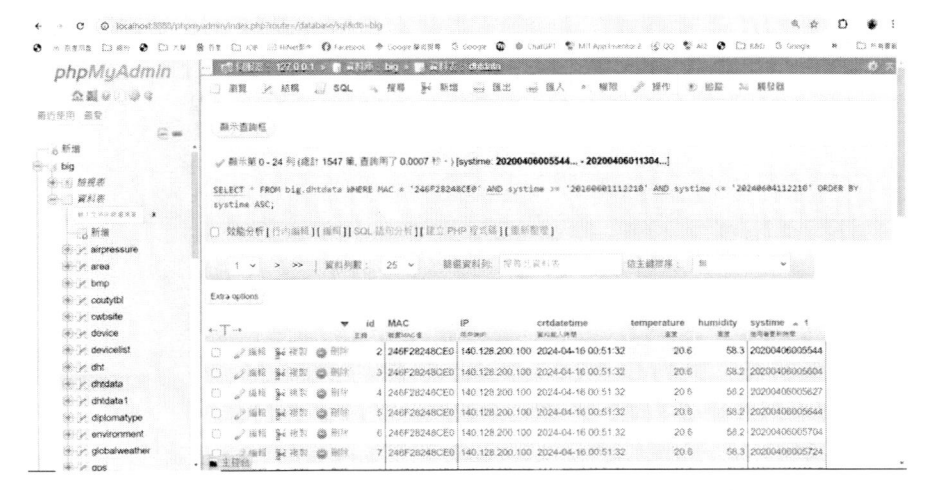

圖 386 產生特定MAC與起訖日期時間之明細資料之SQL敘述

IF 判斷是否有資料可以顯示程式區

由於上節的 SQL 敘述會產生五個欄位的資料，並將查詢結果的資料集(RecordSet)儲存在『$result』變數之中。

如果查詢到的資料，並沒有任何資料符合或查詢到資料為空資料集，則『$result』變數會變成False的邏輯值，此時就不需要讀取任何資料，所以筆者用$result !== FALSE 輔以 if 判斷式來決定是否盡如讀取資料區。

```
if($result !== FALSE)
{ // 如果查詢成功，開始處理結果

}
```

讀取資料程式迴圈判斷區

由於上節的查詢結果的資料集(RecordSet)儲存在『$result』變數，若

『$result』變數有值(非 false)，則就必須要透過迴圈來循序讀取資料，所以筆者用 while(判斷有讀入資料)，來選擇如果讀入資料，則進入 while 迴圈內，進行讀取資料的程式區。

由於 while 迴圈的判斷條件，需要知道是否有獨到資料，所以本文用『mysqli_fetch_array($result)』來讀取資料,並將讀取每一列資料的欄位陣列，回傳到『$row』的欄位陣列之中，如果有讀到資料,『$row』的欄位陣列會得到非 false 的值,如果沒有讀到資料,『$row』的欄位陣列會得到 false 的值來跳出 while 迴圈。

由於筆者用循序方式處理資料,每讀一筆資料就馬上處後,下次就在讀取下一列資料集,而『mysqli_fetch_array($result)』就可以達到這個效果,讀完資料集($result)的一列後,會把指標位置往下一列資料集前進,如果到最後,就是資料集($result)已經沒有資料可以讀取,則『mysqli_fetch_array($result)』就會回傳 false 的值,並該 false 會讓 while 迴圈無法再進入處理資料區的程式，並結束 while 迴圈。

```
while ($row = mysqli_fetch_array($result))
{
    讀取資料程式區
}
```

讀取資料程式區

由於上面 while 迴圈,如正確讀取到有資料的那一列,我們就要將查詢結果添加到各個陣列中,所以用的$row["欄位名稱"]來取得『$row』的欄位陣列中哪一個欄位的實際資料,並透過『array_push(陣列變數,內容』的指令,將讀到的欄位內容，放到對應的欄位陣列之中，如『array_push($d00, tran-datetime3($row["systime"]));』就是把得到『$row』的欄位陣列中『systime』

的欄位資料內容，放到『$d00』的陣列變數之中，其他欄位依法撰寫之。

```
array_push($d00, trandatetime3($row["systime"]));  // 轉換後的時間戳記
array_push($d00a, $row["systime"]);  // 原始時間戳記
array_push($d01, (double)sprintf("%8.2f", (double)$row["temperature"]));  // 溫度
array_push($d02, (double)sprintf("%8.2f", (double)$row["humidity"]));  // 濕度
array_push($d03, $row["MAC"]);  // MAC 地址
```

釋放查詢資料集

由於上節的查詢結果的資料集(RecordSet)儲存在『$result』變數，若『$result』變數往往資料量都不是一兩筆資料，在讀完資料後，我們必須要將資料集(RecordSet)『$result』變數釋放回歸記憶體回到作業系統中，否則該程式多次執行後會讓網頁伺服器的記憶體耗光，產生無記憶體使用後，導致網頁伺服器可能當機或系統嚴重遲緩。

所以我們用『mysqli_free_result(資料集變數)』的指令，來釋放資料集(RecordSet)『$result』變數，來避免浪費不用到的記憶體空間。

```
mysqli_free_result($result);
```

關閉資料庫連接

接下來所有上述程式執行完畢後，由於資料庫連線物件會佔據資料庫資源很多，且會對資料庫系統的用戶與權限產生影響，因為資料庫系統的用戶連線數是受限於資料庫系統，且一旦資料庫連線物件產生一個，就會佔去一個資料庫系統一個用戶數，所以當程式結束後，因產生資料庫連線物件所佔去一個資料庫系統一個用

戶數，必須予以關閉後，將佔去一個資料庫系統一個用戶數才得以返回。

所以筆者用『mysqli_close(連線物件);』命令來釋放$link 變數所佔去一個資料庫系統一個用戶數，如下列程式所示：

```
mysqli_close($link);
```

建立 CSV 檔案

由於本程式會將上面SQL敘述產生出來的資料，透過下表所示的程式，將這些資料存到『/tmp/dhtdata.csv』的資料檔。

```
// 建立 CSV 檔案，用於儲存查詢結果
$myfile = fopen("../tmp/dhtdata.csv", "w");   // 打開 CSV 檔案以進行寫入

//設定CSV輸入資料格式化字串
$datah = "'%s', '%s', '%s'\n";   // CSV 標題
$datar = "'%s', %10.3f, %5.2f\n";   // CSV 資料格式

//利用資料格式化字串產生標題真正輸出內容
$datarow = sprintf($datah, "DateTime", "Temperature", "Humidity");   // 輸出真正輸出內容

// 將標題真正輸出內容，寫入檔案
fwrite($myfile, $datarow);   // 寫入標題

// 利用迴圈，將查詢資料列結果寫入 CSV 檔案
for ($i = 0; $i < count($d00a); $i++) {
    //依迴圈產生資料列寫入 CSV
    $datarow = sprintf($datar, $d00a[$i], $d01[$i], $d02[$i]);
// 格式化資料
    fwrite($myfile, $datarow);   // 寫入 CSV
}
```

透過上表所述之程式，會如下圖所示，在 tmp 資料夾 > bigdata > tmp 寫如 CSV: dhtdata.csv ![dhtdata.csv] 檔案，其內容如下下圖所示。

磁碟 (D:) > xampp > htdocs > bigdata > tmp

名稱	修改日期
dhtdata.csv	2024/6/5 上

圖 387 CSV 實際存放資料夾

	A	B	C
1	'DateTime'	'Temperat	'Humidity'
2	'20200406005544'	20.6	58.3
3	'20200406005604'	20.6	58.2
4	'20200406005627'	20.6	58.2
5	'20200406005644'	20.6	58.2
6	'20200406005704'	20.6	58.2
7	'20200406005724'	20.6	58.3
8	'20200406005747'	20.6	58.3
9	'20200406005804'	20.6	58.3
10	'20200406005922'	20.6	58.3

圖 388 CSV 實際內容

轉存資料到/tmp/dhtdata.csv EXCEL 檔案之細部程式解說

開啟轉存資料到/tmp/dhtdata.csv EXCEL 檔案

如下表所示，使用『fopen(檔案,讀寫檔案特性命令』，使用『fopen("../tmp/dhtdata.csv", "w")』產生/tmp/dhtdata.csv 的 EXCEL 檔案，將所有產生出來的資料，都寫入 dhtdata.csv 的檔案之中。

```
$myfile = fopen("../tmp/dhtdata.csv", "w");   // 打開 CSV 檔案以
進行寫入
```

建立 dhtdata.csv 檔案標題列格式字串

如下表所示,要再檔案『dhtdata.csv』中,第一列的資料產生:

| 'DateTime' | 'Temperature' | 'Humidity' |

的標題列。

```
$datah = "'%s', '%s', '%s'\n";    // CSV 標題
```

建立 dhtdata.csv 檔案資料列格式字串

如下表所示,要再檔案『dhtdata.csv』中,資料列的資料產生:

| '20200406005544' | 20.6 | 58.3 |

的資料列的文字格式檔。

```
$datar = "'%s', %10.3f, %5.2f\n";    // CSV 資料格式
```

產生 dhtdata.csv 檔案資料列資料

如下表所示,要使用『sprintf($datah, "DateTime", "Temperature", "Humidity");』產生資料列資料,並將這些資料回存『$datarow』變數之中。

再透過『fwrite($myfile, $datarow);』的指令,將上面的標題資料,寫入標題資料到資料 dhtdata.csv 檔($myfile)的指令。

```
$datarow = sprintf($datah, "DateTime", "Temperature", "Humidity");  //
格式化 CSV 標題
fwrite($myfile, $datarow);   // 寫入標題
```

產生 dhtdata.csv 檔案資料列資料

如下圖所示，本程式要產生下圖的資料列，會使用迴圈來產生所有的資料列。

'20200406005544'	20.6	58.3
'20200406005604'	20.6	58.2
'20200406005627'	20.6	58.2
'20200406005644'	20.6	58.2
'20200406005704'	20.6	58.2
'20200406005724'	20.6	58.3
'20200406005747'	20.6	58.3
'20200406005804'	20.6	58.3
'20200406005922'	20.6	58.3
'20200406010018'	20.7	58.6
'20200406010056'	20.5	57.7
'20200406010652'	20.5	58.2
'20200406010711'	20.5	58.5

圖 389 檔案內資料部分

由於透過上面 SQL 敘述，產生很多資料，由於所有資料都是暫存$d00a[$i]、$d01[$i]、$d02[$i]三個陣列變數，所以用 for 迴圈，運用$d00a[$i]陣列個數用來做迴圈來產生 CSV 檔案資料。

```
for ($i = 0; $i < count($d00a); $i++)
{
寫入資料到 CSV 檔案
```

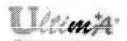

'20200406005627'	20.6	58.2
'20200406005644'	20.6	58.2
'20200406005704'	20.6	58.2
'20200406005724'	20.6	58.3
'20200406005747'	20.6	58.3
'20200406005804'	20.6	58.3
'20200406005922'	20.6	58.3

```
}
```

透過『sprintf($datar, $d00a[$i], $d01[$i], $d02[$i]);』，將格式化字串『"'%s', %10.3f, %5.2f\n"』，用 sprintf()將$d00a[$i], $d01[$i], $d02[$i] 三個陣列變數存入上面格式化字串進行轉換文字內容後，再透過『fwrite($myfile, $datarow);』寫入資料到 dhtdata.csv 檔($myfile)的指令。

```
$datarow = sprintf($datar, $d00a[$i], $d01[$i], $d02[$i]);   // 格式化資料
fwrite($myfile, $datarow);   // 寫入 CSV
```

關閉/tmp/dhtdata.csv EXCEL 檔案寫入狀態

如下表所示，使用『fclose（檔案處理 IO）』，使用『fclose($myfile);』關閉/tmp/dhtdata.csv 的 EXCEL 檔案寫入狀態，完成將所有產生出來的資料，都寫入 dhtdata.csv 的檔案之中。

```
// 關閉 CSV 檔案
fclose($myfile);   // 關閉檔案
```

資料明細網頁主體頁面區

所有會在 Apache 網頁系統，所有網頁內容，都是由『<html>』與『</html>』這兩個標籤(Tag)所包覆，這些都是網頁的主要內容。

```
<html>
    ????????
    ????????
    ????????
</htm>
```

網頁之中，網站的抬頭，網頁的編碼，等一些瑣碎的設定，包含 javascript 等等都會在這個區街，這是抬頭區，都是由『<head>』與『</head>』這兩個標籤(Tag)所包覆，這些都是網頁抬頭區的主要內容。

```
<head>
    <meta http-equiv="Content-Type" content="text/html; charset=utf-8" />  <!-- 設定字符編碼 -->
    <title>Display Temperature and Humidity Curve Chart by MAC</title>  <!-- 頁面標題 -->
    <link href="../webcss.css" rel="stylesheet" type="text/css" />  <!-- 連結外部樣式表 -->

    <!-- 引入 Highcharts 的 JavaScript 模組，用於繪製圖表 -->
    <script src="../code/highcharts.js"></script>
    <script src="../code/highcharts-more.js"></script>
    <script src="../code/modules/exporting.js"></script>
    <script src="../code/modules/export-data.js"></script>
    <script src="../code/modules/accessibility.js"></script>
</head>
```

由於網頁必須告知網頁的語言與字集，所以使用『meta』的語法，來告知『http-equiv="Content-Type" content="text/html; charset=utf-8"』。

這個『http-equiv="Content-Type"』的語法， 是一個屬於 HTML <meta> 標籤的屬性，用來指定 HTML 文件的字符編碼。這種屬性通常用於確保瀏覽器在解析 HTML 文檔時，正確處理文本的字符集。

這個『content="text/html; charset=utf-8"』的語法告訴瀏覽器這個 HTML 文件的內容類型為 text/html，並且字符編碼為 UTF-8。這是非常重要的，特別是當頁面包含多語言字符、特殊符號或者其他需要明確告知編碼的內容時所必須下達的指令。

```
<meta http-equiv="Content-Type" content="text/html; charset=utf-8" />
```

如下表所示，網頁都一定友網站的抬頭，都是由『<title>』與『</title>』這兩個標籤(Tag)所包覆，這些都是網頁抬頭的主要內容，如下圖所示，所以本頁面標題的文字：Display Temperature and Humidity Curve Chart by MAC。

```
<title>Display Temperature and Humidity Curve Chart by MAC</title>
```

圖 390 本頁面標題的文字

<link href="../webcss.css" rel="stylesheet" type="text/css" /> 是一個用來將外部 CSS 樣式表連接到 HTML 文件的標籤。在網頁開發中，這種方式通

~ 342 ~

常用於引用一個外部的 CSS 文件，讓 HTML 文檔能夠使用該 CSS 文件中的樣式定義來控制網頁的外觀。

參數和屬性

href：指定外部 CSS 文件的路徑。在這個例子中，webcss.css 是該文件的名稱或相對路徑。

rel：指定鏈接的關係。在這種情況下，rel="stylesheet" 表示這個鏈接是連接到樣式表的。

type：指定資源的 MIME 類型，通常為 text/css。在 HTML5 中，這個屬性可以省略，因為 CSS 樣式表已經是默認的位置。

通常，這種 <link> 標籤會放在 HTML 文件的 <head> 部分，這樣可以確保在頁面呈現之前就加載並應用 CSS 樣式。這樣網頁顯示時就會有正確的外觀，而不會在樣式載入後發生閃爍或頁面 Layout 變化。

```
<link href="webcss.css" rel="stylesheet" type="text/css" />
```

引用 HighChart 函式庫所需要的程式碼

由於上章節有介紹安裝 HighChart 涵式庫，由於本程式要引用圖表所要的程式碼，所以如下表所示之程式碼，為了接下來繪圖圖表所需的程式碼。

```html
<!-- 引入 Highcharts 的 JavaScript 模組，用於繪製圖表 -->
<script src="../code/highcharts.js"></script>
<script src="../code/highcharts-more.js"></script>
<script src="../code/modules/exporting.js"></script>
<script src="../code/modules/export-data.js"></script>
<script src="../code/modules/accessibility.js"></script>
```

網頁主要頁面內容主體

所有會在 Apache 網頁系統,所有網頁內容主體,都是由『<body>』與『</body>』這兩個標籤(Tag)所包覆,這些都是網頁的頁面主要內容的 HTML 內容區。

```
<body>
????????
????????
????????
</body>
```

上表所示之 HTML 標籤區,主要用來產生

圖 391 單一裝置之溫溼度線性圖表 HTML 區

引用外部頁面抬頭程式

由於本主頁把頁面抬頭儲存在 toptitle.php 程式之中，所以本文用 <?php ………?>的 php 程式區包括起來，方能使用：include 'toptitle.php';的程式碼，把外部 toptitle.php 程式透過 include 的語法，將整個外部 php 程式至於目前位置的程式區，如下圖所示，為頁面上方頁頭顯示的區域。

```
<?php
    include("../toptitle.php");
?>
```

圖 392 本頁面標題的文字

表單:用於設置查詢條件

如下圖所示,因為查詢某一個裝置的溫溼度資料,而每一個溫溼度的裝置都是日經月累得不斷紀錄資料,所以筆者設計一個輸入日期時間的起訖區間輸入區,來防止資料過於太多。

圖 393 本頁面標題的文字

查詢日期時間起訖條件頁面

如下圖所示,由於本程式需要使用者在頁面輸入開始日期時間與結束日期時間等時間起訖資料,再透過submit按鈕,將資訊丟回自己,再透過自己解析畫面的變數來查詢所要的資料區間後,畫出曲線圖。

圖 394 設定查詢日期時間起迄查詢表單

由於上面所敘述，上面畫面的程式如下所示。

```html
<!-- 表單，用於設置查詢條件 -->
<form id="form1" name="form1" method="post" action=""> <!-- 表單開頭 -->
    <table width="100%" border="1"> <!-- 表格開頭 -->
        <tr>
            <td colspan='6'><div align='center'>Temperature & Humidity Sensor(溫濕度感測裝置)</div></td>
        </tr>
        <tr> <!-- 表格內的表單項目 -->
            <td width="220">開始日期時間(YYYYMMDDHHMMSS)</td> <!-- 開始日期時間 -->
            <td width="200">
                <input name="MAC" type="hidden" id="MAC" value="<?php echo $mid; ?>" /> <!-- 隱藏的 MAC 值 -->
                <input type="text" name="dt1" id="dt1" size="14" maxlength="14" value="<?php echo $sd1; ?>" /> <!-- 開始日期的輸入框 -->
            </td>
            <td width="220">結束日期時間(YYYYMMDDHHMMSS)</td> <!-- 結束日期時間 -->
            <td width="200">
                <input type="text" name="dt2" id="dt2" size="14" maxlength="14" value="<?php echo $sd2; ?>" /> <!-- 結束日期的輸入框 -->
            </td>
            <td width="200">
                <input type="submit" name="button" id="button" value="送出" /> <!-- 送出按鈕 -->
                <a href="/tmp/dhtdata.csv">下載</a> <!-- CSV 檔案的下載連結 -->
            </td>
```

```
        </tr>
      </table>
</form>  <!-- 表單結束 -->
```

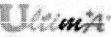

畫面輸入表單

如上圖所示，由於需要輸入表單，所以就會由<form….>……</form>的 HTML 標籤告知表單內容的 HTML 語法。

```
<form id="form1" name="form1" method="post" action="">
    輸入表單內容 HTML…
</form>
```

如上表所示之內容，在瀏覽器上會呈現如下圖所示之表格圖形，並透過按下送出按鈕，會將網址轉向 action="轉向網址"的內容，但是如果 action=""為空值，程式轉向又會回到自己身上。

圖 395 用於設置查詢條件表單

透過表格定位輸入資料與元件位置

如上圖所示，由於所有提示的文字與輸入的文字框(Input Text)都固定在固定位置。所以先用<table width="100%" border="1">….</table>來固定每一個元件的位置。

```
    <table width="100%" border="1">
表格顯示內容 HTML…
</table>
```

~ 348 ~

如上表所示之內容，在瀏覽器上會呈現如下圖所示之表格圖形。

Temperature & Humidity Sensor(溫濕度感測裝置)					
開始日期時間 (YYYYMMDDHHMMSS)	20160601112210	結束日期時間 (YYYYMMDDHHMMSS)	20240604112210	送出	下載

圖 396 用於設置查詢條件表單本身

跨欄表格抬頭區

如上圖所示，輸入區明細由表格的五個欄位組成，如下圖所示，有一個跨五欄位的資訊『Temperature & Humidity Sensor(溫濕度感測裝置)』橫跨於上，所有如下表所示，會由<tr>…..</tr>將整列資料包括於上。

接下來因為五個欄跨欄只顯示資訊『Temperature & Humidity Sensor(溫濕度感測裝置)』，所以第一個<td>改變為<td colspan='5'>….</td>來進行跨欄的 HTML 語法。

接下來資訊『Temperature & Humidity Sensor(溫濕度感測裝置)』會居中於跨欄表格之內，所以用<div align='center'>…資訊『Temperature & Humidity Sensor(溫濕度感測裝置)』…</div>的 HTML 語法將資訊『Temperature & Humidity Sensor(溫濕度感測裝置)』居中對齊顯示。

圖 397 跨欄表格抬頭區

```
<tr>
    <td colspan='5'><div align='center'>Temperature & Humidity Sensor(溫濕度感測裝置)</div></td>
</tr>
```

資訊輸入區的程式

如下圖所示，輸入區明細由表格的五個欄位組成，所有如下表所示，會由<tr>…..</tr>將整列資料包括於上。

接下來開始日期時間就是由：<td width="220">開始日期時間(YYYYMMDDHHMMSS)</td>來表示。

而結束日期時間就是由：<td width="220">結束日期時間(YYYYMMDDHHMMSS)</td>來表示。

由於整個表單程式會在 Submit 按鈕觸動時，回傳表單資料到原有程式，但是表單上沒有 MAC(裝置網路卡編號)的資訊，為了回傳這個資訊，程式加入：<input name="MAC" type="hidden" id="MAC" value="<?php echo $mid; ?>" />，增加一個 input 欄位，名稱為 MAC，由與 tyep = "hidden"，所以這個 input 欄位不會出現在畫面上，但是 input 欄位不會因為 tyep = "hidden" 而不會出現在畫面上，而在 Submit 按鈕觸動時，回傳表單資料到原有程式的時候，還是會將 MAC 欄位變數回傳：value="<?php echo $mid; ?>"的內容到回傳的程式上。

接下來開始日期時間的輸入欄位：<input type="text" name="dt1" id="dt1" size="14" maxlength="14" value="<?php echo $sd1; ?>" />，會用<?php echo $sd1; ?>的 PHP 程式碼，將『$sd1』變數內容顯示於輸入的文字框內成為預設資料，提供使用者輸入時，可以只進行修改部分文字就可以簡單輸入。

圖 398 開始日期的輸入框

接下來結束日期時間的輸入欄位：<input type="text" name="dt2" id="dt2" size="14" maxlength="14" value="<?php echo $sd2; ?>" />，會用<?php echo $sd2; ?>的 PHP 程式碼，將『$sd2』變數內容顯示於輸入的文字框內成為預設資料，

提供使用者輸入時，可以只進行修改部分文字就可以簡單輸入。

| 結束日期時間(YYYYMMDDHHMMSS) | 20240604112210 |

圖 399 結束日期的輸入框

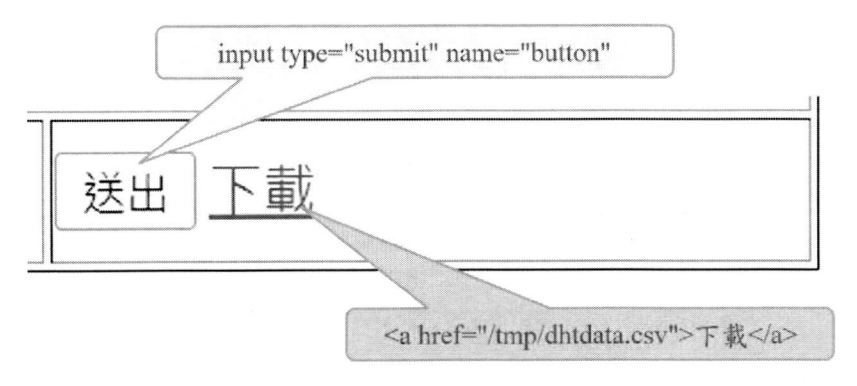

圖 400 送出按鈕與下載連結

　　如上圖所示，最後需要出現 送出 按鈕來提供使用者在全部資訊輸入完畢後，按下 送出 按鈕而回傳整個表單程式，所以需要：<input type="submit" name="button" id="button" value="送出" /> 來顯示出 送出 按鈕，且 type="submit" 讓這個 input 成為表單送出的元件。

　　如上圖所示，最後因為在按鈕旁邊，有 下載 的超連結文字，提供使用者在上方產生檔案『dhtdata.csv』，用超連結方式，用語法：<a href="/tmp/dhtdata.csv">下載</a>來顯示 下載 的超連結文字，並提供檔案『dhtdata.csv』下載的功能。

| 開始日期時間(YYYYMMDDHHMMSS) | 20100501171303 | 結束日期時間(YYYYMMDDHHMMSS) | 20240504171303 | 送出 下載 |

~ 351 ~

圖 401 資料輸入區表單

```
<tr>  <!-- 表格內的表單項目 -->
    <td width="220">開始日期時間(YYYYMMDDHHMMSS)</td>  <!-- 開始日期時間 -->
    <td width="200">
        <input name="MAC" type="hidden" id="MAC" value="<?php echo $mid; ?>" />  <!-- 隱藏的 MAC 值 -->
        <input type="text" name="dt1" id="dt1" size="14" maxlength="14" value="<?php echo $sd1; ?>" />  <!-- 開始日期的輸入框 -->
    </td>
    <td width="220">結束日期時間(YYYYMMDDHHMMSS)</td>  <!-- 結束日期時間 -->
    <td width="200">
        <input type="text" name="dt2" id="dt2" size="14" maxlength="14" value="<?php echo $sd2; ?>" />  <!-- 結束日期的輸入框 -->
    </td>
    <td width="200">
        <input type="submit" name="button" id="button" value="送出" />  <!-- 送出按鈕 -->
        <a href="/tmp/dhtdata.csv">下載</a>  <!-- CSV 檔案的下載連結 -->
    </td>
</tr>
```

溫度曲線圖呈現位置程式

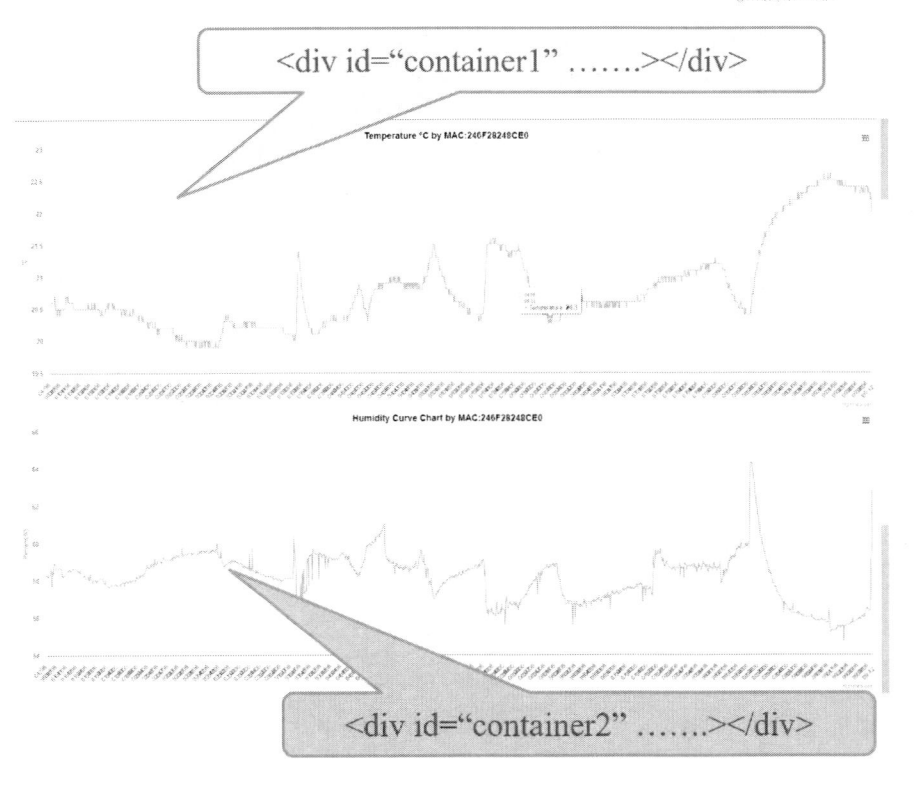

圖 402 曲線圖 ID 區

　　如上圖所示，HighChart 呈現圖表的區域，必須用<div></div>HTML 標籤宣告，其中用到參數如下：

　　如上圖所示，id="container1"：宣告這塊區用的容器(Container)的名稱為 container1

　　style="min-width: 95%; height: 600px; margin: 0 auto"：宣告這塊區用的容器(Container)的寬度佔頁面寬度 95%，高度 600 點，沒有邊框且自動調整

```
<div id="container1" style="min-width: 95%; height: 600px; margin: 0 auto"></div>
```

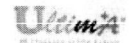

濕度曲線圖呈現位置程式

如上圖所示,HighChart 呈現圖表的區域,必須用<div></div>HTML 標籤宣告,其中用到參數如下:

如上圖所示,id="container2":宣告這塊區用的容器(Container)的名稱為container1

style="min-width: 95%; height: 600px; margin: 0 auto":宣告這塊區用的容器(Container)的寬度佔頁面寬度 95%,高度 600 點,沒有邊框且自動調整

```
<div id="container2" style="min-width: 95%; height: 600 px;
margin: 0 auto"></div>
```

繪圖圖表 javascript 程式區

由於本程式需要將顯示內容居中,所以先用<div align="center">…. </div>的 HTML 標籤來居中內部的資料與 HTML 內容。

```
<script type="text/javascript">
HighChart 溫度圖程式
HighChart 濕度圖程式
</script>
```

HighChart 溫度圖程式

繪製出曲線圖表的語法是用

Highcharts.chart(div 標籤之 id 名稱,{曲線圖表的語法});

曲線圖表的語法

其語法為

~ 354 ~

```
chart: {
    zoomType: 'x'    // 允許 x 軸縮放
},
title: {text: 抬頭內容(需要單引或雙引號標註)},    // 圖表標題
xAxis: {["第一個 x 軸標籤","第二個 x 軸標籤","第三個 x 軸標籤", …]},   // x 軸標籤
yAxis: {
    title: {y 周標籤抬頭}
},
legend: {enabled: false/true},    // 是否顯示圖例
plotOptions: {     //繪圖選項
    area: {
        fillColor: {
            linearGradient: {    /線性漸變
                x1: 0,
                y1: 0,
                x2: 0,
                y2: 1
            },
        },
        marker: {    //標示資料
            radius: 2    // 標記點的半徑
        },
        lineWidth: 0.1,    // 線條寬度為 0.1
        states: {
            hover: {
                lineWidth: 1    // 當滑鼠懸停時,增加線條寬度
            }
        },
        threshold: null    // 沒有閾值
    }
},
series: [第一條曲線{name: '數列名稱',    // 數據系列名稱
    data: [y1, y2, y3, ……] // 溫度數據
}, 第二條曲線{name: '數列名稱',    // 數據系列名稱
    data: [y1, y2, y3, ……] // 溫度數據
}, 以此類推]
```

下表所示程式，上面已將資料對照每一個參數介紹，更複雜的請參考官網：https://www.highcharts.com/docs/index。

```
Highcharts.chart('container1', {
    chart: {
        zoomType: 'x'    // 允許 x 軸縮放
    },
    title: {
        text: 'Temperature °C by MAC:<?php echo $mid ?>'    // 圖表標題
    },
    xAxis: {
        categories: <?php echo json_encode($d00, JSON_UNESCAPED_UNICODE); ?>    // x 軸標籤
    },
    yAxis: {
        title: {
            text: '°C'    // y 軸標籤
        }
    },
    legend: {
        enabled: false    // 不顯示圖例
    },
    plotOptions: {
        area: {
            fillColor: {
                linearGradient: {
                    x1: 0,
                    y1: 0,
                    x2: 0,
                    y2: 1
                },
            },
            marker: {
                radius: 2    // 標記點的半徑
```

~ 356 ~

```
                    },
                    lineWidth: 0.1,    // 線條寬度
                    states: {
                        hover: {
                            lineWidth: 1    // 當滑鼠懸停時,增加線條寬度
                        }
                    },
                    threshold: null    // 沒有閾值
                }
            },
            series: [{
                name: 'Temperature',    // 數據系列名稱
                data: <?php echo json_encode($d01,
JSON_UNESCAPED_UNICODE); ?>    // 溫度數據
            }]
});
```

HighChart 濕度圖程式

繪製出曲線圖表的語法是用

Highcharts.chart(div 標籤之 id 名稱,{曲線圖表的語法});

曲線圖表的語法

其語法為

<u>chart: {</u>
<u> zoomType: 'x'   // 允許 x 軸縮放</u>
<u>},</u>
<u>title: {text: 抬頭內容(需要單引或雙引號標註) },   // 圖表標題</u>
<u>xAxis: {["第一個 x 軸標籤","第二個 x 軸標籤","第三個 x 軸標籤</u>
<u>", ….]},   // x 軸標籤</u>
<u> yAxis: {</u>
<u>   title: {y 周標籤抬頭}</u>
<u>   },</u>
<u>legend: {enabled: false/true},   // 是否顯示圖例</u>

~ 357 ~

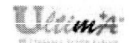

```
plotOptions: {      //繪圖選項
    area: {
        fillColor: {
            linearGradient: {   /線性漸變
                x1: 0,
                y1: 0,
                x2: 0,
                y2: 1
            },
        },
        marker: {    //標示資料
            radius: 2   // 標記點的半徑
        },
        lineWidth: 0.1,    // 線條寬度為0.1
        states: {
            hover: {
                lineWidth: 1    // 當滑鼠懸停時,增加線條寬度
            }
        },
        threshold: null    // 沒有閾值
    }
},
series: [第一條曲線{name: '數列名稱',    // 數據系列名稱
    data: [y1, y2, y3, ……]  // 溫度數據
}, 第二條曲線{name: '數列名稱',    // 數據系列名稱
    data: [y1, y2, y3, ……]  // 溫度數據
}, 以此類推]
```

下表所示程式,上面已將資料對照每一個參數介紹,更複雜的請參考官網:https://www.highcharts.com/docs/index。

```
// 濕度曲線圖的設定
Highcharts.chart('container2', {
    chart: {
        zoomType: 'x'    // 允許 x 軸縮放
```

~ 358 ~

```
        },
        title: {
            text: 'Humidity Curve Chart by MAC:<?php echo $mid ?>'    //
圖表標題
        },
        xAxis: {
            categories: <?php echo json_encode($d00,
JSON_UNESCAPED_UNICODE); ?>   // x 軸標籤
        },
        yAxis: {
            title: {
                text: 'Percent(%)'   // y 軸標籤
            }
        },
        legend: {
            enabled: false   // 不顯示圖例
        },
        plotOptions: {
            area: {
                fillColor: {
                    linearGradient: {
                        x1: 0,
                        y1: 0,
                        x2: 0,
                        y2: 1
                    },
                },
                marker: {
                    radius: 2   // 標記點的半徑
                },
                lineWidth: 0.1,   // 線條寬度
                states: {
                    hover: {
                        lineWidth: 1   // 當滑鼠懸停時，增加線條寬度
                    }
                },
                threshold: null   // 沒有閾值
            }
```

```
    },
    series: [{
        name: 'Percent(%)',    // 數據系列名稱
        data: <?php echo json_encode($d02,
JSON_UNESCAPED_UNICODE); ?>    // 濕度數據
    }]
});
```

將頁尾頁面程式含入

目前主頁的頁面頁尾，筆者使用『topfooter.php』的程式，崁入在目前 HTML 語法之內，主要將『<?php …….. ?>』的程式崁入目前程式之中，並在</body>上一列的位置，所以所有的頁面頁尾也會在該頁面最下方呈現。

```
<?php include("../topfooter.php"); ?>
```

章節小結

本章主要介紹之整合Ａｐａｃｈｅ網站伺服器與ＭｙＳＱＬ資料庫，運用ＰＨＰ 網頁互動程式語言整合 HighChart 函式庫套件，交互運用之下，可以在網頁產生曲線圖、大餅圖、長條圖、折線圖…等等視覺化的資料顯示功能。

透過本章節一步一步運用 HighChart 取線圖的用法與實際頁面來一一介紹其用法，希望讀者閱讀後，反覆練習之後可以舉一反三，也可以設計出更豐富的圖表。在未來整合物聯網的資料收集器的開發，將大量物聯網資料上傳到雲端資料庫後，透過PHP等程式語言開發，可以運用圖表、列示、曲線、Guage 等方式顯示感測器的多樣化視覺顯示等等，有更深入的了解與體認。

本書總結

　　筆者對物聯網相關的書籍，也出版近百本的書籍，感謝許多有心的讀者提供筆者許多寶貴的意見與建議，筆者群不勝感激，許多讀者希望筆者可以推出更多的入門書籍給更多想要進入『雲端系統開發』、『物聯網』、『大數據』、『雲端計算』、『商業智慧』..等等這些未來大趨勢，所有才有這個程式設計系列的產生。

　　本系列叢書的特色是一步一步教導大家使用更基礎的東西,來累積各位的基礎能力,讓大家能在物聯網時代潮流中,可以拔的頭籌,所以本系列是一個永不結束的系列,只要更多的東西被製造出來,相信筆者會更衷心的希望與各位永遠在這條物聯網時代潮流中與大家同行。

作者介紹

曹永忠（Yung-Chung Tsao），國立中央大學資訊管理學系博士，目前在國立暨南國際大學電機工程學系兼任助理教授、國立高雄大學電機工程學系兼任助理教授，專注於軟體工程、軟體開發與設計、物件導向程式設計、物聯網系統開發、Arduino 開發、嵌入式系統開發。長期投入資訊系統設計與開發、企業應用系統開發、軟體工程、物聯網系統開發、軟硬體技術整合等領域，並持續發表作品及相關專業著作。

並通過台灣圖霸的專家認證。

目前也透過 Youtube 在直播平台

https://www.youtube.com/@dr.ultima/streams，不定期分享系統設計開發的經驗、技術與資訊工具、技術使用的經驗

Email：prgbruce@gmail.com
Line ID：dr.brucetsao
WeChat：dr_brucetsao
作者網站：
http://ncnu.arduino.org.tw/brucetsao/myprofile.php
臉書社群(Arduino.Taiwan)：
https://www.facebook.com/groups/Arduino.Taiwan/
Github 網站：https://github.com/brucetsao/
原始碼網址：
https://github.com/brucetsao/CloudingDesign
直播平台 https://www.youtube.com/@dr.ultima/streams：

蔡英德（Yin-Te Tsai），國立清華大學資訊科學系博士，目前是靜宜大學資訊傳播工程學系教授、靜宜大學資訊學院院長，主要研究為演算法設計與分析、生物資訊、軟體開發、視障輔具設計與開發。

Email:yttsai@pu.edu.tw

作者網頁：

http://www.csce.pu.edu.tw/people/bio.php?PID=6#personal_writing

許智誠（Chih-Cheng Hsu），美國加州大學洛杉磯分校(UCLA) 資訊工程系博士，曾任職於美國 IBM 等軟體公司多年，現任教於中央大學資訊管理學系專任副教授，主要研究為軟體工程、設計流程與自動化、數位教學、雲端裝置、多層式網頁系統、系統整合、金融資料探勘、Python 建置(金融)資料探勘系統。

Email: khsu@mgt.ncu.edu.tw

作者網頁：http://www.mgt.ncu.edu.tw/~khsu/

參考文獻

曹永忠. (2016). 物聯網系列：台灣開發製造的神兵利器——UP BOARD 開發版. 智慧家庭. Retrieved from https://vmaker.tw/archives/14485

曹永忠. (2017a). 如何使用 Linkit 7697 建立智慧溫度監控平台(上). Retrieved from http://makerpro.cc/2017/07/make-a-smart-temperature-monitor-platform-by-linkit7697-part-one/

曹永忠. (2017b). 如何使用 LinkIt 7697 建立智慧溫度監控平台(下). Retrieved from http://makerpro.cc/2017/08/make-a-smart-temperature-monitor-platform-by-linkit7697-part-two/

曹永忠. (2020a). ESP32 程式設計(基礎篇):ESP32 IOT Programming (Basic Concept & Tricks) (初版 ed.). 台灣、彰化: 渥瑪數位有限公司.

曹永忠. (2020b). ESP32 程式設計(基礎篇):ESP32 IOT Programming (Basic Concept & Tricks). 台灣、台北: 崧燁文化事業有限公司.

曹永忠. (2020c). ESP32 程式設計(基礎篇): ESP32 IOT Programming (Basic Concept & Tricks). 台灣、台北: 千華駐科技.

曹永忠. (2020d). ESP32 程式設計(基礎篇):ESP32 IOT Programming (Basic Concept & Tricks) (初版 ed.). 台灣、彰化: 渥瑪數位有限公司.

曹永忠, 吳佳駿, 許智誠, & 蔡英德. (2017a). 【物聯網開發系列】雲端平台開發篇：資料庫基礎篇. 智慧家庭. Retrieved from https://vmaker.tw/archives/18421

曹永忠, 吳佳駿, 許智誠, & 蔡英德. (2017b). 【物聯網開發系列】雲端平台開發篇：資料新增篇. 智慧家庭. Retrieved from https://vmaker.tw/archives/19114

曹永忠, 吳佳駿, 許智誠, & 蔡英德. (2017c). 【物聯網開發系列】雲端平台開發篇：瀏覽資料篇. 智慧家庭. Retrieved from https://vmaker.tw/archives/18909

曹永忠, 张程, 郑昊缘, 杨柳姿, & 杨楠. (2020). ESP32S 程序教学(常用模块篇):ESP32 IOT Programming (37 Modules) (初版 ed.). 台湾、彰化: 渥瑪數位有限公司.

曹永忠, 張程, 鄭昊緣, 楊柳姿, & 楊楠. (2020a). ESP32S 程式教學(常用模組篇):ESP32 IOT Programming (37 Modules). 台灣、台北: 崧燁文化事業有限公司.

曹永忠, 張程, 鄭昊緣, 楊柳姿, & 楊楠. (2020b). *ESP32S 程式教學(常用模組篇):ESP32 IOT Programming (37 Modules)* (初版 ed.). 台灣、彰化: 渥瑪數位有限公司.

曹永忠, 許智誠, & 蔡英德. (2015a). Maker 物聯網實作：用 DHx 溫濕度感測模組回傳天氣溫溼度. *物聯網*. Retrieved from http://www.techbang.com/posts/26208-the-internet-of-things-daily-life-how-to-know-the-temperature-and-humidity

曹永忠, 許智誠, & 蔡英德. (2015b).『物聯網』的生活應用實作：用 DS18B20 溫度感測器偵測天氣溫度. Retrieved from http://www.techbang.com/posts/26208-the-internet-of-things-daily-life-how-to-know-the-temperature-and-humidity

曹永忠, 許智誠, & 蔡英德. (2016a). *Arduino 程式教學(溫溼度模組篇):Arduino Programming (Temperature& Humidity Modules)* (初版 ed.). 台灣、彰化: 渥瑪數位有限公司.

曹永忠, 許智誠, & 蔡英德. (2016b). *Arduino 程序教学(温湿度模块篇):Arduino Programming (Temperature& Humidity Modules)* (初版 ed.). 台灣、彰化: 渥瑪數位有限公司.

曹永忠, 許智誠, & 蔡英德. (2019). *雲端平台(系統開發基礎篇):The Tiny Prototyping System Development based on QNAP Solution* (初版 ed.). 台灣、彰化: 渥瑪數位有限公司.

曹永忠, 許智誠, & 蔡英德. (2020a). *ESP32 程式設計(物聯網基礎篇) ESP32 IOT Programming (An Introduction to Internet of Thing)*. 台灣、台北: 崧燁文化事業有限公司.

曹永忠, 許智誠, & 蔡英德. (2020b). *雲端平台(系統開發基礎篇):The Tiny Prototyping System Development based on QNAP Solution*. 台灣、台北: 千華駐科技.

曹永忠, 蔡英德, & 許智誠. (2023). *ESP32 物聯網基礎 10 門課:The Ten Basic Courses to IoT Programming Based on ESP32* (初版 ed.). 台灣、彰化: 崧燁文化事業有限公司.

曹永忠, 蔡英德, 許智誠, 鄭昊緣, & 張程. (2020). *ESP32 程式设计(物联网基础篇):ESP32 IOT Programming (An Introduction to Internet of Thing)* (初版 ed.). 台灣、彰化: 渥瑪數位有限公司.

物聯網雲端系統開發（基礎入門篇）：
Implementation an IoT Clouding Application (An Introduction to IoT Clouding Application Based on PHP)

作　　　者：	曹永忠，許智誠，蔡英德
發　行　人：	黃振庭
出　版　者：	崧燁文化事業有限公司
發　行　者：	崧燁文化事業有限公司
E - m a i l：	sonbookservice@gmail.com
粉　絲　頁：	https://www.facebook.com/sonbookss/
網　　　址：	https://sonbook.net/
地　　　址：	台北市中正區重慶南路一段61號8樓 8F., No.61, Sec. 1, Chongqing S. Rd., Zhongzheng Dist., Taipei City 100, Taiwan
電　　　話：	(02)2370-3310
傳　　　真：	(02)2388-1990
印　　　刷：	京峯數位服務有限公司
律師顧問：	廣華律師事務所 張珮琦律師

-版權聲明-

本書版權為作者所有授權崧博出版事業有限公司獨家發行電子書及繁體書繁體字版。若有其他相關權利及授權需求請與本公司聯繫。

未經書面許可，不得複製、發行。

定　　　價：750元
發行日期：2024年09月第一版
◎本書以POD印製

國家圖書館出版品預行編目資料

物聯網雲端系統開發(基礎入門篇): Implementation an IoT Clouding Application (An Introduction to IoT Clouding Application Based on PHP) / 曹永忠，許智誠，蔡英德 著. -- 第一版. -- 臺北市：崧燁文化事業有限公司, 2024.09
面；　公分
POD版
ISBN 978-626-394-713-9(平裝)
1.CST: 物聯網 2.CST: 雲端運算
448.7　　113012257

電子書購買

爽讀APP　　臉書